Vanadium Oxide Functional Materials

钒氧化物功能材料

齐济 著

化学工业出版社

·北京·

内 容 简 介

《钒氧化物功能材料》主要介绍了氧化钒的性能和研究背景、合成理论与方法、合成工艺中的关键技术、合成过程对氧化钒性能的影响，以及氧化钒的应用现状和前景。其中，重点介绍二氧化钒，合成理论以著者创建的热力学计算为基础，合成方法以著者的国家发明专利为基础，包括固相法和液相法等。

本书可供化工材料学领域科研、生产、设计和应用人员阅读，也可作为相关专业本科生和研究生的参考书。

图书在版编目（CIP）数据

钒氧化物功能材料/齐济著. —北京：化学工业出版社，2022.6

ISBN 978-7-122-41061-0

Ⅰ.①钒… Ⅱ.①齐… Ⅲ.①钒-氧化物-功能材料 Ⅳ.①TB34

中国版本图书馆 CIP 数据核字（2022）第 049929 号

责任编辑：窦 臻 林 媛　　装帧设计：王晓宇
责任校对：杜杏然

出版发行：化学工业出版社（北京市东城区青年湖南街 13 号 邮政编码 100011）
印 装：大厂聚鑫印刷有限责任公司
710mm×1000mm 1/16 印张 15¾ 彩插 4 字数 263 千字
2022 年 8 月北京第 1 版第 1 次印刷

购书咨询：010-64518888　　售后服务：010-64518899
网 址：http://www.cip.com.cn
凡购买本书，如有缺损质量问题，本社销售中心负责调换。

定 价：88.00 元

前言

钒的价电子构型为 $(n-1)d^3ns^2$，5 个电子都可参加成键，稳定态为 V^{5+}，还能形成 V^{4+}、V^{3+}、V^{2+} 低氧化态的化合物。钒的单一价态氧化物包括：V_2O_5、VO_2、V_2O_3、VO。不同价态的钒氧化物呈现出不同的光学、电学和磁学性质，被广泛应用于催化剂、光学、电学、磁学等领域。

钒氧化物能够以任何化学比形成氧化物 V_xO_y，在低价钒氧化物的制备与合成过程中，保证化学整比性和纯度是个难题。之前有关制备 VO_2 和 V_2O_3 热力学参数的计算，都是根据 Gibbs 自由能与温度之间的经验公式，近似地认为反应的焓变和熵变不随温度的变化而变化，从而计算出不同温度下反应的 Gibbs 自由能和平衡常数，这种计算基本上可以满足定性地分析反应的可行性和进行程度，但是达不到定量指导和控制反应的目的。如 V_2O_5 的还原反应是分步进行的，首先生成 VO_2，然后生成 V_2O_3，两步反应所需的条件相近，严格控制反应使其停留在要求的步骤上是关键。系统、准确地计算标准状态下反应的 Gibbs 自由能，计算出在非标准状态下压力商和 Gibbs 自由能的变化范围，分析生成 VO_2 和 V_2O_3 反应热力学参数变化规律与特点，分析热力学参数随温度变化的规律，优化反应物质与反应路径，是合理有效制备高纯度低价钒氧化物的基础。著者建立起了系统精准地计算合成 VO_2 和 V_2O_3 热力学参数的方法，系统计算了用 CO、CH_4、NH_3、SO_2、H_2、C 粉还原 V_2O_5，热分解 V_2O_5、热分解 NH_4VO_3 制备 VO_2 和 V_2O_3 的温度范围，压力商范围，Gibbs 自由能范围以及焓变、熵变和平衡常数，为实验合成建立起了理论依据。

VO_2(M) 在 68℃发生低温单斜 M 相向高温金红石 R 相转变，相变可逆，同时光、电、磁性质产生突变，具有广泛的应用前景，研究 VO_2(M) 的合成对实际应用具有意义。在系统精确的理论计算基础上，著者发现了一个有趣并且至关重要的控制因素，即用 NH_3 还原 V_2O_5 制备 VO_2 时，温度高于 842K（569℃）时，通过调整反应商，无法控制反应只生成 VO_2 而不生成 V_2O_3，因此如果用这种方法合成纯 VO_2，反应温度必须低于 842K，在此理论发现的基础上发明了 VO_2(M) 的固相合成法。这种方法在 500℃下 1h 就可以合成 VO_2(M)。VO_2 合成中主要涉及 M 和 R 稳定相，还有 B、A、D 等介稳相。固相合成法，相对反应温度较高，合成的 VO_2(M) 通常是微米级的，经过后续处理才能达到纳米级。液相低温条件下，通常合成介稳相 VO_2(B) 等，高温处理之后转变成 VO_2(M)。著者负责的课题组在多年连续实验研究的基础上，于 2013 年发明了一种在液相条件下合成 VO_2(M) 纳米粉体的方法，这种方法在 250℃以下 12h 可以合成 VO_2(M)，在目前的液相合成方法中具有简单易行、省时节能的优势。与固相合成法比较，液相合成法的温度低、粒度小，但是反应时间比固相法长，采用液相-固相联合法合成 VO_2(M) 的想法从这里萌生，著者于 2021 年发明了液-固联合法制备 VO_2(M) 的方法，实现了在较低温度下（低于 270℃），较短时间内（少于 6h），合成纳米 VO_2(M) 的目标。

本书概述了钒氧化物 V_2O_5、VO_2、V_2O_3、VO 物理化学性质以及应用，钒氧化物薄膜的制备方法及研究现状，含钒玻璃和陶瓷材料的研究现状，二氧化钒的固、液、气三种合成方法的特点与现状；在理论计算和实验的基础上，详述了合成低价钒氧化物热力学参数计算方法，低价钒氧化物 VO_2 和 V_2O_3 的固相法制备与表征，二氧化钒的液相法制备与表征，二氧化钒液相法合成过程参数对产物的影响，玻璃表面钒氧化物的制备与性质，含钒玻璃的制备与性质；最后对钒氧化物的应用领域和研究方向进行了分析。

本书的出版得到了“辽宁省科学技术计划项目（2012221012）”的资助；书中固相合成法的研究得到了大连理工大学宁桂玲教授的指导；书中液相合成法实验主要由大连工业大学与大连民族大学联合培养硕士研究生牛晨完成，大连民族大学化学工程与工艺 2009 级本科生郃振、孙光冉参与了实验工作；书中液-固联合法实验主要由大连民族大学硕士研究生田孟骄完成，大连民族大学化学工程与工艺 2017 级本科生欧阳佳榕、徐航、李盟洋和 2018 级本科生程晓雪参与了实验工作，实验装置设计与维修得到了大连民族大学化学工程系张伟高级工程师的支持；在此一并表示衷心的感谢。

由于水平有限，书中难免出现不妥之处，敬请读者批评指正。

齐济

于大连民族大学

2022 年 3 月

目录

1 绪论

1.1 概述

钒的价电子构型为（$n-1$）d^3ns^2，5 个电子都可参加成键，稳定态为 V^{5+}，此外，还能形成 V^{4+}、V^{3+}、V^{2+} 低氧化态的化合物[1]。钒在酸性溶液中形成不同价态的离子，如表 1.1 所示[2]。钒氧化物包括：V_2O_5、VO_2、V_2O_3、VO，钒的氧化物从高价（五价）到低价（二价），从强氧化剂到强还原剂。其中，V_2O_5 性质最稳定，已实现了工业化生产；VO 最不稳定，在空气中不能稳定存在；V_2O_3 暴露在空气中会慢慢被氧化；VO_2 的稳定性介于两者之间。除此之外，还存在一些非化学计量比的氧化物，如价态介于 VO_2 和 V_2O_5 之间的 V_nO_{2n+1} 和价态介于 V_2O_3 和 VO_2 之间的 V_nO_{2n-1} 等系列钒氧化物。其性能见表 1.2 所示[3,4]。

表 1.1　在酸性溶液中的钒离子

离子	$VO_2^+ \cdot nH_2O$ (VO_2^+)	$[VO(H_2O)_5]^{2+}$ (VO^{2+})	$[V(H_2O)_6]^{3+}$ (V^{3+})	$[V(H_2O)_6]^{2+}$ (V^{2+})
钒价态	+5	+4	+3	+2
颜色	淡黄色	蓝色	绿色	紫色
氧化还原电位 $E^{\ominus}$/V	1.0(Ⅴ/Ⅵ)	0.337(Ⅵ/Ⅲ)	0.25(Ⅲ/Ⅱ)	−1.2(Ⅱ/0)
生成方法	钒酸盐加酸	SO_3^{2-} 还原 V_2O_5	V_2O_3 溶于酸	VO 溶于酸
与 OH^- 反应的产物	V_2O_5	$VO(OH)_2$	V_2O_3	VO

表 1.2 钒氧化物的主要性质

性质	V_2O_5	VO_2	V_2O_3	VO
晶系	斜方	单斜或四方	菱形	面心立方
颜色	橙黄	蓝黑	黑	浅灰
密度/$kg \cdot m^{-3}$	3352～3360	4330～4339	4870～4990	5550～5760
熔点/℃	650～690	1545～1967	1970～2070	1790
酸碱性	两性(以酸为主)	两性	碱性	碱性
溶解性	微溶于水,溶于酸及碱,不溶于乙醇	微溶于水,溶于酸及碱,不溶于乙醇	不溶于水,溶于 HF 及 HNO_3	不溶于水,溶于酸
相变温度/K	—	341	160～168	—
相变焓/$kJ \cdot mol^{-1}$	—	4.3±0.8	—	—
生成焓 $\Delta H_{298}^{\ominus}$/$kJ \cdot mol^{-1}$	−1551	−718	−1219.6	−431.8
绝对熵 $S_{298}^{\ominus}$ /$J \cdot mol^{-1} \cdot K^{-1}$	131	62.62	98.8	38.91
自由能 $\Delta G_{298}^{\ominus}$	−1420	−659.4	−1140	−404.4

1.1.1 五氧化二钒（V_2O_5）

V_2O_5 是钒的最高价态氧化物，砖红色或橙黄色、无臭无味、有毒粉末；在水中的溶解度约为 $0.07g \cdot L^{-1}$，水溶液呈微黄色[5]。V_2O_5 属于偏酸性的钒氧化物，碱中易溶，溶于冷的强碱溶液得到正钒酸 $(VO_4)^{3-}$ 盐，溶于热的强碱溶液却得到偏钒酸 $(VO_3)^+$ 盐。当 V_2O_5 溶解于强酸溶液，$pH<1$ 时，得到浅黄色的 VO_2^+ 离子；当 V_2O_5 溶解于强碱溶液，$pH>12.6$ 时，得到浅黄色或无色的 $(VO_4)^{3-}$；当 V_2O_5 溶解于 $pH=2.2\sim6.5$ 溶液中时，形成橙棕色的 $V_2O_5 \cdot xH_2O$。

1.1.1.1 V_2O_5 的结构

V_2O_5 晶体在空间排列呈层状结构[6,7]（见图 1.1），V_2O_5 的基本结构单元是一个畸变的［VO_5］三方双锥，构成这个三方双锥的五个 O 分为三种：O″（一个），O′（三个）和 O（一个）。其中，每个钒原子只有一个键长为 0.154nm 的 V═O 双键，是其与一个单独的末端氧原子 O 构成的；氧原子

O″（一个）与两个 V 原子以桥式连接，键长为 0.177nm；剩下的三个氧原子 O′以桥式氧与三个钒原子连接，键长分别为 0.188nm（两个），0.204nm（一个）。可以认为，V_2O_5 的晶体结构［VO_4］四面体单元通过氧桥结合为链状，两条链之间通过第五个氧原子形成的氧桥连接成一条复链，构成褶皱的层状结构，再通过第六个氧原子（键长为 0.281nm）连接构成块体 V_2O_5［图 1.1(a) 中虚线为 c 轴方向］。

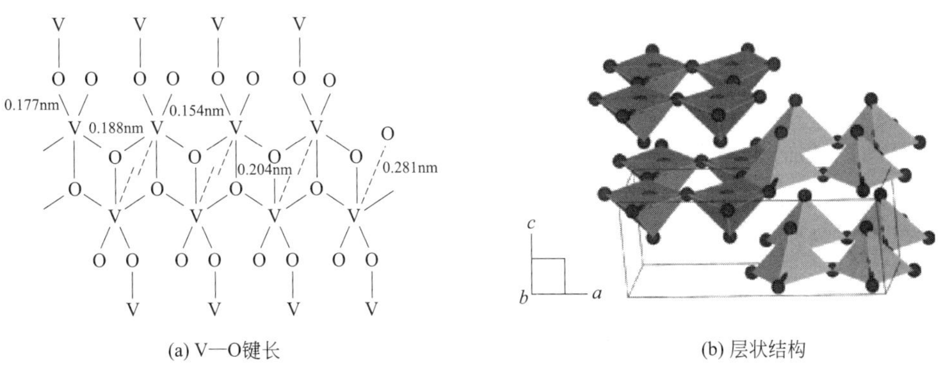

图 1.1 V_2O_5 结构示意图

V_2O_5 结构最常见的是正交晶系 α-V_2O_5，β-V_2O_5、ε-V_2O_5、δ-V_2O_5、γ-V_2O_5，ω-V_2O_5 是 α-V_2O_5 的同质异构体。β-V_2O_5 在高压条件下产生，如当压强 $p=6GPa$，温度 $T=1073K$ 时，出现 β-V_2O_5 介稳相[8]。由于 V_2O_5 晶体的层间结合力较弱，使得在晶体结构的层间，一些金属离子和有机分子很容易进行脱出或插入反应，因此 V_2O_5 可作为主体材料。许多有机和无机客体可插入层中（通过分子交换、离子交换或钒的还原等方式），形成各种新型杂化材料[9]；当离子嵌入 V_2O_5 层间结构时，如嵌入锂离子，随着嵌入量的增加，$Li_xV_2O_5$ 晶体结构发生一系列相变，α($x<0.1$)，ε($0.35<x<0.7$)，δ($0.9<x<1$)，γ($0.95<x<2$)，ω($x>2$)[10]，$x\leqslant 2$ 时锂离子可以可逆嵌入和脱嵌，使 V_2O_5 成为正极材料的研究对象。V_2O_5 的氧化性可使有机复合物单体（苯胺、吡咯、噻吩等和聚吡咯、聚氧乙烯等导电聚合物）在层间发生原位氧化聚合，形成新型导电聚合物复合材料或新型插层复合材料。这些材料都具有锂离子氧化还原嵌入性质，可在一定程度上改善其导电性质。当碱金属、碱土金属或者 Fe^{3+}、Zn^{2+}、Cu^{2+}、Mn^{2+} 等金属离子直接插入 V_2O_5 晶体中时，也会对其电化学性能产生影响[11]。

1.1.1.2 V_2O_5 凝胶

在高温条件下，V_2O_5 与无机或有机金属前驱物很容易形成性质稳定的溶胶，待冷却后便形成稳定的凝胶。V_2O_5 溶胶的合成方法已日益成熟[12～18]，包括钒盐与酸反应法、H_2O_2 溶解法、钒醇盐水解法、离子交换法和熔融淬冷法等。

（1）钒盐与酸反应法　用加热熔融的钒酸铵与热硝酸反应，再与水混合，可制得红褐色的 V_2O_5 溶胶，用 HCl 代替 HNO_3 也可以制得 V_2O_5 凝胶。

（2）H_2O_2 溶解法　在冰水浴搅拌条件下，向 H_2O_2 中加入 V_2O_5 粉末搅拌均匀至无沉淀，即得到红褐色 V_2O_5 溶胶。

（3）钒醇盐水解法　偏钒酸铵与醇混合反应得到钒醇盐，通过调节烷基种类与产物的水化比（H_2O/V_2O_5），即可得到 V_2O_5 溶胶。该过程反应分为以下三步：

醇盐反应：$NH_4VO_3+3ROH \longrightarrow [VO(OR)_3]+2H_2O+NH_3$

水解反应：$VO(OR)_3+3H_2O \longrightarrow VO(OH)_3+3ROH$

浓缩反应：$2VO(OH)_3 \longrightarrow V_2O_5+3H_2O$

（4）离子交换法　在水溶液中进行的钒酸盐酸化反应，该过程通过 H^+ 离子交换树脂完成。

（5）熔融淬冷法　V_2O_5 粉末在 800～1000℃恒温一段时间，迅速倒入冷的去离子水中，继续搅拌均匀即可得到红褐色 V_2O_5 凝胶。

钒盐与酸反应法最早出现于 1885 年，比较古老，需要热酸反应过程，逐渐被后来的方法所替代；H_2O_2 溶解法，双氧水容易被还原需要冰浴处理，应用受到限制。钒醇盐水解法用醇盐作为原料，价格较高，制备过程也相对复杂，具有一定的局限性；离子交换法制备周期较长；熔融淬冷法以氧化物为起始原料，相对廉价易得、化学工艺简单，比较适合工业化生产，得到的 V_2O_5 凝胶采用不同的脱水处理工艺，便可获得 V_2O_5 气凝胶或干凝胶。

1.1.2 二氧化钒（VO_2）

VO_2 为蓝黑色粉末，单斜晶系结构，属于两性化合物，可通过还原五价钒盐或 V_2O_5 制得，或通过热解四价钒化合物制得。VO_2 微溶解于水，易溶于酸和碱；溶于酸形成蓝色的钒氧基（钒酰）离子 VO^{2+}，形成的钒氧基盐（如 $VOSO_4$ 或 $VOCl_2$）十分稳定，在酸性溶液中即使加热也不分解；溶于碱

形成棕色的 $[V_4O_9]^{2-}$，在高 pH 值下，形成 $[VO_4]^{4-}$，生成亚钒酸盐。

1.1.2.1 VO_2 的晶形

自 1959 年 Morin 首次发现二氧化钒（VO_2）具有相变特性，有关 VO_2 的研究一直是科学界和高科技应用领域关注的热点。VO_2 作为一种多晶型金属氧化物，主要以三斜相 VO_2(T)、单斜相 VO_2(M)、四方金红石相 VO_2(R) 和亚稳态相 VO_2(A)、VO_2(B)、VO_2(C) 等六种结构存在[19]。VO_2 晶形结构与晶胞参数见表 1.3，比较常见的相包括亚稳相 VO_2(B)、稳定相 VO_2(M) 和 VO_2(R)。

表 1.3 VO_2 晶形结构与晶胞参数

晶系	晶相	空间群	单位晶胞 VO_2 数 Z	晶胞参数
四方	VO_2(R)	P4/mmm	2	$a_R=b_R=0.455$nm，$c_R=0.288$nm
单斜	VO_2(M)	$P2_1/c$	4	$a_M=0.575$nm，$b_M=0.542$nm，$c_M=0.538$nm，$\beta=122.6°$
三斜	VO_2(T)	—		—
四方	VO_2(A)	$P4_2/nmc$	16	$a_A=b_A=0.844$nm，$c_A=0.768$nm
单斜	VO_2(B)	C2/m	8	$a_B=1.203$nm，$b_B=0.3693$nm，$c_B=0.642$nm，$\beta=106.6°$
四方	VO_2(C)	I4/mmm	4	$a_C=b_C=0.37211$nm，$c_C=1,5421$nm

1.1.2.2 VO_2（B）结构

VO_2(B) 属亚稳相，晶体结构中氧八面体仅沿一个方向排列，构成一个二维层状结构，能广泛用作锂离子电池的电极材料[20]。VO_2(B) 由两种不同的 $[VO_6]$ 八面体层状结构组成，八面体单元主要沿同一方向结晶，由于氧八面体变形使钒原子不在这些氧原子的正中间。沿 b 轴，八面体之间通过共边形式连接，构成阶梯状结构，沿 c 轴，层与层之间通过共用顶点的方式连接成三维结构（见图 1.2）[21,22]。

1.1.2.3 VO_2（M）与 VO_2（R）结构

随温度的变化，VO_2(M) 与 VO_2(R) 之间能够发生相互转变，同时伴随着光、电、磁等一系列性能的可逆变化。VO_2(M) 与 VO_2(R) 的相转变是可逆的，而 VO_2(B) 与 VO_2(R) 也会发生相转变，VO_2(A) 是 VO_2(B) 不可逆地转变为 VO_2(R) 的中间相。M 相与 R 相之间特有的可逆相变性能与其结构变化密切相关（见图 1.3）[23]。

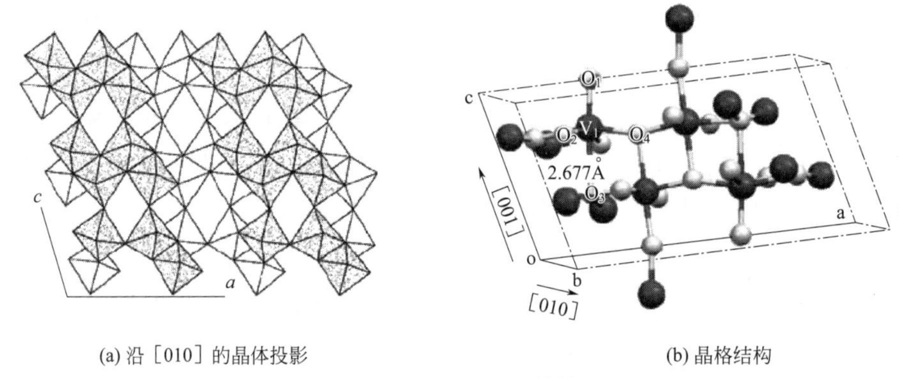

(a) 沿［010］的晶体投影　　(b) 晶格结构

图 1.2　VO_2(B) 的结构

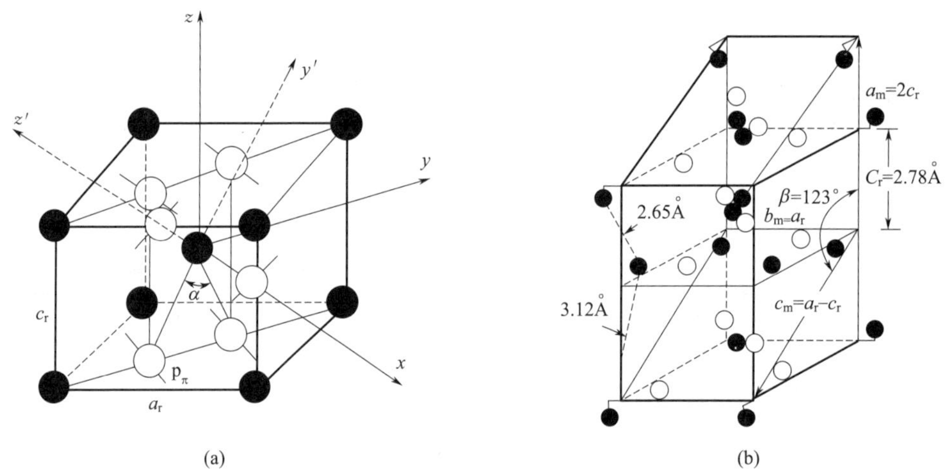

(a)　　(b)

图 1.3　VO_2(R) 结构 (a) 与 VO_2(M) 结构 (b)（●钒 ○氧）

1Å$=10^{-10}$m

VO_2(R) 为四方晶体，其单位晶胞结构对称性较高，V^{4+} 占据单位晶胞的 8 个顶角和中心位置，V^{4+} 正好处于 O^{2-} 构成的八面体体心的位置，八面体彼此以棱相连形成沿 c_r 轴方向延伸的比较稳定［VO_6］链，链间以八面体共顶角相联结。钒原子 c_r 轴以 V—V 键（$R_{V\text{-}V}=2.87Å$）相连呈长链结构，结构中 V 原子中的 d 电子呈共有状态，材料表现出金属相特性。

从 R 相到 M 相的相变过程中，V^{4+} 位置由体心向外表偏移，其与晶胞顶点的位置发生了偏离，使晶面夹角 β 从 90°增大到 122.6°（≈123°），晶轴长度发生了改变，晶体结构变成了单斜相的 VO_2(M)。VO_2(M) 晶体结构的轻微变形，破坏了原来 V—V 原子间的等距排列，其中最近的 V^{4+} 离子之间的距

离 R_{V-V} =2.65Å，最远的 V^{4+} 离子之间的距离 R_{V-V} =3.12Å。从 R 相到 M 相，[VO_6] 八面体结构由正八面体变成偏八面体，如图 1.4 所示，最短的 V—O 键为 $R_{V-O\,I}$ =1.76Å，V-V 原子对之间的两个桥接 O_{II} 在 M 相晶体中间距为 $R_{V-O\,II}$ =1.86Å 和 1.87Å，另外三个 V-O 离子对键长分别为 R_{V-O} = 2.01Å、R_{V-O} =2.03Å 和 R_{V-O} =2.05Å。V—O 键长的变化，V—V 原子对之间距离的长短变化，使长链具有了疏密结构，导致钒原子的 d 电子都被定域于各自的 V—V 键上，不再为所有钒原子所共用。d 电子的定域性使得 VO_2(M) 表现出半导体的特性。

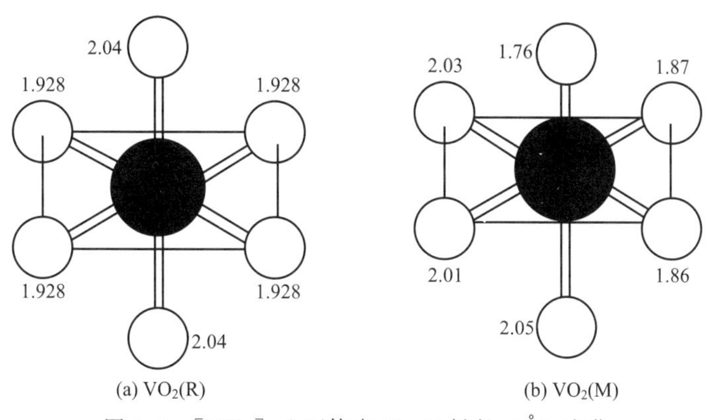

图 1.4 [VO_6] 八面体中 V—O 键长（Å）变化

VO_2(R) 与 VO_2(M) 之间的相变，是通过 VO_2 内部晶体结构的微小变化而产生的，是材料金属性质与半导体性质之间的可逆相变，属于一级相转变[24]。相变导致其光、电及磁等性能发生突变，如对红外和近红外波段的光产生由高反射率到高透射率的可逆变化，电阻率由导体量级到半导体量级的突变等。

1.1.3 三氧化二钒（V_2O_3）

V_2O_3 为灰黑色结晶或粉末，不溶于水，溶于硝酸、氢氟酸、热水。在空气中会慢慢被氧化[25]。室温下，V_2O_3 为顺磁金属相（PM），三方晶系，降低温度至 160K 时，转变成反铁磁绝缘相（AFI），单斜晶系[26]，从 PM 到 AFI 晶格变化如图 1.5 所示，钒原子沿箭头方向移动，钒原子对沿 c 轴扭转 1.8°，从 PM 到 AFI 相变属于一级相变，其电阻率呈负温度系数（NTC）特性，电阻率突变高达 7 个数量级（单晶可达到 8 个数量级）；在 350～540K 范围内发生从低温顺磁金属相（PM）到高温顺磁金属相（PM′）的二级相变，相变时电阻率呈正温度系数 PTC 特性[27]。V_2O_3 是一种体效应材料，相变时也会导致光透射率、反射率和磁化率等性能产生突变。V_2O_3 相变温度范围比 VO_2 宽，在空气中稳定性比 VO_2 差，限制了 V_2O_3 的应用。

1.1.4 一氧化钒（VO）

VO 是带有金属光泽的浅灰色晶体粉末，可在 1700℃下用 H_2 还原 V_2O_5 制得，也可以在真空下用 V_2O_3 加金属 V 制得。固体是离子型的，晶体结构类似于氯化钠型，结构如图 1.6 所示[28]，由［VO_6］八面体沿 b 和 c 轴共边，沿 a 轴共顶角构成。结构中的 V—V 键导电性良好。VO 是碱性氧化物，不溶于水，在酸溶液中生成紫色水合钒盐［$V(H_2O)_6$］$^{2+}$离子，具有强还原性，稳定性差，暴露于空气或水中很容易被氧化成 V_2O_3。

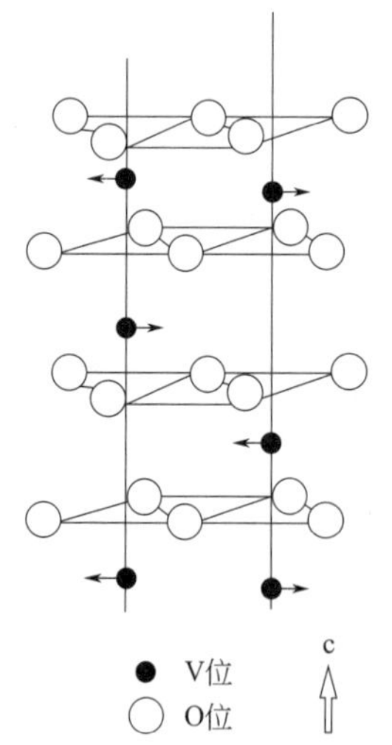

图 1.5 从 PM 到 AFI 晶格变化

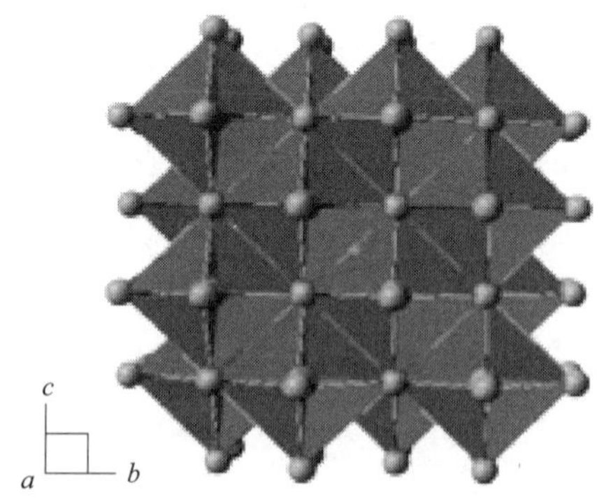

图 1.6 VO 结构示意图

1.1.5 混合价态的钒氧化物

钒氧化物具有层状结构，存在许多混合价态氧化物，其中以 V^{5+} 和 V^{4+} 离子比例为 2∶1 存在的钒氧化物水合物有 $H_2V_3O_8$（$V_3O_7 \cdot H_2O$），以 V^{4+} 和 V^{5+} 离子比例为 2∶1 有 V_6O_{13}。其中 $H_2V_3O_8$ 的晶体结构（图 1.7），V^{5+}

和 V^{4+} 分别构成四方金字塔［VO_5］和八面体［VO_6］两种构型，四个八面体［VO_6］组成的四重单元与两个四方金字塔［VO_5］以共用边的形式连接在顶点上的氧连接形成层状结构，不同层间的八面体再靠 H_2O 分子形成的氢键连接在一起，得到片层状的三维晶体结构。$H_2V_3O_8$ 和 V_6O_{13} 的合成与研究表明，两者均具有层状结构[29～32]，在层间可以实现锂离子可逆嵌入和脱出，在锂离子电池正极材料领域有应用前景。

图 1.7　$H_2V_3O_8$ 的晶体结构示意图

1.1.6　钒氧化物的应用

钒的价电子构型为 $(n-1)d^3ns^2$，5 个电子都可参加成键，稳定态为 V^{5+}，还能形成 V^{4+}、V^{3+}、V^{2+} 低氧化态的化合物，V 与氧可以任意价态形成化合物 V_xO_y。钒的单一价态氧化物包括：V_2O_5、VO_2、V_2O_3、VO。不同价态的氧化钒呈现出不同的光学、电学和磁学性质，被广泛应用于催化剂、光学、电学、磁学等领域。以航天科技为例，固体推进剂是固体火箭发动机获得推力的能源和工质，是现代固体火箭、导弹等的动力核心和基础。固体推进剂通常是一种含能的复合材料，在大型固体火箭发动机中所占的重量比例在 90％以上，主要由氧化剂、黏合剂、燃料添加剂、固化剂及其他功能助剂等组分构成，其中质量占比 60％～90％的是氧化剂。高氯酸铵（ammonium perchlorate，AP）是固体推进剂中最常用的氧化剂，其热分解性能直接影响推进剂的燃烧性能，一直是研究的热点。研究表明，钒基材料如五氧化二钒（V_2O_5）、水合七氧化三钒（$V_3O_7 \cdot H_2O$）、十三氧化六钒（V_6O_{13}）、二氧化钒（VO_2）、三氧化二钒（V_2O_3）等在高氯酸铵分解环节表现出良好的催化性能；钒氧化物和碳包覆钒氧化物（如碳包覆 $V_3O_7 \cdot H_2O$）能够大大提高其对 AP 的催化性能；催化机理为钒原子中的 3d 轨道可在电子转移过程中提供帮助，钒原子中的空穴可得到来自 AP 离子和其中间产物的电子，从而加速 AP 的热分解[33]。1959 年 Morin 发现 VO_2 具有金属相与半导体相转变的特性，并且在相变的同时，伴随着光学与电学特性的突变，低于相变温度时，VO_2 对红外线有高的透射率；高于相变温度时，VO_2 对红外线有高的反射率。VO_2 的相变温度是 341K，是一种在许多领域有广阔应用前景的热敏材料。

1.2 钒氧化物粉体制备方法

钒具有多种氧化物，由 V-O 二元相图（图 1.8）可知[34]，钒的氧化物包括 V_2O_3、V_3O_5、V_4O_7、V_5O_9、V_6O_{11}、V_7O_{13}、V_8O_{15}、VO_2、V_6O_{13}、V_3O_7、

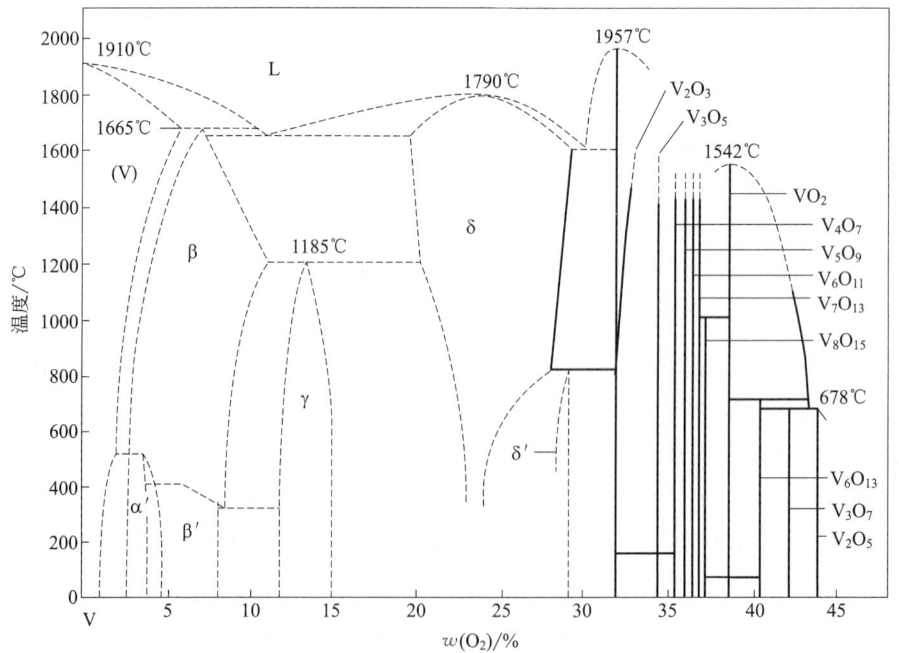

图 1.8　V-O 二元相图（温度对氧的质量分数）

V_2O_5，常见的钒氧化物主要包括 V_2O_5、V_2O_3 和 VO_2。其中，工业上大量生产的钒氧化物包括 V_2O_5 和 V_2O_3，而 VO_2 的生产仍处于小规模和研发状态。

1.2.1 V_2O_5 粉体的制备方法

1.2.1.1 V_2O_5 粉体生产方法

按原料分类，我国五氧化二钒的生产方法有如下 3 种[35]：

（1）用矾渣生产五氧化二钒生产工艺　钒渣是含钒较高的提钒原料，回收技术比较成熟。第一步将矿石进行预处理，如钒钛磁铁矿，经粉碎、磁选得到钒精矿；第二步将经过烧结的钒精矿用高温炉生产含钒生铁，矿中 80%以上的钒进入铁水，然后将熔融状态的含钒生铁在雾化炉吹炼或在回转炉中吹炼，使铁水中的钒、锰、钛、磷等一些杂质同时进入渣中得到钒渣；第三步再以钒渣为原料，经氧化钠盐焙烧、浸出、沉淀、熔化分解得到五氧化二钒，五氧化二钒的总回收率可达到 85%。我国钒渣产地主要有承德、攀枝花等。

（2）用废钒催化剂生产五氧化二钒工艺　从硫酸工业废催化剂中回收。从硫酸工业的废催化剂中回收五氧化二钒早已引起世界各国的重视，苏联起步较早，技术比较成熟，日本、美国也有很多专利报道。我国硫酸工业废钒催化剂中回收钒的工作开展较早，在 20 世纪 80 年代，经过大量试验后，部分投入生产。目前采用的技术有火法-湿法联合工艺和全湿法工艺，后者应用比较广泛。工艺如下：废催化剂→粉碎→盐酸浸出→过滤→加氢氧化钠水解→沉钒→精炼→煅烧→产品。这种湿法流程工艺简单，投资少，总回收率在 90%以上。缺点是产生的废液量较大。湿法工艺中目前有用离子交换法回收五氧化二钒的工艺。先将废催化剂水浸，将可溶于水的 $VOSO_4$ 浸出，然后将水浸渣中不溶于水的 V_2O_5 在酸性条件下用 Na_2SO_3 还原生成可溶于水的 $VOSO_4$。将两次浸出液合并加氯酸钾氧化，使 V^{4+} 氧化成 V^{5+}，调 V^{5+} 溶液的 pH 到 3，使 V^{5+} 以多钒酸根阴离子形式存在。然后用 901 树脂将 V^{5+} 吸附除杂，再用 $NaOH+NaCl$ 溶液将吸附于树脂上的钒淋洗进入淋洗液。将含钒淋洗液的 pH 调至 8，加入适量的 NH_4Cl，得到偏钒酸铵沉淀，偏钒酸铵经煅烧脱氨得到 V_2O_5 产品，产品纯度可高达 99%。钒的总回收率大于 90%。

从石化工业废催化剂中回收。美国、日本等国从 20 世纪 70 年代就开始从石油含钒废催化剂中回收钒，技术已经成熟，加工工艺很多，国际上通用的技术是钠化焙烧法：配料→焙烧→磨碎→浸出过滤→沉钒→煅烧→五氧化二钒产品。同时还可进一步回收其它有价金属。各国回收工艺中的经济技术参数尽管不同，但基本上参照以上工艺。我国从石油工业废催化剂中回收钒的企业采用的工艺也基本与其相同。

（3）用石煤生产五氧化二钒的工艺　传统工艺为石煤破碎→钠化（氯化钠）焙烧→水浸→沉粗钒→碱溶除杂→铵沉→煅烧→产品。国内目前的提钒工艺多为食盐钠化焙烧工艺流程，在生产过程中产生大量 HCl 和 Cl_2 等有害气体及富含大量盐分的废水。随着国家有关部门对环保要求的日趋严格，传统的钒冶炼厂由于污染太大，钒转化率不高，在环境保护的巨大压力下而被迫关闭。因此，开发无污染、短流程、高回收率的石煤提钒新工艺具有重大的实际意义。

1.2.1.2　V_2O_5 粉体生产新技术

五氧化二钒生产工艺和装备技术不断取得进步，从不同原料制取普通或高纯产品的新技术层出不穷。在石煤提钒中，对传统工艺的改进，主要是改用无害焙烧添加剂，用酸浸或碱浸取代水浸，以及用溶剂萃取法和离子交换法提钒，有的工艺取消焙烧工序，用完全湿法提钒。如：石煤无添加剂焙烧→硫酸介质浸出→萃取除杂→反萃→氯化铵沉钒→煅烧工艺，由于在焙烧时不添加任何添加剂，生产成本降低 20%左右，同时避免了烟气污染。再如：石煤破磨→两段逆流酸浸→溶剂萃取→铵沉→热解精制全湿法工艺，已于 1996 年在我国西北地区建成了年产 660t 五氧化二钒的生产厂，运行稳定。还有钙化焙烧工艺，工艺流程为：石煤破磨→钙化焙烧→碳酸化浸出→酸沉→碱溶→煅烧→五氧化二钒产品，此工艺具有对环境污染低、钒回收率较高、成本较钠化焙烧低等特点。

1.2.2　VO_2 粉体的制备方法

1.2.2.1　VO_2 粉体目前的制备方法

目前研制 VO_2 粉体的方法主要包括：化学沉淀法、固相还原反应法、热分解法、溶胶-凝胶法、水热合成法、激光诱导气相沉积法。

（1）化学沉淀法[36]　是将金属盐溶液中添加适当的沉淀剂得到前驱体沉淀物，再将此沉淀物进行一定的煅烧，研磨后制成微粉，是制备纳米氧化物粉的有效方法之一。化学沉淀法包括 KBH_4 还原 KVO_3 法、$VOSO_4$ 水解法、HCl 还原 V_2O_5 法。

① KBH_4 还原 KVO_3 法　Tsang C 等用 KBH_4 还原 KVO_3 法制备 VO_2，在 300mL 去离子水中加入 4g KBH_4，制成 KBH_4 溶液，然后用 KOH 将该溶液的 pH 调至 11～12；在另一容器中将 1.14gV_2O_5 加入 50mL 去离子水中，搅拌，得到悬浊液，向其中加 KOH，不断搅拌使悬浊液变为橙色的 KVO_3 溶液，加 HCl 调整 KVO_3 溶液的 pH 为 4；将 KBH_4 溶液缓慢地加入 KVO_3 溶液中，用电磁搅拌器不停地搅拌 KVO_3 溶液，使反应充分进行。用 pH 计监测 KVO_3 溶液的 pH，并不断用 HCl 调整 KVO_3 溶液的 pH，使其维持在 4.0，即可获得二氧化钒悬浊液。将悬浊液过滤，并用去离子水多次清洗，将过滤所得的沉淀在 823K、6.67Pa 的条件下真空干燥 24h，即可获得 VO_2 粉末。

② $VOSO_4$ 水解法　郭宁等用 $VOSO_4$ 水解法制备 VO_2[37]，将 3.6g 分析纯 V_2O_5 粉末、60mL 浓 H_2SO_4 以及 80mL 去离子水混合均匀，水浴加热 20min，然后将混合物用去离子水稀释到 750mL，向混合液不断通入新制的 SO_2，直至酸性介质中的 V_2O_5 悬浊液完全被还原，溶液转化为澄清的宝蓝色 $VOSO_4$ 酸溶液。缓慢将 KOH 溶液滴入新制的 $VOSO_4$ 酸溶液中，用 pH 计监测反应液的 pH，使其维持在 4～6 之间，可获得灰白色悬浊液，随后将该悬浊液过滤，即可得到灰白色 $VO(OH)_2$ 沉淀。首先将获得的 $VO(OH)_2$ 沉淀进行反复清洗，然后在 373K 下真空干燥 1h，最后在 873K 下对干燥的 $VO(OH)_2$ 进行 12h 的真空（真空度约 6.7Pa）热处理，即可得到蓝黑色 VO_2 粉末样品。

③ HCl 还原 V_2O_5 法　将 V_2O_5 溶入经稀释的 HCl 介质中，按比例加入甲醛，在 353K 加热还原，然后将溶剂蒸干，再加入 CCl_4 用超声波振荡分散，待 CCl_4 挥发后，可获得纳米尺寸的 VO_2 粉体。

(2) 固相还原反应法　是通过气相或固相还原剂对固相含钒氧化物或盐进行还原来制备 VO_2 的方法。这种方法包括炭粉还原 V_2O_5 法[38] 和氨气还原 V_2O_5 法。

① 炭粉还原 V_2O_5　将 V_2O_5 和炭粉以摩尔比 2∶1 的比例混合研磨（用玛瑙研钵手工研磨）以使二者均匀混合并紧密接触，而后装入石英舟并放入反应器中，Ar 或 N_2 的流量控制在 $1000mL \cdot min^{-1}$，升温至保温温度，按预定程序加热。加热完毕随炉冷却至室温，将样品取出。徐灿阳等的研究表明：C 还原 V_2O_5 的反应经历了 947～983K 间生成 V_6O_{13} 和 983K 以上完全形成 VO_2 的过程，反应时间大于 8h。

② 氨气还原 V_2O_5 法　称取 V_2O_5，在瓷钵中研磨，倒入瓷舟并装入石英管中，再置于电炉中，在达到设定的还原温度之前将 CO_2 气体通入石英管中，达到相应温度时，关闭 CO_2 气体，通入氨气（0.25mL・min^{-1}），达到还原时间后，关闭氨气，在 CO_2 气体中冷却至 353K。在这种方法中，Khodalevich 等研究了在 578～723K 之间进行的还原反应，所得产物的含钒总量随温度升高而增大，在 663K 制备的样品含钒总量为 61%（质量分数），最接近 VO_2 含钒总量的理论值 61.42%（质量分数）。

（3）热分解法　是一种通过加热使钒氧化物或含钒铵盐分解，制备 VO_2 的方法。主要包括热解 V_2O_5 法、热解碱式氧钒（Ⅳ）碳酸铵法、热解 $(NH_4)_2V_6O_{16}$ 法。

① 热解 V_2O_5 法　传统的 VO_2 粉末制备方法主要是在 CO_2 气氛中，用铂坩埚加热 V_2O_5 到 1500K，保持三天获得二氧化钒粉末。这一方法能耗大，效率低。

② 热解碱式氧钒（Ⅳ）碳酸铵法　郑臣谋等用热解碱式氧钒（Ⅳ）碳酸铵方法制备 VO_2 粉体[39]：用 $H_2C_2O_4 \cdot 2H_2O$ 和 $N_2H_2 \cdot 2HCl$ 在盐酸介质中还原 V_2O_5，制备 $VOCl_2$ 溶液，使所制备的 $VOCl_2$ 溶液和 $(NH_4)_2CO_3$ 或 NH_4HCO_3 反应，制备碱式氧钒（Ⅳ）碳酸铵前驱体 $(NH_4)_5[(VO_6)(CO_3)_4(OH)_9] \cdot 10H_2O$，将此前驱体在无水乙醇中用超声波碎至粒度小于 2μm，再将所制备的前驱体在惰性气体或惰性气体与氧气的混合气氛中热分解，加热至 623～973K 获得 VO_2 粉体。

③ 热解 $(NH_4)_2V_6O_{16}$ 法　该方法的主要技术包括，将 $(NH_4)_2V_6O_{16}$ 快速升温（200～300K/min）至 673～923K，并将热解产生的 NH_3 保持在微压，如大约 66.7Pa 条件下与反应介质接触 30～120min，再将热解后得到的 VO_2 在惰性气体保护下，873K 退火处理 1h 之后，在惰性气体保护下将其冷却至 393K 以下，冷却时降温速率 150～250K/min，即可得到具有热致相变特性的 VO_2 粉末。

（4）溶胶-凝胶法　是先制备溶胶，然后凝胶处理成 VO_2。谷臣清等用溶胶-凝胶法制备 VO_2 粉体[40]，将 V_2O_5 粉末倒入氧化铝陶瓷坩埚中加热至 1073～1173K，保温 10～15min，然后迅速将熔体倒入去离子水中，即可获得黄色的 V_2O_5 溶胶。将 V_2O_5 溶胶置于烘箱中烘干成凝胶粉末，烘干温度 373～473K，时间 10～20h。然后将 V_2O_5 干凝胶粉末用超声波碎成细小粉末，放入真空炉中进行真空退火处理（氧分压为 10Pa），退火温度 1373K，退火时间 10～

30h，升温速率 $50K \cdot h^{-1}$。最终获得主要成分为 VO_2 的粉体。

（5）水热合成法　是在高温高压下，在水（水溶液）或蒸汽等流体中进行有关化学反应的方法，可获得通常条件下难以获得的几纳米至几十纳米的粉末，且粒度分布窄，团聚程度低，纯度高，晶格发育完整，有良好的烧结活性，在制备过程中污染小，能量消耗少，水热法中选择合适的原料配比尤为重要，对原料的纯度要求高。

（6）激光诱导气相沉积法　是使用一定波长的激光使固体原料蒸发，经过化学反应，或直接凝聚成纳米微粒；使用气体原料经激光光解，或热解合成超细粉末。激光法加热速度快，蒸气浓度高，冷却迅速，易获得均匀超细（$<$10nm）的粉体，使用激光加热时不需用坩埚，避免了污染。Toshiyuki O 等采用此方法成功地合成了纳米 VO_2 超细粉末，但此方法存在实验手段复杂、粉体造价高等缺点。

1.2.2.2　VO_2 粉体制备方法的研究趋势

① 提高工艺的稳定性和可重复性，降低制造成本，提高生产效率，适应批量生产要求。目前各种 VO_2 粉体的制备工艺多处于研究阶段，对工业化生产的考虑还不足。随着 VO_2 研究成果向工业产品转化的不断深入，研究工作将会更多地考虑工业化生产的要求。

② 降低 VO_2 粉末相变温度，增大其相变前后光学与电性能的变化幅度，目前主要通过掺杂的途径实现降低 VO_2 粉末相变温度的目的，但掺杂的结果往往导致其相变前后光学和电学性能的变化幅度的减小，如何保证既有较低的相变温度，又有较大的相变幅度，还期待着 VO_2 粉末研究工作取得新的突破。

③ 发展纳米 VO_2 粉末制备工艺，推动 VO_2 粉末在光学领域的应用。相关研究指出，分散在光学介质中的 VO_2 粉末粒径越小，VO_2 光学介质复合体相变前后光透射率的变化幅度越大，且当复合体中 VO_2 颗粒的粒径小到纳米尺度时，复合体相变前后光透射率的变化幅度可与 VO_2 薄膜相当[41,42]。因此，如何制备纳米 VO_2 粉末，如何将 VO_2 以纳米颗粒的形式分散在光学介质中，如何制备基于 VO_2 粉末的光学涂层，都将会是今后 VO_2 粉末研究的趋势。

④ 开发以 VO_2 粉末为基础的 VO_2 薄膜制备工艺的研究，拓宽制备 VO_2 薄膜的工艺窗口。由于钒的氧化物的多样性，要制备具有理想化学配比的

VO_2 薄膜，必须精确控制工艺参数，尤其要精确控制沉积过程中的气氛，这是许多研究工作都深感棘手的问题。

1.2.3 V_2O_3 粉体的制备方法

1.2.3.1 V_2O_3 制备方法研究现状

V_2O_3 粉体传统的制备方法包括：用 H_2 在 870K 还原 V_2O_5 7 天；在 770K 预还原几个小时，然后在 1170K 再还原几个小时；在密闭的硅管中加热 V_2O_5 和金属 V 粉末的混合物；在 H_2 气流中于 1170K 还原 NH_4VO_3 3h。用这些方法制备 V_2O_3 粉体，反应时间均较长。获得粒径比较小的 V_2O_3 的方法包括：通过喷雾热分解得到 V_2O_5，再还原 V_2O_5；在 N_2 中 970K 热分解含肼钒盐[43]；在激光诱导下用 H_2 还原气相 $VOCl_3$；在 1070K 用 H_2 还原碱式碳酸铵[44]，获得粒径小于 30nm 的 V_2O_3 粉体。这些获得粒径比较小的 V_2O_3 方法的共同特点是：前驱体制备过程复杂，反应条件比较苛刻。

V_2O_3 是典型的相变材料，除了研究粉体合成方法之外，还有致力于相变温度等性能影响因素的研究，如应力、压强[45] 以及掺杂对相变性能参数的影响[46]，如以 V_2O_5 为原料，掺入一定量的 Al_2O_3 后混合均匀，通过等离子水热技术用氢气还原，合成铝掺杂的 V_2O_3，其相变温度较同样方法合成的纯 V_2O_3 略有升高（升高 2℃）[47]。另外，还有对低维 V_2O_3 相变材料的研究，如以 NH_4VO_3 为前体，首先通过水热方法合成高度结晶的 V_2O_5，然后在 450℃用氢和硫的混合气体还原 V_2O_5 制得 V_2O_3 一维纳米带[48]。目前，V_2O_3 的合成技术、晶体形态控制，相变性能影响因素的研究仍在进行中。

1.2.3.2 制备 V_2O_3 粉体的专利情况

1994 年攀枝花钢铁（集团）公司申请了名称为“三氧化二钒的生产方法”的发明专利，该专利中三氧化二钒的生产方法，是把一定粒度的钒酸铵或五氧化二钒连续地加入外热式容器中，在其容器中通入工业煤气。通过外加热使容器内高温区达到 773～923K，使炉料通过此温度区域发生还原反应 15～40min，使其分解还原为三氧化二钒，冷却炉料至 373K 以下出炉。该方法的优点是大大降低了还原温度，缩短了还原时间，降低了生产的成本。2005 年武汉大学申请了“一种制备具有晶型的三氧化二钒的方法”的专利，该发明公开了一种制备晶化三氧化二钒的方法：将原料五氧化二钒粉末分散到合适的有机溶剂中，然后加入高压釜或耐压管式反应器中，升温到一定的温度，在一定压力下保持一段时间，最后卸出溶剂即可得到具有晶型的三氧化二钒粉末。该方法具有原料简单，所用溶剂为常见有机溶剂，价格低廉，反应路线短，反应温度低等特点，反应后得到的三氧化二钒，具有良好的晶相结构。与此同时，武汉大学还申请了“一种制备纳米级三氧化二钒的方法”的专利，方法是将草酸氧钒的溶液加入高压釜中，升温到一定的温度，在一定压力下保持一段时间，最后卸出溶剂即可得到具有晶型的纳米级三氧化二钒粉末。该方法具有简单易行、反应温度低、价格低廉等特点，反应后得到的纳米三氧化二钒，煅烧前就具有很好的晶相结构，因此具有重要的应用价值。2006 年攀枝花市久欣钛业有限责任公司申请了“粉体三氧化二钒的生产方法”的专利，提供了一种反应温度低、反应时间短的粉体三氧化二钒的生产方法，该方法包括以下步骤：①将四氧化二钒加入外加热容器中；②将还原气体通入容器中；③加热到 823～873K；④保温还原至少 3min；⑤隔绝空气冷却到 373K 以下出炉，得到产品。本发明采用四氧化二钒作为原料，由于原料中钒的价态比传统生产采用的原料（钒酸铵、五氧化二钒）价态低，还原反应更容易进行，反应条件更好，还原剂的用量可以更低。因此，本发明的反应温度低、反应时间短，得到的粉体三氧化二钒含钒可以达到 67.76%，钒的回收率在 99.2%以上。由于原料四氧化二钒本身就很难制备，因此该发明的缺点是原料成本太高。

1.2.4 制备低价钒氧化物热力学计算

制备钒氧化物热力学参数的报道很少。杨绍利在其博士论文中[49]，应用标准状态下吉布斯自由能和温度之间的近似公式，对 H_2、CO 和 NH_3 还原 V_2O_5 生成 VO_2 反应的热力学参数吉布斯自由能和反应平衡常数进行了计算，定性地判断反应的可行性和进行程度。对于用 H_2、CO 和 NH_3 来还原 V_2O_5 制备 VO_2 的反应来说，反应的可行性已经毋庸置疑了，但是 V_2O_5 的还原反应是分步进行的，首先生成 VO_2，继续还原生成 V_2O_3，所以热力学参数计算时，需要同时考虑到下一步可能发生的反应，通过热力学参数的计算控制反应使其停留在要求的步骤上，这是一个目前尚待解决的问题。

葛欣等[50] 根据经验公式对 H_2 还原 V_2O_5 生成 VO_2 和 V_2O_3 的反应做了标准状态下吉布斯自由能的近似计算，并且对非标准状态下压力商变化对反应的调控作用进行了计算，通过氢水平衡分压的计算与分析，成功地制备了

VO_2 薄膜。

目前，涉及制备低价钒氧化物热力学参数计算时，都是根据吉布斯自由能与温度之间的经验公式，近似地计算出不同温度下反应的吉布斯自由能和平衡常数，没有考虑物质的热容随温度的变化而变化这一因素，这种计算基本上可以满足定性地分析反应的可行性和进行程度，但是达不到定量指导和控制反应的目的。因此，系统地准确地计算标准状态下反应的吉布斯自由能，计算出在非标准状态下压力商和吉布斯自由能的变化范围，分析生成 VO_2 和 V_2O_3 反应热力学参数变化规律与特点，分析热力学参数随温度变化的规律，优化反应物质与反应路径，定量地指导制备低价钒氧化物的实验研究是很有必要的。

1.2.5 钒氧化物制备方法发展趋势

VO_2 在 341K 发生从低温单斜半导体相到高温金红石金属相的一级相变，同时伴随着电阻率、红外光透射率等的突变，并且这些都是可逆的。因此，VO_2 是一种有广阔应用前景的热敏材料而备受重视，几十年来对其研究一直不断。V_2O_3 在约 160K 发生低温反铁磁绝缘相到高温顺磁金属相的一级相变，电阻率变化呈负温度系数，单晶电阻率突变达 7 个数量级。在 350～540K 的范围内发生低温顺磁金属相到高温顺磁金属相的二级相变，相变时电阻率呈正温度系数，这些相变性质使 V_2O_3 在电学和磁学材料方面具有应用价值。传统制备 VO_2 粉体和 V_2O_3 粉体的方法，反应时间均较长，反应条件比较苛刻，纯度低，并且仅能获得粗颗粒的粉体。近年来应用喷雾热解法等获得了微米或纳米 VO_2 粉体；应用激光诱导气相沉积法制备了纳米 VO_2 粉体。而这些利用高新技术的方法制备 VO_2 的成本高，工艺条件不易控制。研究证明 VO_2 的整比性与相变性质有关，所以合成高纯度的 VO_2 的条件一直是研究的热点。

钒具有多价态，钒的氧化物包括 V_2O_5、VO_2、V_2O_3 和 VO。其中，前三种钒的氧化物比较常见，VO 生成条件苛刻，具有很强的还原性，很不稳定。在前三种氧化钒中，V_2O_5 最稳定；V_2O_3 最不稳定，点燃的条件下在空气中可以燃烧，室温下在空气中会被慢慢氧化；VO_2 的稳定性介于 V_2O_5 和 V_2O_3 之间。目前 V_2O_5 的制备已经成熟，而低价钒氧化物的制备尚处在研究之中，低价钒氧化物往往由高价钒的化合物制备而成，所以制备过程通常是一个还原过程，在还原过程中，VO_2 是一个中间产物，进一步还原成 V_2O_3 是难以避免的反应，因此产物通常是 VO_2 和 V_2O_3 的混合物[51]，如何根据需要有效控制反应过程，使生成产物为单一化合价的低价钒氧化物，是制备研究的焦点问题。

目前尚缺乏对制备 VO_2 的热力学条件的系统计算与理论研究，所采用的制备方法中存在工艺过程复杂、工艺条件苛刻、成本高、周期长、过程可控程度低、产品纯度低、工业化可行性小的问题。对制备 VO_2 的热力学条件做准确的理论计算、分析与研究，研究出用不同的还原剂制备纯 VO_2 的反应温度和气氛等条件的控制范围，通过比较和分析优化制备方法，在理论的指导下研究出适合工业化的制备纯 VO_2 粉体和纯 V_2O_3 粉体是十分必要的。

1.3 钒氧化物薄膜制备方法

从 20 世纪 50 年代，Morin 发现 VO_2 薄膜的半导体-金属相变的几十年里，迄今已发展了多种 VO_2 薄膜制备技术，其中使用较广的有真空蒸发镀膜法、化学气相沉积法、溅射法、溶胶-凝胶法等。

1.3.1 真空蒸发镀膜法

真空蒸发镀膜法是在真空室中，加热蒸发容器中待形成薄膜的膜材料，使其原子或分子从表面气化逸出，形成蒸气流，入射到固体（称为衬底或基片）表面，凝结形成固态薄膜的方法。其过程主要是物理过程，通过加热蒸发原材料而产生，故又称蒸发法。其加热方式主要有电阻法、电子束法、电弧法和激光法等。该法蒸发速率一般较快。采用这种方法制备薄膜已有几十年的历史，用途十分广泛。

采用此法制备 VO_2 薄膜时以 O_2 为活性气体，加热蒸发纯金属钒，使其沉积到衬底上，得到钒氧化物薄膜，然后再进行镀后热处理即可获得 VO_2 薄膜。脉冲激光沉积法（PLD 法）也属于真空蒸镀法之中的一种。

PLD 工艺是一种利用激光对靶材轰击而在衬底上形成薄膜的方法。它利用一束强的脉冲激光照射到氧化钒靶上，靶材会被激光所加热、熔化、气化直至变为等离子体，然后等离子体从靶材向衬底传输，沉积到距离很近（约几厘米）衬底上形成薄膜。它具有生长速率快、组分容易控制、沉积参数容易调整等优点，还可以生长与靶材成分完全一致的薄膜，因此，是一种很好的制备单

一组分 VO_2 薄膜的方法。

由于加热蒸发的材料分子所获得的能量较低，形成的薄膜松散、多孔，所以稳定性较差，且易受环境污染。这样获得的薄膜含有较多的缺陷并具有较高的吸收。近年来，该方法的改进主要是在蒸发源上：为了抑制或避免薄膜原材料与蒸发加热器发生化学反应，改用耐热陶瓷坩埚，如氮化硼（BN）坩埚；为了蒸发低蒸气压物质，采用电子束加热源或激光加热源：为了制备成分复杂或多层复合薄膜，发展了多源共蒸发法或顺序蒸发法；为了制备化合物薄膜或抑制薄膜成分对原材料的偏离，出现了反应蒸发法；激光蒸镀技术的应用，使薄膜的纯度和结构有一定程度的改进，等等。

分子束外延（MBE）是一种制备单晶薄膜的新技术，也是一种特殊的真空镀膜工艺。它是在超高真空条件下，将薄膜各组分元素的分子束流，直接喷到衬底表面，从而形成外延层的技术。其突出的优点是能生长极薄的单晶膜层，且能够精确控制膜厚、组分和掺杂。适于制作微波、光电和多层结构器件，从而为集成光学和超大规模集成电路的发展提供了有效手段。分子束外延制膜方法的缺点也很突出，成膜速率低、成本高。

1.3.2 化学气相沉积法

化学气相沉积（CVD）法是借助于不同气体之间的化学反应在基片上沉积所需要薄膜的方法，用这种方法可以获得纯度高的薄膜。化学气相沉积的工作气体一般是有机金属化合物与相应的反应气体的混合物，它们在反应室内通过分解、还原-氧化、水解、转移和聚合等化学过程，在基体上形成薄膜。化学反应依靠反应室内的高温来实现，一般多在 250～900℃之间。所谓的低温和高温沉积是相对的。化学气相沉积的工作方式可分为大气压 CVD、低压 CVD、高温 CVD、低温 CVD 等。为了降低反应温度，促进反应过程尽快完成，可以采用等离子体辅助或激光辅助等多种辅助 CVD 技术。

金属有机化学气相沉积（MOCVD）法是利用金属有机化合物的热分解反应进行气相外延生长薄膜的一种 CVD 技术。该方法的主要过程是以不活泼气体为载气，将被蒸发的金属有机化合物输送到真空室待镀衬底表面处，待镀表面加热到某一适合于金属有机化合物分解的温度。

1.3.3 溅射法

所谓“溅射”是指荷能粒子轰击固体表面（靶），使固体原子（或分子）

从表面射出的现象。射出的粒子大多呈原子状态，称为溅射原子。由于带电粒子在电场下易于加速，并获得所需能量（即动能），因此常用带电离子作为轰击粒子（称为入射离子）。溅射法是利用带有电荷的离子在电场中加速后具有一定动能的特点，将离子引向欲被溅射的靶电极（原材料），在离子能量合适的情况下入射离子将靶表面的原子溅射出来，这些被溅射出来的原子具有一定的动能，会沿着一定的方向射向衬底，在衬底上沉积形成薄膜。由于直接实现溅射的是离子，所以这种镀膜技术又称为离子溅射淀积镀膜。与此相反，利用溅射也可以进行刻蚀。淀积和刻蚀是溅射过程的两种应用。

溅射设备包括离子溅射和磁控溅射两种，磁控溅射的工作原理是指电子在电场的作用下，在飞向基片过程中与氩原子发生碰撞，使其电离产生出 Ar 正离子和新的电子；新电子飞向基片，Ar 离子在电场作用下加速飞向阴极靶，并以高能量轰击靶表面，使靶材发生溅射，在溅射粒子中，中性的靶原子沉积在基片上成膜，电子在电场作用下产生定向漂移。离子溅射是利用离子源产生一定能量的离子束轰击置于高真空中的靶材，使其原子溅射出来，沉积在基片上成膜的过程。

溅射这种物理现象是 130 多年前格洛夫（Grove）发现的，现已广泛地应用于各种薄膜的制备之中。如用于制备金属、合金、半导体、氧化物、绝缘介质薄膜，以及化合物半导体薄膜、碳化物及氮化物薄膜，乃至超导薄膜等。采用此方法在 Ar 和 O_2 低压环境下溅射纯金属钒靶，通过精确控制 O_2 流量生成整比性的 VO_2 薄膜，O_2 过量会生成 V_4O_9、V_6O_{13} 和 V_2O_5，不足则会生成 V_2O_3 和 V_3O_5。

1.3.4 溶胶-凝胶法

溶胶-凝胶法的基本原理是：前驱体（或称无机原体）溶于溶剂中（水或有机溶剂），形成均匀的溶液，溶质与溶剂发生水解（或醇解）反应，反应的生成物聚集成超细粒子并形成溶胶。溶胶经蒸发干燥形成具有一定空间结构的干凝胶，再经热处理即可制备出所需的无机晶体材料。前驱体一般使用金属醇盐。根据所用的原料不同，溶胶-凝胶法分为两大类，即水溶液溶胶-凝胶法（无机）法和醇盐溶胶-凝胶法（有机）法。无机溶胶-凝胶法使用 V_2O_5 熔体淬水制成胶体；而有机溶胶-凝胶法则用偏钒酸铵和醇类加入酸类催化剂和乙酰丙酮作为稳定剂制成溶胶。

溶胶-凝胶（sol-gel）是一种化学溶液制膜方法，其制作薄膜的基本过程是首先制备前体物质的溶液（sol），再通过形成凝胶（gel）而得到最后产物(通常是氧化物)。与真空镀膜法（包括离子溅射法）比较，这种方法具有以下优点：第一，基本设备的费用低。使用液态系统，采用常规方法在室温下进行涂膜，保证某些只能在低温下稳定的物质结构不被破坏。膜料来源广泛。第二，容易得到非 $\lambda/4$ 膜系（各层膜的光学厚度为设计波长 1/4 的整数倍称其为 $\lambda/4$ 膜系，否则为非 $\lambda/4$ 膜系）。在涂膜中利用不同的溶液获得不同的厚度，其膜厚精度不受前一层或前几层积累误差的影响。通过几种溶液不同混合比的任意选择，能很容易地调配光学薄膜的折射率，特别是在大型光学器件的镀膜上更有不可比拟的优势。第三，由于薄膜是通过涂膜溶液水解产生，与玻璃表面以及各层之间以化学键结合，因此膜层的附着力强，本身的牢固性好。而涂层也容易除去，对基底无损伤。第四，不需要固化或加热，无应力。

1.3.5 钒氧化物制膜方法的应用情况

目前，从氧化钒薄膜制备的研究现状来看，利用多种物理化学方法都可制备氧化钒薄膜，按薄膜制备机理可分为物理方法和化学方法，及“干法”和“湿法”。现有制备氧化钒薄膜方法的应用情况如下。

真空蒸发镀膜法是目前制备氧化钒薄膜中最普遍采用的方法。在真空室中压强低于 10^{-2}Pa 时，加热坩埚中的物质蒸发。加热方法有三种：直接通电加热、微波加热和电子束加热。在高真空环境中蒸发的原子流是直线运动的，因此基底直接对着蒸发源，有一定距离（8～25cm），使蒸发的原子沉积到基底表面。通常基底温度控制在一定温度范围内，以形成所希望结构的薄膜。蒸发方法制备的薄膜是比较纯的，它适于制备各种功能薄膜。

蒸发沉积氧化钒薄膜通常用 V_2O_5 粉末，因为 V_2O_5 是钒的氧化物中最稳定的价态，而且熔点较低（约 670℃）。通过单纯蒸发获得的氧化钒薄膜为缺氧的 V_2O_5，在 200～500℃氧气氛中退火，可使薄膜转变为符合化学计量比的 V_2O_5，而且薄膜的机械强度、与衬底附着力等都有提高。如果在通氧气条件下蒸发，则可使淀积得到的氧化钒为符合化学计量比的 V_2O_5，但需要在较低的衬底温度下（约 100℃）淀积，这又使得薄膜的机械强度和附着力都变差，另外氧气也会对真空系统（如扩散泵）造成一定的影响。用上述蒸发方法获得的薄膜通常难以制备低价态氧化钒（如 VO_2），所以采用反应蒸发的方法来制备低价态氧化钒。采用电子束蒸发金属钒，在通氧条件下，在蓝宝石、石英、

CaF_2 等多种衬底上淀积出 VO_2。也可以通过 Ar^+、O^- 离子辅助反应蒸发获得 VO_x（$x<2$），经过原位高温（520℃）退火后转变为 VO_2。但反应蒸发获得的氧化钒薄膜机械强度差、与衬底的附着力小。

蒸发沉积法的加热方式主要有电阻法、电子束法、电弧法和激光法。脉冲激光沉积（PDL）是 20 世纪 80 年代后期发展起来的新型薄膜制备技术。脉冲激光沉积方法具有如下优点：组分控制好，靶膜成分一致，生长过程中可原位引入多种气体，容易制备多层氧化钒膜，工艺简单，灵活性大，无污染，成膜速度快，可获得外延单晶薄膜。但是，制成的薄膜均匀性差，薄膜只能做在很小的衬底上，这限制了其在相变型光开关、需要大面积均匀的微测辐射焦平面等方面的应用。对 PLD 工艺进行改进，采用准分子激光作为光源，10ns 左右的脉冲宽度，5～50Hz 之间的脉冲频率，高于 10^{-3}Pa 的本体真空度，1～5J・cm^{-2} 之间的激光能流密度。靶材可采用高纯金属 V 或者 V_2O_5，用扫描探测装置来控制工艺条件，形成均匀度高的特定厚度薄膜。工作气体一般为 O_2 或者按一定比例的 Ar 和 O_2 的混合体，调节 Ar/O_2 大小，则可以制备不同组分的 VO_2 薄膜。

化学气相沉积（CVD）法制备 VO_2 薄膜的主要物质源有 $V(C_5H_7O)_4$、$VOCl_3$、VCl 等。在制备 VO_2 薄膜中主要是利用金属有机化学气相沉积法（MOCVD）。该方法是利用金属有机化合物的热分解反应进行气相外延生长，从而形成薄膜的一种 CVD 法。

主要过程是以不活泼的气体为载气，将被蒸发的金属有机化合物 $V(C_5H_7O)_4$、$VOCl_3$、VCl 等输送到反应室的衬底表面处，待镀表面加热到某一适合钒有机化合物分解的温度，生成 VO_2 薄膜。为了提高 VO_2 薄膜中 VO_2 的含量，需要对薄膜进行保护气氛下的热处理。MOVCD 具有沉积温度低、工艺简单、生产周期短、兼容在线制造、适用范围广等优点。

溅射法是一种发展比较成熟的氧化钒薄膜制备技术。它采用加速的离子轰击固体金属钒靶表面，离子和表面原子交换动量，使表面的原子离开钒靶，然后在衬底上形成所需的薄膜。溅射过程是外来原子的动能使源材料原子发射出去，这点与蒸发方法不同，从靶上溅射出来的原子所具有的动能比热蒸发原子大 1～2 个量级。所以用离子溅射方法沉积的薄膜生长速率高、致密均匀、与衬底黏附性好，特别适用制备难熔材料薄膜。一般利用溅射方法生长氧化钒薄膜的实验中，在溅射室内加氧气，在溅射过程中，离开靶的 V 原子在沉积到衬底时，与反应气体发生化学反应，因此溅射过程必须精确地控制氢气和氧气流量比，制备参数较难控制。

目前制备氧化钒微测辐射热计多采用溅射法。通常采用反应溅射，即在通氧条件下溅射金属钒靶，边淀积边反应，而溅射设备可以是离子束溅射或磁控溅射。采用离子束溅射，一般用 Ar^+ 离子束溅射金属钒靶，在加热（350～610℃）衬底上可形成 VO_2 多晶薄膜，但在较低衬底温度下晶粒尺寸小，两相电阻比（R_s/R_m）小，而且还缺氧。另外若在 Ar^+ 中混有 O^+，也可得到 VO_x，但 x 对 O^+ 含量很敏感，而且衬底温度也较高，达 505℃。也可以用 Ar^+ 离子直接溅射 V_2O_5 粉末靶制备氧化钒，但一般为非晶态，退火后可转变成多晶。采用反应磁控溅射，在 Ar 气中混有 O_2 气，可以在蓝宝石（110）衬底上外延出 VO_2，与体单晶类似，外延 VO_2 薄膜也具有相变陡峭、热滞效应小等特点。

溶胶-凝胶法是一种湿化学方法，该方法制备氧化钒薄膜的工艺是首先得到 V_2O_5 溶胶，然后通过甩胶、喷涂以及浸涂等方法将溶胶涂覆于衬底上，然后通过一定的干燥和退火工艺得到氧化钒薄膜。该工艺主要优点是：薄膜微区结构均匀，可在大面积、不同形状、不同衬底上制备薄膜，设备简单，工艺过程温度较低，化学计量比以及膜厚比较容易控制，纯度较高，成本低，易掺杂等。它存在的主要缺点是：成膜不均匀，制备周期长，效率不高等。目前，利用溶胶-凝胶法制备氧化钒薄膜是一个研究的热点。

将 $VO(OC_3H_7)_3$（液体）溶于一些有机溶剂配成母液，用涂胶机或漂洗仪将母液均匀涂布于衬底上，在 370～670℃范围内烘干衬底，即可生成 V_2O_5。将 $V(OR)_4$ 溶液（OR 代表可水解的有机官能团）涂布于玻璃衬底上，凝胶后形成 $VO_2 \cdot x(H_2O)$，再在 N_2 气氛下经 400～700℃烘干衬底，即可获得 VO_2。Sol-gel 方法除了制备成本低廉外，还具有可制备大面积、容易掺杂、可双面一次形成等优点。但厚度较难控制，而且工艺控制要求也很高，否则很容易使薄膜开裂或起泡。

1.4 含钒无机功能材料

含钒无机功能材料包括玻璃材料和陶瓷材料，玻璃材料包括两种，一种是玻璃表面膜中含钒，另一种是玻璃主体中含钒，玻璃系统是承载钒氧化物的主体，是钒氧化物存在的化学环境，玻璃系统对钒氧化物的性质产生影响，在同一玻璃系统中，钒氧化物的含量、价态和结构形式对玻璃的光学和电学性质产生影响。玻璃表面钒氧化物膜主要功能是节能环保，达到太阳能的智能利用。玻璃主体中钒氧化物的作用，它不能单独形成玻璃，是玻璃网络结构中的中间体或外体，是探索和研究高折射率光学材料的添加剂和指示剂[52]。陶瓷材料包括 V_2O_3 陶瓷和 VO_2 陶瓷，VO_2 陶瓷是 NTC（电阻呈负温度系数）材料，应用研究较少，有待开发。V_2O_3 陶瓷是 PTC（电阻呈正温度系数）材料，研究较多，在大电流过流保护元件应用方面很有前景。

1.4.1 含钒玻璃材料

1.4.1.1 玻璃表面钒氧化物膜的研究现状

（1）钒氧化物膜的种类　纯 VO_2 薄膜在 341K 发生金属-半导体相变（简称 M-S 相变）特性的研究，已经引起了广泛的关注，并取得了许多成果，研制成功了多种 VO_2 晶体薄膜的制备方法，如磁控溅射法、反应蒸镀法、化学气相沉积法、溶胶-凝胶法等。

V_2O_5 晶体具有独特的金字塔形层状结构，被广泛应用于许多高科技领域：V_2O_5 由于其良好的嵌锂性能及稳定的放电平台，已经被用作高容量锂电池的阴极材料；V_2O_5 因为其优良的光学与电学性能，被广泛地应用于电变色器件、光学开关和微电池等方面。作为过渡金属氧化物，氧化钒中的钒存在着几种不同的价态，同时 V—O 键的复杂性也增加了制备单一价态氧化钒薄膜的难度。因此不同的方法制备的氧化钒薄膜其化学组分和微结构都有所不同，其光学与电学性能也存在很大的差异。V_2O_5 薄膜的制备可以采用多种方法，如磁控溅射[53]、热蒸发[54]、真空沉积[55,56]、溶胶-凝胶[57,58]、脉冲激光沉积法[59]、超声波喷雾法[60]、电泳沉积法[61]、脉冲溅射法[62] 等。

钒氧化物膜包括 V_2O_5 膜和 VO_2 膜两种，其中 VO_2 膜的制备方法包括直接成膜法和分步成膜法。直接成膜法是利用磁控溅射、热蒸发等方法通过控制氧气分压直接制备 VO_2 膜，此方法条件比较严格，成膜面积小，成本高；分步成膜法大致分两步完成，首先制备 V_2O_5 膜，然后还原成 VO_2 膜。因此，不同价态氧化钒膜的制备直接受单一价态氧化钒形成条件的影响。

（2）基底材料　前人研究钒氧化物膜所采用的基底材料大致分为两种：非晶体材料和晶体材料两种。非晶体材料主要是玻璃材料，包括石英玻璃片[63]、普通玻璃片[64～66]、玻璃与 Si_3N_4 薄膜复合片[67]；晶体材料包括单晶硅片[68]、单晶锗片[69,70]、α-Al_2O_3 单晶片、石英晶体片[71]。

（3）玻璃材料　玻璃是建筑和功能材料中不可或缺的透明材料，物美价廉，应用十分广泛，为了适应不同的应用要求，各种窗用特种玻璃应运而生，如中空玻璃、LOW-E 玻璃、反射玻璃、各种各样的镀膜玻璃等[72]。目前，一种理想的玻璃是能够根据室温变化调控透过太阳光还是反射太阳光，这种设想吸引了大量的研究。

（4）VO_2 热色窗　热色窗是一种典型的含有热色材料的玻璃。热色材料是一种由于温度变化改变颜色的材料，热色材料通过改变透射和反射性质，需要时增加对太阳能的获得，不需要时减少对太阳能的获得，可以减少建筑物对能量的需要[73]。太阳能中主要的热量来源是在近红外区 800～1200nm，热色窗需要这样一种热色材料，它随着温度的变化对红外光有调制作用，并且这种调制作用是可逆的，当温度向相反方向变化时，进行反向调制。

VO_2 是一种相变型金属氧化物，具有金属-半导体相转变的特性，相变可逆。相转变时伴随着光学和电学等性质的突变，即在高于相变温度时为金红石结构，呈导体性质，对红外线产生高的反射率；在低于相变温度时为单斜结构，呈半导体性质，对红外线产生高的透射率。这一特性使其成为热色窗的最有优势的候选材料，但是由于 VO_2 的相变温度为 68℃左右，与室温相比偏高，所以改变 VO_2 相变温度的问题成了研究的焦点。研究表明，掺杂可以改变 VO_2 的相变温度[74]，如掺杂 W^{6+}、Mo^{6+}、Nb^{5+}、F^-、Ge^{4+}、Fe^{2+}、Au^+、Cu^{2+}、Ga^{4+}、Cr^{3+}、Ti^{4+}、Sn^{2+}、Ta^{5+}、Al^{3+}、Re^{4+}、Ir^{4+}、Os^{4+}、Ru^{4+} 等，可以提高或降低相变温度。值得注意的是，掺杂不但改变了 VO_2 的相变温度，同时也改变了 VO_2 的相变性能，即降低了它相变前后光学等性质的突变量。如何才能在保证相变开关效能的同时，调整 VO_2 的相变温度，这是目前还没有完全解决的问题。

热色窗由玻璃基片和表面热色材料膜组成。VO_2 作为最合适的热色材料，可以通过溶胶-凝胶、溅射、脉冲激光技术、气相沉积等技术沉积在玻璃表面上，形成热色窗。在选择沉积技术时，几个因素应该考虑，包括沉积材料、基底材料、沉积速率、所需设备成本、工业化能力、环境因素以及理想膜的性质，如厚度、微结构、机械强度、光学性质、热力学性质、热色性质。以膜厚为例，膜厚增加，会直接提高太阳能的调制效率，但同时降低可见光的透射率，研究表明最适宜膜厚在 40～80nm 之间。

1.4.1.2　V_2O_5 掺杂玻璃研究现状

（1）V_2O_5 的基本性质

V_2O_5 是红黄色晶体，密度 $3358kg \cdot m^{-3}$，熔点 943K，沸点 1963K。在元素周期表中，长周期从ⅠA 到ⅦB 形成的稳定氧化物由碱性到酸性变化如表 1.4 所示[75]，从表中可以看出 V_2O_5 所处的位置，V_2O_5 为两性氧化物。

表 1.4　V_2O_5 及相邻元素氧化物的酸碱性质

氧化物	K_2O	CaO	Sc_2O_3	TiO_2	V_2O_5	CrO_3	Mn_2O_7
酸碱性	强碱性	强碱性	弱碱性	两性	两性	酸性	强酸性

（2）钒离子及其在玻璃中的性质

① 钒离子的着色　钒是第四周期的过渡金属元素，它是第一种能够产生离子着色的元素。在它的物理性质和着色能力方面，钒最接近于邻近的铬元素；然而其着色效应要比铬低 20 倍。钒不同于铁和铜的离子着色，它在紫外区有高的光学吸收[76]。

② 钒离子的基本特性　如表 1.5 所示。

③ 钒在玻璃中的价态　在玻璃中，钒可以以各种价态存在，5 价的 V_2O_5、4 价的 VO_2、3 价的 V_2O_3 和 2 价的 VO。五价的钒是最稳定的，它的配位数有 4 和 6 两种，低价氧化物的配位数为 6。V_2O_5 的熔点较低，为 943K。在玻璃中，V_2O_5 产生明显的荧光。尽管 5 价的 V_2O_5 很稳定，但是在高温下它有分解的倾向。熔化过程的时间越长，V_2O_5 分解成低价氧化物的可能性越大，从而导致玻璃的颜色越浅。跟钛比较，钒有所不同，钒在玻璃中同时存在两种价态 5 价和 3 价。即使在高于 1773K 的高温下，或者是在强还原气氛下，3 价钒也不能够继续还原成 2 价的 VO。通常情况下，玻璃中不存在 2 价的钒，因为即使在高温和还原条件下，2 价钒也有强烈的被氧化的趋势。然而，在日晒过程中，由于光子还原的作用有可能导致 2 价的钒在玻璃中出现。Rindone CE 通过对电解还原后的硼酸盐和磷酸盐玻璃的实验研究表明，4 价的钒同样在玻璃中很难保持住价态。

④ 钒在玻璃中价态的分析　离子势就是离子电荷与离子半径之比（z/r），离子有产生较高的离子势的趋势。当钒以 5 价和 3 价在玻璃中同时存在时，玻璃的膨胀系数没有明显减小，说明结构强度变化不大；然而，随着钒离子价态的减小，键强却显示出明显减小。如表 1.5 所示，3 价钒的离子势是 5 价钒的一半。

表 1.5　钒原子及其各种价态离子的基本特性

元素符号(M)	V			
原子(中子)数(Z)	23			
价电层结构(A)	$3d^3 4s^2$			
原子量(R)	50.941			
原子半径/Å(r_a)	1.35			
电子价数(z)	2	3	4	5
配位数(y)	6	6	6	6
有效离子半径/Å(r_i)	0.79	0.64	0.59	0.54
原子核间距/Å(a)	2.14	1.99	1.94	1.89
阳离子半径/氧离子半径(ψ)	0.564	0.457	0.421	0.386
离子势(z/r_i)	2.53	4.69	6.78	9.26
键强(z/a)	0.93	1.51	2.06	2.65
场强(z/a^2)	0.44	0.76	1.06	1.40
单键强度(z/y)	0.333	0.500	0.667	0.834
单键场强[$F_1=(z/a^2)/y$]	0.073	0.127	0.177	0.233
离子折射率(R_i)	25.6			
离子极化率(α_o)	0.31			
离子能量 I/eV	6.74			
电负性(X)		1.4	1.7	1.9
离子键成分(io)		54	44	38
共价键成分(co)		46	56	62

⑤ 钒离子与钛离子的比较　5 价钒离子的折射率为 25.6，4 价钛离子的折射率为 19，所以 5 价钒离子的变形能力比 4 价钛离子的变形能力大。因此，钒比钛更能减小表面张力。

(3) 钒氧化物掺杂玻璃的性质

① 氧化钒形成玻璃的能力　在玻璃中离子的配位数、阳离子的半径和氧离子半径的比值 ψ、空间构型存在着一定的规律，如表 1.6 所示。

表 1.6 配位数、离子半径及空间结构的关系

配位数	阳离子半径/氧离子半径(ψ)	空间构型
3	0.155～0.225	三角形
4	0.225～0.414	四面体
6	0.414～0.732	八面体
8	>0.732	立方体

从表 1.5 和表 1.6 可知，对于 V^{5+}，$\psi=0.386$，位于形成四面体的四配位的上限范畴，并且有高的键强，这为 V_2O_5 形成玻璃创造了条件。钒属于不能形成完美网络的元素，所以 V_2O_5 没有单独形成玻璃的能力。它很容易形成二元玻璃，具体二元玻璃组成范围见表 1.7。SiO_2 与 V_2O_5 是否能形成玻璃还不确定，Al_2O_3 与 V_2O_5 不能形成玻璃。在硅酸盐和硼硅酸盐玻璃中 V_2O_5 可以引起析晶和失透。

表 1.7 含 V_2O_5 的二元玻璃组成范围

玻璃系统	V_2O_5 摩尔分数/%
V_2O_5-P_2O_5	95～99
V_2O_5-GeO_2	10～75
V_2O_5-TeO_2	10～60
V_2O_5-BaO	63～73
V_2O_5-PbO	46～62

② 氧化钒对玻璃性质的作用　V_2O_5 与其他过渡金属元素一样，有增加玻璃的密度和折射率的作用，但是，与它邻近的元素钛比较，它使密度和折射率增加得较小。V_2O_5 对玻璃的热膨胀、化学稳定性、黏度、介电常数、电学性质均有影响。尽管钒与氧有高的化学键强，但是钒不属于能够明显减小玻璃热膨胀系数的元素，它对玻璃的热膨胀的减小量级介于铋和铅之间。V_2O_5 有改善玻璃对水的化学稳定性的作用，这一点与铝相似。在硅酸盐和多组分玻璃中，V_2O_5 有降低玻璃黏度的能力，与 Mn、Fe、Co 和 Ni 相似。V_2O_5 有明显地降低玻璃表面张力和介电常数的作用。V_2O_5 对玻璃电学性质，尤其是电导性质的影响引起了极大的关注。含钒的半导体玻璃，其半导体特性是由两种不同氧化状态下（V^{5+} 和 V^{4+}）未被完全充满的电子轨道间电子的跃迁引起的。在室温下普通的氧化物玻璃是绝缘体，玻璃的半导体特性的获得是靠引入

一种或多种具有半导体特性的过渡金属氧化物来实现的。其中，对 V_2O_5-P_2O_5 半导体玻璃的研究最多，这种玻璃熔点很低，在 423～523K 之间。半导体玻璃的熔化气氛很重要，因为需要控制元素的高价态和低价态的比例。

③ 氧化钒对玻璃着色性质的影响　在第四周期的离子着色元素中，钒的意义最小，它很少用于玻璃着色。因为三价钒产生的绿色可以通过铬、铁、铜很有效、很容易地获得。在光学吸收方面，钒与铬最接近。两种元素在紫外区都有广泛的吸收。三价钒在红外区有吸收，铬则没有。在玻璃中钒的吸收曲线与钒盐溶液的吸收曲线相类似。钒在玻璃中由于价态不同有四种着色形式，V^{5+}、$(VO)^{2+}$、V^{3+}、V^{2+} 分别着黄色、棕色、绿色、灰色和淡紫色。V_2O_5 使玻璃着黄色，它的主要吸收区在紫外区，对可见光透过至 350nm。随着 V_2O_5 含量的增加，吸收边向长波方向移动，呈黄棕色。V_2O_3 使玻璃呈绿色，它的吸收主要是在蓝色和红色区，在 525nm 处有最大透射率，最大吸收在 425nm 和 625nm。一般情况下，玻璃中的 V^{4+} 在红外区 1.1μm 处有吸收；在磷酸盐玻璃中，在 450nm、700nm、850nm 处有吸收，玻璃呈绿色；氧钒离子 $(VO)^{2+}$ 在长波部分有微弱的吸收，氧钒离子在硼酸盐玻璃中，以胶体形式分立存在，原因是它们在 B_2O_3 中溶解度较小。玻璃的最终颜色由熔化时的温度、氧化还原条件和玻璃的成分决定。在还原条件下，V^{5+} 和 V^{3+} 的平衡向三价方向移动，颜色变深、变绿。玻璃基质的组成对玻璃颜色的影响很大，钠钙硅玻璃基质能够获得最好的着色效果，硼酸盐玻璃呈绿色，酸性玻璃利用 V^{3+} 的形成，增加碱金属氧化物的含量会导致 V^{5+} 含量的增多，V^{3+} 的减少。一般情况下，对于 3mm 的玻璃，氧化钒含量小于 1%（摩尔分数），玻璃是无色的，高于 1%（摩尔分数），玻璃呈绿色，高于 5%（摩尔分数）时，玻璃呈橄榄棕色。Na^+、K^+、Li^+ 的相互替代，玻璃的颜色不发生改变。

（4）氧化钒掺杂玻璃的光学性质

① V_2O_5 对玻璃酸碱性的指示作用　在玻璃化学中，常常会遇到酸性或碱性氧化物。酸性氧化物是网络形成氧化物，碱性氧化物是网络外体氧化物。那么是否有统一的定量的标准来衡量玻璃中氧化物的酸碱性呢？正像电解质水溶液中的 pH 值一样，玻璃中氧原子的性质对玻璃的酸碱性质有决定性的影响。Lux 提出了 PO 的概念，与 pH 值不同的是它不是氧离子浓度的指数。它的求法目前有 Sanderson 法和 Duffy and Ingram 法两种。Sanderson 法计算公式如式(1.1) 所示。Duffy and Ingram 法如式(1.4) 所示。

$$PO_g=\left(x_1^{N_1}x_2^{N_2}\cdots x_n^{N_n}5.02^1\right)\frac{1}{N_1+N_2+\cdots+N_n+1} \tag{1.1}$$

式中，$x_1, x_2, \cdots, x_m, \cdots, x_n$ 为玻璃组成氧化物中原子的电子密度，根据式(1.2)由鲍林电负性 X_m 计算而得；$N_1, N_2, \cdots, N_m, \cdots, N_n$ 由 Blau 方程式(1.3)计算得出。

$$x_m=\frac{\sqrt{X_m}-0.77}{0.21} \tag{1.2}$$

$$N_m=\frac{\dfrac{m_m f_m}{W_m}}{\sum\dfrac{n_o f_m}{W_m}} \tag{1.3}$$

式中，f_m 为组成玻璃氧化物 m 的摩尔分数；m_m 为组成玻璃氧化物 m 分子式中的阳离子的化学计量比数；n_o 为组成玻璃氧化物 m 分子式中的氧离子的化学计量比数；W_m 为组成玻璃氧化物 m 的摩尔质量。

$$PO_g=\frac{z_A e_A}{2G_A}+\frac{z_B e_B}{2G_B}+\cdots+\frac{z_n e_n}{2G_n} \tag{1.4}$$

式中，G 为碱性调节能力，由鲍林电负性 X 计算出 $G=1.36(X-0.26)$；z_A 为元素 A 的氧化数；e_A 为离子比例数（即：A 离子的电价与化学计量比乘积后除以所有离子的电价与其相应的化学计量比乘积之和）。

前人的研究证明氧化钒在玻璃中的着色作用可以指示玻璃的酸碱性。钒作为一个可变价元素，除了 Cr、U、Mn、Fe 之外，钒适合于通过颜色指示玻璃的酸碱性。通过对玻璃中引入不同含量的碱金属氧化物，测定玻璃颜色的变化点，类似于溶液的酸碱滴定的终点。玻璃中颜色转变时碱金属氧化物的含量如表 1.8 所示。

表 1.8 颜色转变时玻璃的组成

玻璃系统（掺杂氧化钒）	碱金属氧化物	颜色转变点 碱金属氧化物组成(摩尔分数)/%
Na_2O-CaO-SiO_2	Na_2O	15
Na_2O-B_2O_3	Na_2O	35
K_2O-B_2O_3	K_2O	30
Na_2O-P_2O_5	Na_2O	33
K_2O-P_2O_5	K_2O	37

② 玻璃的光学碱度的概念[77] 溶液的性质通常用酸碱性这样的术语来表示。对于有质子的溶液，可以定量地以 pH 值来表示；对于没有质子的溶液，缺乏酸碱性的定量表达术语。20 世纪 70 年代以前，在溶盐和玻璃化学领域表达酸碱性最常用的方法之一是 Lewis 法，这种方法的应用是定性的，关于这种方法是否非常有用，当时还没有得到证明。由于 Lewis 方法没有定量的尺度，它在溶盐中的应用受到一定的限制；而对于含氧阴离子熔融物和玻璃，由于 Lux-Flood 概念能够建立起类似于 pH 值的 PO^{2-} 尺度，所以受到青睐。但是由于它无法定义氧离子的热动力学活度和一些涉及过氧化物形成的氧化还原反应的影响，导致这种方法在一定范围内无法比较含氧离子系统的酸碱性。把 Lewis 概念应用于溶液系统，把溶液的碱性看成是它与酸性溶剂分享电子的能力。应用一种合适的金属离子作为这种效应的探针，由于中心场和对称共价键的限制，探针离子的外层电子轨道产生膨胀。这种膨胀可以通过实验测定探针离子 Tl^+、Pb^{2+} 和 Bi^{3+} 的 ${}^3P_1 \leftarrow {}^1S_0$ 跃迁的频率而测得，结果发现它与 Jørgensen 函数 h 成比例[78]。因此，可以通过测定溶液中探针离子 ${}^3P_1 \leftarrow {}^1S_0$ 跃迁的频率来获得 Jørgensen 函数 h 的值，函数 h 的值与溶液提供给探针离子的环境有关。Duffy 和 Ingram 用 Tl^+、Pb^{2+} 和 Bi^{3+} 作为“光谱指示剂”，建立起 Lewis 碱性的定量尺度，定义为“光学碱度”。光学碱度的建立使在很宽的范围内对含氧阴离子的介质（玻璃、含氧酸以及熔盐）进行 Lewis 碱性的定量比较成为可能。

③ 玻璃的光学碱度的实验测定方法 二元碱金属硼酸盐玻璃形成范围较大（碱金属摩尔分数 0～35％均可形成玻璃），其玻璃碱性变化范围比较宽。基于这个原因，Duffy 和 Ingram 选择碱金属硼酸盐氧化物玻璃作为测试系统[79]。首先用无水碳酸钠、硼酸和硼砂为原料制备玻璃，掺杂探针离子通过往配料里加 $TlNO_3$、$Pb(NO_3)_2$ 和 $Bi(NO_3)_3$ 溶液来实现；其次，将配料放入白金坩埚，加热至 1173K，恒温 2h，淬火并制成 0.3～0.5mm 厚的玻璃片，作为测试样品；最后，用紫外光谱仪记录其紫外吸收谱图。通过实验结果确定最大吸收频率 ν，利用式(1.5) 计算 Lewis 碱性：

$$1-\nu/\nu_f=hm \tag{1.5}$$

式中，ν 为探针离子在玻璃中产生紫外吸收的频率，cm^{-1}；ν_f 为修正的自由探针离子的跃迁吸收频率，cm^{-1}；m 为探针离子的 Nephelauxetic 参数，见表 1.9；h 为 Jørgensen 函数的值。

表 1.9 Tl^{+}、Pb^{2+} 和 Bi^{3+} 的 Nephelauxetic 参数

阳离子	跃迁吸收频率 ν_f/cm^{-1}	Nephelauxetic 参数 m
Tl^{+}	55300	0.1356
Pb^{2+}	60700	0.1992
Bi^{3+}	56000	0.227

在相同的玻璃体系中，在固定的范围内调整组分的配比，用不同的探针离子测定 ν，用式(1.5) 求出的 Jørgensen 函数值 h 表现出不同的范围，这给玻璃碱度的测定造成不便。所以 Duffy 和 Ingram 给出玻璃光学碱度 Λ 的测定公式如式(1.6)～式(1.8) 所示。

$$\Lambda_{Pb^{2+}}=(60700-\nu)/31000 \tag{1.6}$$

$$\Lambda_{Bi^{3+}}=(56000-\nu)/28800 \tag{1.7}$$

$$\Lambda_{Tl^{+}}=(55300-\nu)/18300 \tag{1.8}$$

玻璃光学碱度的上述定义使得用不同离子探针测定同一种二元碱硼酸盐玻璃的紫外吸收频率来确定玻璃的光学碱度时，其光学碱度 Λ 的值基本一致。由上述定义可推得式(1.9)。

$$\Lambda=\frac{h'}{h} \tag{1.9}$$

式中，h'与 h 是单原子阴离子在其极化与未极化状态时的 Jørgensen 函数(未极化状态以 CaO 中的氧离子为标准)。

④ 玻璃的光学碱度的理论计算方法　由于玻璃中一些过渡金属离子的存在，使其在紫外区有吸收[80]。这给测定玻璃光学碱度的探针离子的紫外吸收造成屏蔽与干扰，使许多玻璃的光学碱度的紫外光谱测定法难于实现。因此，玻璃光学碱度的间接测定和理论计算方法非常重要。其方法应用较多的主要有三种[81]：玻璃折射率法计算公式如式(1.10)～式(1.12) 所示，阳离子碱性调整参数法如式(1.13) 所示，简单氧化物光学碱度法如式(1.14) 所示。

$$R_m=\left[\frac{n_o^2-1}{n_o^2+2}\right]V_m=\frac{4\pi\alpha_m N}{3} \tag{1.10}$$

$$\alpha_{O^{2-}}(n_o)=\left[\frac{R_m}{2.52}-\sum\alpha_i\right](N_{o^{2-}})^{-1} \tag{1.11}$$

$$\Lambda(n_o)=1.67\left(1-\frac{1}{\alpha_{o^{2-}}(n_o)}\right) \tag{1.12}$$

式中，n_o 为玻璃的线性折射率；V_m 为玻璃的摩尔体积，cm^3；α_m 为玻璃的摩尔极化率，$Å^3$；N 为阿伏伽德罗常数；R_m 为玻璃的摩尔折射率；$\alpha_{O^{2-}}$ 为氧离子的极化率，$Å^3$；$\sum\alpha_i$ 为玻璃的摩尔阳离子极化率之和，$Å^3$。

阳离子碱性调整参数法是 Duffy 根据探针离子所测得的光谱数据，赋予每一种阳离子一个量化的参数，来表示它对氧离子的电子的捐献能力[82]。总结出计算玻璃光学碱度的经验计算方法公式如式(1.13) 所示，各种离子的碱性调整参数[83,84] 见表 1.10。

$$\Lambda=\frac{X(AO_{a/2})}{\gamma_A}+\frac{X(BO_{b/2})}{\gamma_B}+\cdots \tag{1.13}$$

式中，$X(AO_{a/2})$、$X(BO_{b/2})$ …为对应氧化物 $AO_{a/2}$、$BO_{b/2}$…的当量分数（即氧化物含氧量占总化学计量氧的分数）；γ_A、γ_B…为离子 A、B…的碱性调整参数。

$$\Lambda_{th}=X_1\Lambda_1+X_2\Lambda_2+\cdots+X_n\Lambda_n \tag{1.14}$$

式中，Λ_{th} 是用简单氧化物光学碱度法计算出的理论光学碱度；$\Lambda_1,\Lambda_2,\cdots,\Lambda_n$ 分别为组成玻璃的各氧化物的光学碱度；$X_1,X_2,\cdots,X_n$ 为当量分数（每一种氧化物含氧量在总化学计量中所占的分数）。

表 1.10　玻璃的碱性调整参数

元素	碱性调整参数 γ_M	
	原始值（基于光谱探针离子数据）	修正值（基于折射率数据）
锂	1.00	1.23
钠	0.87	0.905
钾	0.73	0.76
铷	0.67	0.68～0.74
铯	0.60	0.65～0.67
镁	1.28	1.1～1.2
钙	1.00	1.00
锶	0.9	0.90～0.96
钡	0.87	0.70～0.81
硼	2.35	2.47(非四配位的三价硼)
硅	2.09	2.10

⑤ 玻璃光学碱度与电负性的关系　鲍林电负性是指元素的原子在分子中吸引电子能力的相对大小，它较全面地反映了元素金属和非金属性的强弱[85]，玻璃的光学碱度是玻璃中氧原子捐献电子能力的一种度量[86]，二者间有联系是必然的。鲍林电负性与玻璃的光学碱度 Λ 的经验公式如式(1.15) 和式(1.16) 所示。氧离子在玻璃中，由于其化学环境随结构与成分变化，所以它的电负性是变化的。通过测定玻璃的紫外吸收开始的频率，可以推出其玻璃中氧离子的电负性的值，并称其为光学电负性[87]，玻璃中氧离子的光学电负性计算公式如式(1.17) 所示。

$$\chi_{av}=\frac{\sum_{i=1}^{N}\chi_i n_i}{\sum_{i=1}^{N}n_i} \tag{1.15}$$

$$\Lambda=\frac{0.75}{\chi_{av}-1.35} \tag{1.16}$$

式中，χ_{av} 为玻璃的平均电负性；χ_i 为第 i 个元素的鲍林电负性；n_i 为第 i 个元素的原子个数。

$$\chi^*_{opt}(\text{oxide})=E_g/3.72+\chi^*_{opt}(\text{metal ion}) \tag{1.17}$$

式中，$\chi^*_{opt}(\text{oxide})$ 为氧离子在玻璃中的光学电负性；$\chi^*_{opt}(\text{metal ion})$ 为金属离子在玻璃中的光学电负性（由鲍林电负性修正而得，见表 1.11)；E_g 为带隙能量，eV($E_g=v_{max}/8066$，v_{max} 为紫外吸收开始时的频率)。

表 1.11　离子的鲍林电负性 x 与光学电负性 χ^*_{opt}

离子	光学电负性(χ^*_{opt})	鲍林电负性 x
Na^+	0.95	0.9
Mg^{2+}	1.1	1.2
Ca^{2+}	1.0	1.0
Sr^{2+}	1.0	1.0
Ba^{2+}	1.0	0.9
Zn^{2+}	1.1	1.6
Cd^{2+}	1.45	1.7
Hg^{2+}	1.55	1.9

续表

离子	光学电负性(χ^*_{opt})	鲍林电负性 x
Al^{3+}	0.95	1.5
Ga^{3+}	1.15	1.6
In^{3+}	1.45	1.7
Sn^{4+}		1.8
P^{3-}	1.75	2.1
As^{3-}	1.55	2.0
Sb^{3-}	1.35	1.8
S^{2-}	2.15	2.5
Se^{2-}	1.9	2.4
Te^{2-}	1.8	2.1
Cl^-	3.0	3.0
Br^-	2.8	2.8
I^-	2.5	2.5

⑥ 玻璃光学碱度与氧离子的电子极化率[88,89] 氧化物是玻璃不可或缺的组分之一。组成氧化物阳离子与氧离子的电子极化率均对玻璃的光学性能产生影响[90]。当玻璃的折射率较低时，阳离子的电子极化率相对比较稳定，在不同的氧化物中，其变化不大，基本保持不变。而氧离子的电子极化率在不同的氧化物中变化较大，氧离子的电子极化率在 BaO 中为 3.70Å^3，而在 SiO_2 为 1.41Å^3。Dimitrov 等根据氧离子的电子极化率的大小将氧化物分成三组[91]；氧化物的光学碱度与氧离子的电子极化率范围相对应，也将氧化物分成三组[92]。具体组别分别为：电子极化率在 1～2Å^3 的氧化物包括 P_2O_5、SiO_2、B_2O_3、Al_2O_3、GeO_2、Ga_2O_3 等，光学碱度低于 1.0；电子极化率 2～3Å^3 的氧化物有 CaO、In_2O_3、SnO_2、TeO_2 和多数过渡元素氧化物，其光学碱度接近 1.0；电子极化率大于 3Å^3 的包括 CdO、PhO、BaO、Sn_2O_3、Bi_2O_3 等，光学碱度大于 1.0。对于氧化物玻璃，其电子极化率用摩尔极化率 α_m 的概念来描述；而摩尔极化率 α_m 由 1mol 玻璃中所有氧离子和阳离子极化率相加而得，所以氧离子和阳离子极化率之间的关系以及它们与玻璃光学碱度的关系也

是令人关注的问题。

已有资料[93] 证明：随着阳离子摩尔极化率的增加，氧离子的极化率呈现出增加趋势；光学碱度的实质是氧离子的极化导致其电子的捐献能力变化的结果。所以随着氧离子的极化率的增加，玻璃的光学碱度增加；由 Lorentz-Lorenz 公式(1.10) 可求出摩尔折射率 R_m，R_m 具有可加性，在氧化物玻璃中，可从玻璃的摩尔折射率 R_m 中减去阳离子的折射率而得到氧离子的折射率 $R_{O^{2-}}$。基于上述原理 Duffy[94] 研究并建立了玻璃的光学碱度、氧离子的极化率和折射率的关系式(1.18)～式(1.20)。式(1.19) 由 SiO_2-CaO 玻璃系统数据推出，有其局限性。

$$\Lambda=1.67\left(1-\frac{1}{\alpha_{O^{2-}}}\right) \tag{1.18}$$

$$\Lambda=\frac{(3.133\alpha_{O^{2-}}-2.868)^{1/2}}{1.567}-0.362 \tag{1.19}$$

$$R_{O^{2-}}=2.565+1.429\Lambda+1.973\Lambda^2 \tag{1.20}$$

⑦ 玻璃光学碱度与离子间交互作用参数　一个负离子与和它成对的相邻的正离子间可能存在的离子间的交互作用的定量尺度，叫做离子间交互作用参数 A。A 的表达式如式(1.21) 所示。

$$A=[(\alpha_f^++\alpha_f^-)-(\alpha_c^++\alpha_c^-)]/2(\alpha_f^++\alpha_f^-)(\alpha_c^++\alpha_c^-) \tag{1.21}$$

式中，α_f^+ 和 α_f^- 是正离子和负离子在自由状态的电子极化率；α_c^+ 和 α_c^- 是正离子和负离子在晶体状态的电子极化率。Dimitrov 把式(1.21) 应用到简单氧化物中[95]，并假设 $\alpha_c^+\approx\alpha_f^+$，结果得出式(1.22)。

$$A=(\alpha_f^--\alpha_{O^{2-}})/2(\alpha_f^++\alpha_f^-)(\alpha_f^++\alpha_{O^{2-}}) \tag{1.22}$$

式中，α_f^- 是自由氧离子的极化率；$\alpha_{O^{2-}}$ 是氧离子在晶体氧化物中的极化率。由于电子极化率在多组分系统中具有可加性[96]，所以在二元玻璃系统 $xA_pO_q\cdot(1\text{-}x)B_rO_s$ 中，理论离子间交互作用参数 A_{th} 如式(1.23) 所示：

$$A_{th}=X_{A_pO_q}A_{A_pO_q}+X_{B_rO_s}A_{B_rO_s} \tag{1.23}$$

式中，$X_{A_pO_q}$ 和 $X_{B_rO_s}$ 是对应氧化物的当量分数（氧化物含氧量占玻璃中总化学计量氧的比例）；$A_{A_pO_q}$ 和 $A_{B_rO_s}$ 是对应氧化物的离子间交互作用参数。用式(1.22) 计算氧化物的离子间交互作用参数，其中氧离子的极化率 $\alpha_{O^{2-}}$ 用 Lorentz-Lorenz 公式，通过折射率 n_o 求得。如此计算出的玻璃中离子间的交互作用参数 $A(n_o)$ 用式(1.24) 表示。

$$A(n_o)=X_{A_pO_q}[(\alpha_f^- - \alpha_{O^{2-}})]/2(\alpha_{f(A)}^+ + \alpha_f^-)(\alpha_{f(A)}^+ + \alpha_{O^{2-}}) + X_{B_rO_s}[(\alpha_f^- - \alpha_{o^{2-}})]/2(\alpha_{f(B)}^+ + \alpha_f^-)(\alpha_{f(B)}^+ + \alpha_{O^{2-}}) \quad (1.24)$$

式中，$\alpha_{O^{2-}}=\alpha_{O^{2-}}(n_O)$ 用式(1.10) 和式(1.11) 求出。Λ 与 A 的直接测定比较困难，有些玻璃的测定是不可能的。但是可以通过间接计算法，比如通过测定玻璃的折射率用式(1.12) 和式(1.24) 计算出 $\Lambda(n_o)$ 与 $A(n_o)$。Dimitrov 计算了 56 个二元玻璃系统，共计 250 种不同组成玻璃的 $\Lambda(n_o)$ 与 $A(n_o)$，发现随着 $A(n_o)$ 的增加，$\Lambda(n_o)$ 呈线性逐渐减少。

⑧ 玻璃光学碱度与氧 1s 结合能　Dimitrov 研究了氧化物的光学碱度与 O1s 结合能的关系，发现有一种大致的趋势，即氧化物的光学碱度随着 O1s 的结合能的减小而增加。按 O1s 的结合能可将氧化物分成三组：O1s 结合能大于 530.5eV 的氧化物有较低的光学碱度，酸性较强；O1s 结合能在 529.5～530.5eV 的氧化物包括大多数过渡金属氧化物和一些主族氧化物（含 CaO），光学碱度接近 1；O1s 结合能小于 529.5eV 的氧化物有较高的光学碱度，大于 CaO 的光学碱度，即大于 1。对于 Sb_2O_3-B_2O_3 玻璃系统，Dimitrov 等也有研究[97]，发现了与氧化物同样的规律，即随着玻璃光学碱度的增加 O1s 结合能减小。

⑨ 玻璃光学碱度与三阶非线性光学系数的关系　Dimitrov 的研究表明，随着玻璃光学碱度的增加，三阶非线性光学系数有一个大致的增加的趋势。著者的研究表明，随着玻璃密度的增加，三阶非线性光学系数也具有增加趋势，增加幅度与网络外体离子的价态有直接关系[98]。

⑩ V_2O_5 对玻璃光学碱度的指示作用　前人对氧化钒掺杂玻璃的光学性质研究很有限，引入氧化钒的磷酸盐玻璃和锗酸盐玻璃的光学性质研究结果如表 1.12 所示。以玻璃光学碱度为基础玻璃的分类；光学碱度 $\Lambda>1$ 为碱性玻璃；光学碱度 $\Lambda=1$ 为中性玻璃；光学碱度 $\Lambda<1$ 为酸性玻璃。如前所述玻璃的光学碱度直接影响玻璃的光学与电学性质，并呈一定的变化规律。目前，对这些规律的研究较多，但是对玻璃光学碱度测定方法的研究很少。Duffy 于 1971 年将探针离子 Tl^{3+}、Bi^{3+}、Pb^{2+} 加入玻璃原料中制成玻璃，建立测定玻璃光学碱度的理论与方法，后来的研究均引用 Duffy 的研究结果，尚无用其他离子代替 Tl^{3+}、Bi^{3+}、Pb^{2+} 的研究。利用 V_2O_5 微量掺杂研究其对玻璃光学性质的影响，研究其对玻璃光学碱度的指示能力目前尚属空白。

表 1.12 二元磷酸盐玻璃和锗酸盐玻璃的光学性质

玻璃系统	V_2O_5摩尔分数/%	密度/$g\cdot cm^{-3}$	折射率 n_o	阳离子极化率之和 $\sum\alpha_i$	氧离子极化率 $\alpha_{O^{2-}}$	摩尔体积 $V_m/cm^3\cdot mol^{-1}$	摩尔极化率 α_m	光学碱度 $\Lambda(n_o)$
V_2O_5-P_2O_5	25.0	2.726	1.682	0.092	1.657	55.75	8.379	0.663
	33.3	2.763	1.720	0.109	1.738	56.16	8.801	0.710
	42.8	2.791	1.765	0.129	1.845	57.02	9.356	0.765
	53.8	2.799	1.815	0.151	1.979	58.42	10.05	0.827
	66.7	2.820	1.890	0.177	2.156	59.82	10.96	0.895
V_2O_5-GeO_2	10.0	3.488	1.680	0.148	2.035	32.2	4.828	0.850
	20.0	3.315	1.750	0.158	2.173	35.92	5.808	0.902
	40.0	3.248	1.900	0.180	2.351	41.72	7.702	0.960
	50.0	3.235	1.960	0.191	2.388	44.28	8.548	0.970

1.4.1.3 钒氧化物功能玻璃研究中的问题

钒氧化物薄膜包括 V_2O_5 膜和 VO_2 膜两种，其中 VO_2 膜的制备方法包括直接成膜法和分步成膜法。直接成膜法是利用磁控溅射、热蒸发等方法通过控制氧气分压直接制备 VO_2 膜，此方法条件比较严格，成膜面积小，成本高；分步成膜法大致分两步完成，首先制备 V_2O_5 膜，然后还原成 VO_2 膜。因此，二氧化钒膜的制备直接受二氧化钒形成条件的影响。

（1）玻璃表面 VO_2 膜研究中的问题　在玻璃表面制备 VO_2 膜，形成热色窗，这项研究已经 20 多年了，但是一直没有得到商业化。因为它具有下述缺点：低的能见度，不受欢迎的颜色，低的节能效率和高的成本。研究表明，纳米技术适合用于掺杂和增加减反射涂层，以达到降低相变温度（至室温），提高可见光透射率（大于 60%）的目的。VO_2 膜中可以掺杂不同的纳米粒子，每一种掺杂质产生一种特别的效应。如钨降低相变温度，金纳米粒子带来愉悦的膜颜色，氟增加可见光透射率，二氧化钛增加膜的自洁净能力和机械强度。合适的成膜技术，可以制备 VO_2 有效膜，使其具有最适宜的膜厚（40～80nm），具有足够的热色性质（透射率变化大于 50%），并减少成本。VO_2 膜最普通的制备方法是物理气相沉积、溶胶-凝胶技术和化学气相沉积。化学气相沉积速度快适合批量生产。气助和常压化学气相沉积是两种最新的沉积方法，分别具有多功能特性和良好的机械强度。最好的方法是将气助和常压两种方法结合在一起，形成气助常压化学气相沉积法，获得两种方法的优势。物理气相沉积和化学气相沉积法适合实验室规模，因为沉积设备可以定制，并且对过程参数和膜性质控制有优势，但是，这两种方法受到设备昂贵和所需要过程复杂所限制。然而，溶胶-凝胶法没有上述缺点，并且成本低，适合工业规模，容易应用到实际生产中，但膜的厚度和微结构不能得到精准的控制。因此，需要改进化学和物理气相沉积法，设计更经济有效的涂膜设备和过程；需要改进基于溶液的涂膜方法，使膜的性质，包括可见度、微观结构、颜色和膜厚，可以通过调控过程参数得到控制。

在玻璃表面制备 VO_2 膜的最主要目标，是扩大相变前后对红外光（主要波长在 800～1200nm 范围内）的透射率和反射率变化，调整相变温度至接近室温，维持合适的可见光透射率，节约光能。调整膜的辐射率同样重要，因为 VO_2 膜层辐射率很高（无论是处在低温的单斜结构还是高温的金红石结构都很高），这种性质使其在低温气候条件下应用很不利，而在温暖气候环境中应用很有效。热色膜中能量模型的建立和热传递过程的分析是研究趋势。

（2）V_2O_5 在玻璃中的作用　在玻璃中，钒离子因玻璃成分不同而呈现不同的价态分布，使玻璃着不同的颜色。玻璃的酸碱性直接影响玻璃的光学性质，研究玻璃的酸碱性对寻求具有新的光学玻璃材料很有意义。在含氧化钒玻璃中，由于氧化钒使酸性和碱性玻璃呈现不同的颜色，所以可以通过玻璃颜色的变化，指示玻璃的酸碱性，这种指示玻璃酸碱性的方法在实际研究中无法摆脱玻璃具有颜色这一基本特征，而且只有酸碱性发生变化时，才能体现出颜色的变化，其对玻璃的酸碱性的指示局限于定性范围，所以其应用受到限制。如果在玻璃中掺入微量 V_2O_5，掺入量低于使玻璃着色的下限，测定玻璃的紫外/可见光透过性质，实现通过光学性质的变化推定玻璃的酸碱性相对大小的目的，即测定玻璃的光学碱性，研究证明玻璃的光学碱度与玻璃的许多其他光学性质相关，所以这一方面的研究很有价值。

玻璃的密度是玻璃的宏观性质，是最容易测定的物理性质，它直接反映玻璃的微观结构，影响玻璃的其他性质。玻璃中离子的极化率是玻璃的微观性质，是不容易测定的物理性质，它对玻璃的光学性质起决定作用。研究玻璃中离子的极化率与密度之间的变化规律，将为研究开发具有新光学功能的含钒玻璃材料奠定基础，提供新方法。

1.4.2 含钒陶瓷材料

含钒陶瓷材料的研究，从 20 世纪 80 年代初开始，主要包括两种：V_2O_3 陶瓷和 VO_2 陶瓷，其中 V_2O_3 陶瓷研究得较多。

1.4.2.1 VO_2 陶瓷

早在 20 世纪 50 年代，Morin 等人就对 VO_2 单晶材料的电导率突变现象进行过系统的观测，发现 VO_2 单晶材料的相变属于结构相变。由能带理论可知，绝缘体和半导体的能带结构相似，价带为满带，价带与空带间存在禁带。半导体的禁带宽度从 0.1～4eV，绝缘体的禁带宽度从 4～7eV。在任何温度下，由于热运动，满带中的电子总会有一些具有足够的能量激发到空带中，使之成为导带。由于绝缘体的禁带宽度较大，常温下从满带激发到空带的电子数微不足道，宏观上表现为导电性能差。半导体的禁带宽度较小，满带中的电子只需较小能量就能激发到空带中，宏观上表现为有较大的电导率。固体的能带的形成是通过原子之间的相互作用实现的。当若干个原子相互靠近时，由于彼此之间的力的作用，原子原有能级发生分裂，由一条变成多条。组成一条能带的众多能级间隔很小，故可近似看成连续。在 VO_2 高温相，V^{4+} 离子处在金红石结构中的氧八面体中心，由于晶体场的作用，V^{4+} 的外层电子在不同方向上受到的 O^{2-} 离子的静电力作用不同，在沿 V—O 键的轴向上，电子受到 O^{2-} 离子的静电斥力最大，在其它方向上所受到的静电力相对小一些，这使得 V 原子产生能级分裂，禁带为零，因此 VO_2 在高温下成为导体。但当温度降至 68℃以下时，晶体由四方结构转变为单斜结构，V^{4+} 向垂直于 c 轴的方向偏移，进一步导致原子能级的分裂，空带能量较高，价带能量较低，禁带宽度约 0.7eV，由导体转变为半导体。研究发现，VO_2 电阻呈负温度系数（NTC），具有临界温度电阻（CTR）效应，适用于无触点热电开关等器件。然而，V—O 系是具有多种化学计量配比化合物系统，VO_2 并非 V—O 系中最稳定的化合物，且相变时，晶胞 c 轴变化超过 5%，体积变化约为 1%，这使得获得大尺寸的 VO_2 单晶材料，技术难度大，在应用过程中会因体积变化而机械强度变差。VO_2 多晶陶瓷材料与 VO_2 单晶具有相同的性质，而且多晶陶瓷材料制作简单，价格低廉，因此实用型的器件大都采用烧结型多晶 VO_2 陶瓷材料制成。

多晶 VO_2 材料在烧结过程中要求微晶化，其方法有两种[99]：第一，以

VO_2 为原料，掺入适量的其它金属氧化物，采用一般的陶瓷工艺，使这些氧化物烧结时形成玻璃相，把 VO_2 微晶黏结起来，起到缓和由相变引起的形变的作用，从而改善了材料的稳定性。第二，以 V_2O_5 为原料，掺入适量的其它金属氧化物，经过混合球磨，在还原气氛下预烧，再次研磨后，加入有机黏合剂，在两根电极上进行点珠，烘干排塑后，于弱还原气氛中烧结而成。陶瓷烧结温度、气氛和掺杂氧化物的不同，直接影响 VO_2 陶瓷材料的特性。烧结温度过高，形成玻璃，不具有相变特性；烧结温度过高，形成分相，如 V_8O_{15} 等杂相，杂相的出现会降低 VO_2 陶瓷的性能。通入氮气，在氮气下烧结 VO_2，会形成氮化钒，因此降低 VO_2 陶瓷的性能；在还原气氛下烧结，当还原气氛过量或不充分时，都会使陶瓷中 VO_2 晶体减少，性能降低。加入不同的氧化物，对 VO_2 陶瓷性能产生不同的影响，如加入稀土元素氧化物 La_2O_3、Dy_2O_3、CeO_2 等，对 VO_2 陶瓷的负温度临界特性影响很大。因此，可以在研究数据的基础上，根据实际用途，开发 VO_2 陶瓷功能材料。

1.4.2.2 V_2O_3 陶瓷

掺杂 $BaTiO_3$ 陶瓷一直是人们所熟悉的典型 PTC 材料，施主掺杂 $BaTiO_3$ 陶瓷，在 250℃附近其电阻增加 $10^3\sim10^7$ 倍，显示出显著的 PTC 特性。$BaTiO_3$ 陶瓷系 PTC 热敏元件，在电子设备、家用电器等方面获得了极为广泛的应用，但由于掺杂 $BaTiO_3$ 陶瓷的 PTC 特性来源于陶瓷晶界效应，不可避免地受电压效应和频率效应的影响。同时在掺杂 $BaTiO_3$ 陶瓷中难以获得很低的常温电阻率（$<3\Omega\cdot cm$）和较大的通流能力（$>3A$），因而该材料在高电压和大电流条件下的应用受到限制。掺杂 V_2O_3 陶瓷是一种新型 PTC 材料，同 $BaTiO_3$ 陶瓷相比，其 PTC 效应来源于体内温度诱发的 M1 相变（金属-绝缘体相变），这种体效应不受电压和频率的影响，而且该材料具有低常温电阻率（约 $10^{-3}\Omega\cdot cm$）和大的通流能力。上述特点使得掺杂 V_2O_3 陶瓷在用作大电流过流保护元件方面具有应用前景。

（1）$(V_{1-x}Cr_x)_2O_3$ 单晶材料中 M-I 相变　1946 年，在 V_2O_3 晶体中 160K 左右 M-I 相变被观察到，这种低温相变引起了人们的极大兴趣，开始了对 V_2O_3 中相变的研究。1970 年 D. B. Mcwhan 等人在 V_2O_3 中掺入过渡金属氧化物 Cr_2O_3，形成置换型固溶体 $(V_{1-x}Cr_x)_2O_3$，实现了室温以上的 M-I 相变，产生相应的 PTC 效应。研究发现，$(V_{1-x}Cr_x)_2O_3$ 中存在二次不连续的 M-I 相变过程，一是在 173K 左右出现顺磁金属相（PM）与反铁磁绝缘相

(AFI) 之间的转变，二是在 173～473K 之间发生顺磁金属相（PM）与顺磁绝缘相（PI）之间的转变。M-I 相变是一种体效应，其降温过程存在明显的热滞现象，表现出一级相变的特征，相变过程中伴随有 1%左右的体积膨胀，M-I 相变受掺杂浓度和压力的影响。

（2）掺杂 V_2O_3 陶瓷材料中 M-I 相变　M-I 相变的体效应特性使得掺杂 V_2O_3 陶瓷材料中存在着同单晶材料相类似的相变过程。由于陶瓷具有多晶多相的结构特点，因而在掺杂种类和浓度均相同的条件下，同单晶材料相比陶瓷材料中 M-I 相变产生以下变化：第一，相变过程弥散，存在一定宽度的相变温度范围。第二，平均相变温度下降。第三，常温电阻率增加，升阻比降低。通常认为陶瓷材料与单晶材料中 M-I 相变的差别是要由陶瓷各晶粒中掺杂浓度的微小差别、陶瓷制备和相变过程中所产生的应力以及陶瓷微观结构特性等方面因素所致。

最初对掺杂 V_2O_3 中 M-I 相变的研究主要在 $(V_{1-x}Cr_x)_2O_3$ 单晶材料中进行，但从实际应用的角度考虑，单晶材料存在许多不足。首先，单晶材料的电学性能具有各向异性，给研究和应用都带来困难。其次，单晶材料制备较困难，难以获得理想的尺寸和形状。此外，V_2O_3 属六方晶系，具有 α-刚玉型菱面体结构，其中 V 原子排布在 c 轴上，氧原子则分布在 ac 轴平面内，发生 M-I 相变时 c 轴方向原子间距缩短而 a 轴方向原子间距伸长，产生 1%左右的体积膨胀，这种体积膨胀常使单晶材料产生裂缝而遭到破坏。陶瓷材料在上述方面明显优于单晶材料。陶瓷材料不仅制备较简单，而且陶瓷中各晶粒的无规分布保证了陶瓷电学性能宏观上的各向同性，同时对相变过程中的体积膨胀具有较强的承受能力，保证了陶瓷材料具有较好的稳定性和较高的机械强度。所以，20 世纪 80 年代以后人们更多地转向研究更具实用价值的掺杂 V_2O_3 陶瓷材料。

（3）V_2O_3 陶瓷材料中掺杂氧化物的种类　掺杂 V_2O_3 陶瓷的 PTC 效应源于温度升高引起 V_2O_3 固溶体的晶胞参数发生变化而产生的 M-I 相变，纯 V_2O_3 晶体则不具有此效应。由于 Cr^{3+} 离子半径为 0.64Å，V^{3+} 离子半径为 0.66Å，两者价态相同，离子半径相近，所以许多研究中都选择 Cr_2O_3 作为掺杂氧化物。除了 Cr_2O_3 之外，还有选择 Al_2O_3、In_2O_3、Ga_2O_3、$Cr_2O_3+Al_2O_3$、$Al_2O_3+In_2O_3$、$A1_2O_3+Ga_2O_3$ 等作为掺杂氧化物的，都产生了室温以上的 M-I 相变。由于掺杂金属离子半径不同，掺杂 V_2O_3 固溶体中能级状态存在差异，因而表现出不同程度的 PTC 特性。掺杂氧化物种类的多元化不仅引发了许多理论问题，有助于从中得到某些具有共性的结论，而且为寻找具有理想 PTC 性能的材料体系提供了新的途径。

(4) V_2O_3 陶瓷材料中内应力的消除　陶瓷中，各个晶粒的热膨胀系数和弹性系数具有各向异性，因此，V_2O_3 陶瓷制备和 M-I 相变等热过程中，各晶粒产生非均匀性形变。由于陶瓷材料本身缺乏足够的塑性形变机制来补偿这种非均匀形变，从而导致陶瓷体内产生巨大的应力。这种应力对材料的 PTC 性能无疑将产生不利的影响，所以必须采用相应的工艺，消除或释放陶瓷体内应力。释放应力通常是通过烧成后对陶瓷进行液氮淬冷处理实现的，伴随着淬冷处理过程陶瓷体内产生一定数量的微裂纹。淬冷处理的原理在于，陶瓷烧成后冷却过程中产生的应力，阻止了高温下形成的绝缘相（PI）转变成低温下的金属相（PM），液氮淬冷处理导致陶瓷体内产生微裂纹，充分释放这种应力，因而促进高温绝缘相（PI）转变成低温金属相（PM），保证了 M-I 相变的充分进行，所以提高了材料的 PTC 性能。

(5) V_2O_3 陶瓷材料中金属相添加剂的作用　制备 V_2O_3 系 PTC 陶瓷过程中，常加入适量的 Fe_2O_3、SnO_2、CuO 等微量添加剂，在 H_2 还原性气氛中烧结时，上述氧化物还原成金属单质并在高温下熔融产生液相，起到烧结助剂的作用，提高了陶瓷致密度。降温过程中液相偏析而弥散分布在陶瓷基体中，降低了材料的常温电阻率。有研究表明，陶瓷中弥散金属相的存在，还有助于改善陶瓷的 PTC 性能，这种影响体现在以下两个方面：第一，淬冷处理形成微裂纹，固然可以充分释放陶瓷体内应力，但陶瓷体内晶界、微裂纹等微观不均匀性被认为是一种绝缘相，是导致掺杂 V_2O_3 陶瓷与同组分单晶材料相比常温电阻率增加和升阻比降低的主要原因。所以弥散金属相的存在不仅可降低晶界电阻，而且可避免淬冷时形成过多微裂纹，从而使微观不均匀性的不利影响减弱。第二，具有良好韧性的金属相在陶瓷基体中的弥散分布可缓解 M-I 相变过程中的体积膨胀，避免微裂纹的扩展，有助于保持陶瓷 PTC 性能的稳定性。

1.4.3　含钒无机功能材料研究趋势

VO_2 是一种相变金属氧化物，随着温度的升高，大约在 68℃，从低温的半导体、反铁磁的畸变金红石型结构单斜相转变到高温的金属、顺磁、金红石型结构四方相的突变。呈负温度系数，具有临界温度电阻（CTR）效应，由

于它的相变温度 T_c 接近室温，特别在高温金属态 VO_2 晶体电阻率小于 $10^{-2}\Omega \cdot cm$，适合大电流的工作环境，这些性质，使 VO_2 材料被广泛应用于无触点热电开关、温度控制器、限流元件和保护开关、时间延迟开关、磁开关、光开关、多种传感器和变换元件，但是 VO_2 制备技术困难，相变时体积变化使其机械强度变差，应用受到限制。VO_2 多晶陶瓷材料制作简单，但是经多次热循环后存在碎裂的问题。纳米晶陶瓷制备的成功，解决了陶瓷经多次热循环而碎裂的问题，但其性能随热循环次数而变化的稳定性问题尚待研究解决。

目前国内应用在大功率条件下的大电流过流保护元件主要是熔断器、断路器和真空开关等器件，这些器件在制备和应用中都不同程度存在造价较高、设备复杂、更换频繁和恢复时间长等问题。掺杂 V_2O_3 陶瓷替代上述器件作为无触点大电流过流保护元件具有造价低、体积小、设备简单、使用寿命长和开关迅速等优点。当前掺杂 V_2O_3 系 PTC 陶瓷的主要性能指标已基本达到实用要求，研制工作的重点应放在进一步提高材料的稳定性，解决相关配套材料（例如耐大电流冲击的电极等）方面的问题，从而取得材料实用的突破。

参考文献

[1] 北京师范大学，华中师范大学，南京师范大学无机化学教研室. 无机化学（下册）[M]. 4 版. 北京：高等教育出版社，2003：747-753.

[2] 大连理工大学无机化学教研室. 无机化学 [M]. 5 版. 北京：高等教育出版社，2006：560-600.

[3] 杨守志. 钒冶金 [M]. 北京：冶金工业出版社，2010：25-29.

[4] Kachi S，Kosuge K，Okinaka H. Metal-insulator transition in V_nO_{2n-1} [J]. Journal of Solid State Chemistry，1973，6（2）：258-270.

[5] 马世昌. 化学物质辞典 [M]. 西安：陕西科学技术出版社，1999：145.

[6] 罗裕基，等. 无机化学丛书（第八卷钛分组、钒分组、铬分组）[M]. 北京：科学出版社，2011：168-212.

[7] Kianfar E. Recent advances in synthesis，properties，and applications of vanadium oxide nanotube [J]. Microchemical Journal，2019，145：966-978.

[8] Filonenko V P，Sundberg M，Wermer P E et al. Structure of a high pressure phase of vanadium pentoxide β-V_2O_5 [J]. Aata Cryst，2004，B60：375-381.

[9] Shi Z, Zhang L, Zhu G, et al. Inorganic/organic hybrid materials: layered vanadium oxides with inter layer metal coordination complexes [J]. Chem Mater, 1999, 11 (12): 3565-3570.

[10] Delmas C, Cognac-Auradou H, Cocciantelli J M, et al. The $Li_xV_2O_5$ system: An overview of the structure modifications induced by lithium intercalation [J]. Solid State Ionics. 1994, 69 (3): 257-264.

[11] Chirayil T, Zavalij P Y, Whittingham M S. Hydrothermal synthesis of vanadium oxides [J]. Chem Mater, 1998, 10: 2629-2640.

[12] Livage J. Vanadium pentoxide gels [J]. Chem Mater, 1991, 3: 578-593

[13] Livage J. Interface properties of vanadium pentoxide gels [J]. Mater Res Bull., 1991, 26: 1173-1180.

[14] Yin D, Xu N, Zhang J, et al. High quality vanadium dioxide films prepared by an inorganic sol-gel method [J]. Mater Res Bull., 1996, 31 (3): 335-340.

[15] Pelletier O, Davidson P, Bourgaux C, et al. A detailed study of the synthesis of aqueous vanadium pentoxide nematic gels [J]. Langmuir, 2000, 16 (12): 5295-5303.

[16] Chandrappa G T, Steunou N, Livage J. Materials chemistry: Macroporous crystalline vanadium oxide foam [J]. Nature, 2002, 416: 702-703.

[17] Vigolo B, Zakri C, Nallet F, et al. Detailed study of diluted V_2O_5 suspensions [J]. Langmuir, 2002, 18 (24): 9121-9132.

[18] Hanlon T J, Walker R E, Coath J A, et al. Comparison between vanadium dioxide coatings on glass produced by sputtering, alkoxide and aqueous sol-gel methods [J]. Thin Solid Films, 2002, 405: 234-237.

[19] Li Z, Cao D, Zhou K. Review on synthetic technology of vanadium dioxide powder [J]. Rare Metal Mat Eng, 2006, 35 (增 2): 316-320.

[20] Baudrin E, Guillaume S, Dominique L. Preparation of nanotextured VO_2(B) from vanadium oxide Aerogels [J]. Chem. Mater., 2006, 18 (18): 4369-4374.

[21] Liu J F, Li Q H, Wang T H et al. Metastable vanadium dioxide nanobelts: hydrothermal synthesis, electrical transport and magnetic properties [J]. Angew. Chem. Int. Ed., 2004, 43: 5048-5052.

[22] Leroux C, Nihoul G. From VO_2(B) to VO_2(R): Theoretical structure of VO_2 polymorphs and in situ electron microscopy [J]. Physical Review B, 1998, 57 (9): 5111-5121.

[23] Goodenough J B. The two components of the crystallographic transition in VO_2 [J]. J Solid State Chem, 1971, 3: 490-500.

[24] Morin F J. Oxide which show a metal-to-insulator transition at the neel temperature

[J]. Phys Rev lett. 1959，3：34-36.

[25] 朱洪法. 催化剂手册 [M]：北京：金盾出版社，2008：313-314.

[26] Issam M，Aline R，Manuel G. Low-Cost and Facile Synthesis of the Vanadium Oxides V_2O_3，VO_2，and V_2O_5 and Their Magnetic，Thermochromic and Electrochromic Properties [J]. Inorg Chem. 2017，56：1734-1741.

[27] Yethira J M. Pure and doped vanadium sesquioxide：a brief experimental review [J]. J Solid State Chem，1990，88：53-69.

[28] Whittaker L，VelazquezJ M，Banerjee S. A VO-seeded approach for the growth of star-shaped VO_2 and V_2O_5 [J]. Cryst Eng Comm，2011，13：5328-5336.

[29] Oka Y，Yao T，Yamamoto N. Structure determination of $H_2V_3O_8$ by powder X-ray diffraction [J]. Solid state Chem.，1990，89：372-377.

[30] Legagneur V，Verbaere A，Piffard Y et al. Lithium insertion/deinsertion properties of new layered vanadium oxides obtained by oxidation of the precursor $H_2V_3O_8$ [J]. Electro Chem Aeta，2002，(7)：1153-1161.

[31] Li G C，Pang S P，Wang Z B，et al. Synthesis of $H_2V_3O_8$ single-crystal nanobelts [J]. Eur J Inorg Chem，2005：2060-2063.

[32] Munshi M Z A，Smyrl W H，Schmidtke C. Sodium insertion reactions into V_6O_{13} single crystals [J]. Chem Mater，1990，2：530-534.

[33] 张依福，黄驰. 钒基材料催化固体推进剂中 AP 的研究进展 [J]. 武汉大学学报（工学版），2021，54 (2)：108-115.

[34] 杨才福，张永权，王瑞珍. 钒钢冶金原理与应用 [M]，北京：冶金工业出版社，2012.

[35] 程亮. 五氧化二钒生产工艺的进展 [J]，甘肃冶金，2007，29 (4)：52-53.

[36] 黄维刚，林华，涂铭旌. 纳米 VO_2 粉末的制备及性能和应用 [J]. 表面技术，2004，33 (1)：67-69.

[37] 郭宁，徐彩玲，邱家稳，等. VO_2 粉末的制备及其相变性能的研究 [J]. 钢铁钒钛，2004，25 (3)：26-29.

[38] 徐灿阳，庞明杰，原晨光，等. 还原五氧化二钒制备二氧化钒粉末 [J]. 材料科学与工程学报，2006，24 (2)：252-254.

[39] 郑臣谋，张介立. 二氧化钒纳米粉体和纳米陶瓷的制备方法：中国，CN1279211A [P]. 2002-01-10.

[40] 徐时清，赵康，谷臣清. VO_2 纳米粉末的无机溶胶-凝胶法合成及表征 [J]. 稀有金属，2002，26 (3)：169-172.

[41] Guinneton F，Sauques L. Comparative study between nanocrystalline powderand thin film of vanadium dioxide VO_2：electrical and infrared properties [J]. Journal of Phys-

ics and Chemistry of Solids，2001，62（7）：1229-1238.

[42] Frédéric G，Valmalette J C，Gavarri J R. Nanocrystalline vanadium dioxide：synthesis and Mid-Infrared properties [J]. Optical Materials，2000，15（2）：111-114.

[43] 何山，韦柳娅，傅群，等. 二氧化钒和三氧化二钒研究进展 [J]，无机化学学报，2003，19（2）：113-118.

[44] 何山，林晨，雷德铭，等. 不同整比性 VO_2 纳米粉体的合成. 高等学校化学学报 [J]. 2003（24）：761-764.

[45] Grieger D，Piefke C，Peil O E，et al. Approaching finite-temperature phase diagrams of strongly correlated materials：A case study for V_2O_3 [J]. Physical Review B：Condensed Matter and Materials Physics，2012，86（15）：Art. No. 155121.

[46] Guo Y，Clark S J，Robertson J. Calculation of metallic and insulating phases of V_2O_3 by hybrid density functional [J]. Journal of Chemical Physics，2014，140（5）：Art. No. 054702.

[47] Kang F Y，Li M，Li D B，et al. Synthesis and characterization of V_2O_3 nanocrystals by plasma [J]. Journal of Crystal Growth，2012，346：22-26.

[48] Xu G，Wang X，Chen X，et al. Facile synthesis and phase transition of V_2O_3 nanobelts [J]. RSC Advances，2015，5：17782-17785.

[49] 杨绍利. VO_2 薄膜制备及其应用性能基础研究 [D]. 博士学位论文. 重庆：重庆大学，2003.

[50] 葛欣，尚志航，秦岩，等. 氢水平衡法制备二氧化钒薄膜及 XPS 能谱分析 [J]. 光谱实验室，2002，19（6）：819-821.

[51] Yi X，Chen C，Liu L，Wang Y，et al. A new fabrication method for vanadium dioxide thin films deposited by ion beam sputtering [J]. Infrared Physics and Technology，2003，44：137-141.

[52] Qi J，Ning G，Sun T. Relationships between molar polarisability，molar volume and density of binary silicate，borate and phosphate glasses [J]. Physics and Chemistry of Glasses，2007，48（6）：354-356.

[53] Wang X J，Li H D，Fei Y J，et al. XRD and Raman study of vanadium oxide thin films depostited on fused silica substrates by RF magnetron sputtering [J]. Applied Surface Science，2001，117：8-14.

[54] Julien C，Guesdon J P，Gorenstein A，et al. The influence of substrate material on the growth of V_2O_5 flash-evaporated films [J]. Applied Surface Science，1995，90：389-391.

[55] Rajendra Kumar R T，Karunagaran B，Senthil Kumar V. Structural properties of V_2O_5 thin films prepared by vacuume vaporation [J]. Materials Science in Semiconduct or

Processing，2003，6：543-546.

［56］ Rajendra Kumar R T，Karunagaran B，Vemlatachalam S. Influence of deposition temperature on the growth of vacuume vaporated V_2O_5 thin films ［J］. Materials Letters，2003，57：3820-3825.

［57］ Gotic M，Popovic S，Ivanda M，et al. Sol-gel synthesis and characterization of V_2O_5 powders ［J］. Materials Letters，2003，57：3186-3192.

［58］ Yuan N，Li J，Lin C. Valence reduction process from sol-gel V_2O_5 to VO_2 thin films ［J］. Applied Surface Science，2002，191：176-180.

［59］ 黄岳文，羊亿，李华维，等. V_2O_5 薄膜的超声喷雾制备及其性能研究 ［J］. 邵阳学院学报（自然科学版），2006，3（2）：23-26.

［60］ Julien C，Haro-Poniatowski E，Camacho-Lopez M A. Growth of V_2O_5 thin films by pulsed laser deposition and their applications in lithium microbatteries ［J］. Material Science and Engineering B，1999，65：170-176.

［61］ 靳艾平，陈文，朱泉峣. 电泳沉积法制备 V_2O_5 薄膜的结构和性能 ［J］. 化学物理学报，2005，18（5）：812-816.

［62］ 许昱，贺德衍. 脉冲溅射 V_2O_5 薄膜结构和性能研究 ［J］. 光学学报，2004，24（6）：743-746.

［63］ 杨绍利，徐楚韶，陈厚生. 工业 VO_2 薄膜的电阻突变及其稳定性 ［J］. 中国有色金属学报. 2002，12（5）：925-930.

［64］ 许时清，赵康，谷臣清，等. 掺杂 VO_2 相变薄膜的电阻突变特性研究 ［J］. 硅酸盐学报，2002，30（5）：637-639.

［65］ 卢勇，林理彬，邹萍，等. 电子辐照对 VO_2 薄膜热致相变过程中光学性能的影响 ［J］. 人工晶体学报. 2001，30（1）：99-104.

［66］ 卢勇，林理彬，何捷. 调整 VO_2 薄膜相变特性和 TCR 的制备及辐照方法 ［J］. 激光技术，2002，26（1）：58-60.

［67］ 沈楠，王双保，黄光，等. 低温热致变色 VO_2 薄膜的制备及应用 ［J］. 电子·激光，2005，16（10）：1227-1230.

［68］ 许时清，赵康，马红萍，等. 掺杂 VO_2 薄膜的相变机理和光电特性研究 ［J］. 人工晶体学报，2002，31（5）：472-477.

［69］ 田雪松，刘金成，掌蕴东，等. 二氧化钒薄膜的退火组分变化及光学特性研究 ［J］. 激光技术，2005，29（3）：332-336.

［70］ 刘金城，鲁建业，田雪松，等. 磁控溅射法制备二氧化钒薄膜最佳参量的研究 ［J］. 光子学报，2003，32（1）：65-67.

［71］ 王宏臣，易新建，陈四海. 非致冷红外探测器用氧化钒多晶薄膜的制备 ［J］. 红外与毫米波学报. 2004，23（1）：64-66.

[72] 王伟，付立伟，赵年伟. 节能型镀膜玻璃概述 [J]. 玻璃，2002，1：43-45.

[73] Kamalisarvestani M，Saidur R，Mekhilef S，et al. Performance，materials and coating technologies of thermochromic thin films on smart windows [J]. Renewable and Sustainable Energy Reviews，2013，26：353-364.

[74] 齐济，宁桂玲，刘风娟，等. 掺杂 VO_2 的制备方法及其对性能的影响 [J]. 材料导报，2009，23 (8)：112-116.

[75] 江棂. 工科化学 [M]. 北京：化学工业出版社，2003.

[76] Volf M B. Chemical approach to glass [M]. New York：Elsevier Science Publisher Company，Inc，1984.

[77] 齐济，王承遇，宁桂玲. 光学碱度在玻璃中的应用及其与元素性质的关系 [J]. 硅酸盐通报，2009，28 (5)：1018-1023.

[78] Jørgensen C K. Absorption spectra and chemical bonding in complexes [M]. New York：Pergamon Press，1962.

[79] Duffy J A，Ingram M D. Establishment of an optical scale for lewis basicity in inorganic oxyacids，molten salts and glasses [J]. Journal of American Chemical Society. 1971，93：6448-6454.

[80] Duffy J A. Ultraviolet transparency of glass：a chemical approach in terms of band theory，polarisability and electronegativity [J]. Physics and Chemistry of Glasses，2001，42：151-157.

[81] Aida K，Komatsu T，Dimitrov V. Thermal stability，electronic polarisability and optical basicity of ternary tellurite glasses [J]. Physics and Chemistry of Glasses，2001，42：103-111.

[82] Duffy J A. Glass refractivity and the polarized state of oxygen [J]. Physics and Chemistry of Glasses. 2002，43：316-317.

[83] Duffy J A. The electronic polarisability of oxygen in glass and the effect of compostion [J]. Journal of Non-Crystalline Solids，2002，297：275-284.

[84] Duffy J A，Ingram M D. An interpretation of glass chemistry in terms of the optical basicity concept [J]. Journal of Non-Crystalline Solids，1976，21：373-410.

[85] 傅献彩. 大学化学 [M]. 北京：高等教育出版社，2002.

[86] Reddy R R，Nazeer Ahammed Y，Rama Gopal K et al. Correlation between optical basicity，electronegativity and electronic polarizability for some oxides and oxysalts [J]. Optical Materials，1999，12：425-428.

[87] Duffy J A. Optical electronegativity of transition metal ions in simple compounds [J]. Journal of the Chemical Society Dalton Transactions. 1983，3：1475-1477.

[88] Qi J，Ning G，Zhang W，et al. Optical basicity，molar volume and third-order non-

linear optical susceptibility of binary borate glasses [J]. Optoelectronics and Advanced Materials-RC, 2010, 4 (3): 273-276.

[89] 齐济，许英梅，宁桂玲，等. 玻璃光学碱度与三阶非线性光学极化率 [J]. 材料导报，2010，24 (4)：48-51.

[90] 郭卫红，汪济奎. 现代功能材料及其应用 [M]. 北京：化学工业出版社，2002.

[91] Dimitrov V, Sakka S. Electronic oxide polarizability and optical basicity of simple oxides [J]. Journal of Applied Physics, 1996, 79: 1736-1740.

[92] Dimitrov V, Komatsu T, Sato R. Polarizability, optical basicity and O1s binding energy of simple oxides [J]. Journal of the Ceramic Society of Japan, 1999, 107: 21-26.

[93] Dimitrov V, Komatsu T. Interionic Interactions, electronic polarizability and optical basicity of oxide glasses [J]. Journal of the Ceramic Society of Japan, 108: 330-338.

[94] Duffy J A. Electronic polarisability and related properties of the oxide ion [J]. Physics and Chemistry of Glasses, 1989, 30: 1-4.

[95] Dimitrov V, Komatsu T. Effect of interionic interaction on the electronic polarizability, optical basicity and binding energy of simple oxides [J]. Journal of the Ceramic Society of Japan, 1999, 107: 1012-1018.

[96] Dimitrov V, Komatsu T. Electronic polarizability, optical basicity and non-linear optical properties of oxide glasses [J]. Journal of Non-Crystalline Solids, 1999, 249: 160-179.

[97] Honma T, Sato R, Benino Y, et al. Electronic polarizability, optical basicity and XPS spectra of Sb_2O_3-B_2O_3 glasses. Journal of Non-Crystalline Solids, 2000, 272: 1-13.

[98] Qi J, Xue D F, Ning G L. Relationship between the third order nonlinear optical susceptibility and the density of the binary borate glasses [J]. Physics and Chemistry of Glasses, 2004, 45 (6): 361-362.

[99] 雷德铭，何山，傅群，郑臣谋. VO_2 纳米粉体与纳米晶功能陶瓷的制备与特性 [J]. 哈尔滨理工大学学报，2002，7 (6)：72-74.

2
合成低价钒氧化物热力学参数计算

目前，有关制备 VO_2 热力学参数的计算，都是根据吉布斯自由能与温度之间的经验公式，近似地认为反应的焓变和熵变不随温度的变化而变化，从而计算出不同温度下反应的吉布斯自由能和平衡常数，这种计算基本上可以满足定性地分析反应的可行性和进行程度，但是达不到定量指导和控制反应的目的。由于 V_2O_5 的还原反应是分步进行的，首先生成 VO_2，然后生成 V_2O_3，两步反应所需的条件相近，这是目前制备单一价态低价钒氧化物困难的原因。因此，需要同时考虑两步反应的热力学参数，通过分析比较两步反应的热力学参数，研究热力学参数的变化规律，找到控制因素，从而控制反应使其停留在要求的步骤上，这个热力学问题，目前尚未解决。因此，系统地准确地计算标准状态下反应的吉布斯自由能，计算出在非标准状态下压力商和吉布斯自由能的变化范围，分析生成 VO_2 和 V_2O_3 反应热力学参数变化规律与特点，分析热力学参数随温度变化的规律，优化反应物质与反应路径，是合理有效制备高纯度低价钒氧化物的基础[1]。

2.1 制备低价钒氧化物相关物质的热力学性质

钒氧化物及其相关物质的热力学性质[2,3] 列于表 2.1，表中上角标“$\ominus$”表示标准状态，压强 $p^{\ominus}=101325\text{Pa}$。

2.2 相关物质的恒压摩尔热容随温度变化规律方程

在热力学计算中，涉及焓变和熵变计算时，前人往往忽略恒压摩尔热容随温度变化而变化的影响，采用经验公式近似地计算反应的吉布斯自由能，这样虽然节约了大量的计算工作，但是同时也给计算结果带来了误差。著者通过不同温度下的恒压摩尔热容数据进行如下的计算和拟合。

由于 $C_{p,m}^{\ominus}$ 随温度变化而变化，设其符合式(2.1)

$$C_{p,m}^{\ominus}=a+bT+cT^2+dT^3+eT^4 \tag{2.1}$$

式中，$C_{p,m}^{\ominus}$ 为恒压摩尔热容，J·mol^{-1}·K^{-1}；T 为热力学温度，K；a、b、c、d、e 为常数项。把表 2.1 中不同温度下 $C_{p,m}^{\ominus}$ 数据代入式(2.1)中，得出一元四次方程，解方程计算出各种反应物与产物的 $C_{p,m}^{\ominus}$ 与 T 的关系式中的系数 a、b、c、d、e。按照上述方法计算出制备低价氧化钒相关物质 $C_{p,m}^{\ominus}$ 与 T 的关系式中的系数，结果见表 2.2，表中的系数 d、e 在 10^{-6}～10^{-13} 量级范围内，说明热容与温度关系式的最初设定合理有效，拟合公式有足够的精度，在此基础上可以准确地计算相关反应的热力学参数。表中的摩尔热容与温度的关系式是在 298.15～1000K 温度范围内推导出来的，因此其适用范围也局限于这个范围内。

表 2.1 制备低价钒氧化物相关物质的热力学性质

热力学性质	生成焓	自由能	熵	恒压摩尔热容				
	$\Delta_f H^{\ominus}$ /kJ·mol^{-1}	$\Delta_f G^{\ominus}$ /kJ·mol^{-1}	$S^{\ominus}$ /J·mol^{-1}·K^{-1}	$C_{p,m}^{\ominus}$ /J·mol^{-1}·K^{-1}				
温度/K	298.15	298.15	298.15	298.15	400	600	800	1000
V_2O_5	−1550	−1419.3	130	130.6	151	168.3	177.3	183.7
VO_2	−717.6	−663	51.5	62.59	67.2	74.3	77.8	80.2
V_2O_3	−1218.8	−1139.3	98.3	103.2	117.5	127.3	132.6	138
O_2	0	0	205.152	29.4	30.11	32.09	33.74	34.88
H_2	0	0	130.68	28.84	29.2	29.3	29.6	30.2
H_2O(g)	−241.826	−228.61	188.835	33.6	34.3	36.4	38.8	41.4
H_2O(l)	−285.83	−237.14	69.95	75.35				
N_2	0	0	191.609	29.124	29.2	30.1	31.4	32.7
NH_3	−45.94	−16.4	192.776	35.65	38.7	45.3	51.1	56.2
C	0	0	5.74	8.517	12.0	16.6	19.7	21.7
CO	−110.53	−137.16	197.66	29.14	29.3	30.4	31.9	33.2

续表

热力学性质	生成焓 $\Delta_f H^{\ominus}$ /kJ·mol^{-1}	自由能 $\Delta_f G^{\ominus}$ /kJ·mol^{-1}	熵 $S^{\ominus}$ /J·mol^{-1}·K^{-1}	恒压摩尔热容 $C_{p,m}^{\ominus}$ /J·mol^{-1}·K^{-1}				
CO_2	−393.51	−394.39	213.785	37.13	41.3	47.3	51.4	54.3
SO_2	−296.81	−300.13	248.223	39.88	43.43	48.9	52.3	54.3
SO_3	−395.7	−371.02	256.77	50.66	57.7	67.3	72.8	76.0
CH_4	−74.6	−50.5	186.3	35.7	40.5	52.2	62.9	71.8
MnO	−385.2	−362.9	59.8	45.4	47.5	50.3	52.4	54.2
MnO_2	−520.1	−465.2	53.1	54.1	63.4	71.1	75.1	

表 2.2 相关物质热容与温度关系式的系数

关系式	$C_{p,m}^{\ominus}=a+bT+cT^2+dT^3+eT^4$				
系数	a	b	c	d	e
V_2O_5	−47.76	1.061	−0.002	2.00×10^{-6}	-6.00×10^{-10}
VO_2	53.348	−0.001	0.0002	-3×10^{-7}	1×10^{-10}
V_2O_3	−42.184	0.8991	−0.0018	2×10^{-6}	-6×10^{-10}
O_2	32.392	−0.0317	0.0001	-1×10^{-7}	3×10^{-11}
H_2	22.927	0.0404	−0.00009	9×10^{-8}	-3×10^{-11}
$H_2O(g)$	35.336	−0.0207	0.00007	-6×10^{-8}	2×10^{-11}
$H_2O(l)$	75.35	0	0	0	0
MnO	33.297	0.0629	−0.0001	8×10^{-8}	-3×10^{-11}
MnO_2	−12.341	0.3515	−0.0005	3×10^{-7}	0
N_2	31.974	−0.0205	0.00005	-3×10^{-8}	9×10^{-12}
NH_3	34.236	−0.0289	0.0002	-2×10^{-7}	6×10^{-11}
C	−11.021	0.1	−0.0001	1×10^{-7}	-4×10^{-11}
CO	31.65	−0.0186	4×10^{-5}	-3×10^{-8}	5×10^{-12}
CO_2	17.975	0.087	-9×10^{-5}	6×10^{-8}	-1×10^{-11}
SO_2	27.97	0.0397	1×10^{-5}	-5×10^{-8}	2×10^{-11}
SO_3	19.053	0.1379	−0.0001	4×10^{-8}	3×10^{-13}
CH_4	40.091	−0.0926	0.0004	-3×10^{-7}	1×10^{-10}

2.3　制备低价钒氧化物的热力学计算与分析

制备低价氧化钒分固相反应法和液相合成法，其中，固相反应法较液相合成法工艺步骤简单，更适用于实验研究和工业化生产。在制备低价氧化钒固相反应法中用 H_2 还原 V_2O_5 法和热分解 V_2O_5 法是最常用的研究方法，下面对这两种方法进行相关计算与研究。

2.3.1　H_2 还原 V_2O_5 法

用 H_2 还原 V_2O_5，可能产生的反应有式(2.2) 和式(2.3)，反应的焓变、熵变、吉布斯自由能计算公式如式(2.4)～式(2.7) 所示。

$$V_2O_5+H_2 \xlongequal{} 2VO_2+H_2O \tag{2.2}$$

$$2VO_2+H_2 \xlongequal{} V_2O_3+H_2O \tag{2.3}$$

$$\Delta_r H^{\ominus}_{m(T)}=\Delta_r H^{\ominus}_{m(298.15K)}+\int_{298.15K}^{T} \sum\nu_B C^{\ominus}_{p,m}(T)\mathrm{d}T \tag{2.4}$$

$$\Delta_r S^{\ominus}_{m(T)}=\Delta_r S^{\ominus}_{m(298.15K)}+\int_{298.15K}^{T} \frac{\sum\nu_B C^{\ominus}_{p,m}(T)}{T}\mathrm{d}T \tag{2.5}$$

$$\Delta_r G^{\ominus}_{m(T)}=\Delta_r H^{\ominus}_{m(T)}-T\Delta_r S^{\ominus}_{m(T)} \tag{2.6}$$

$$\Delta_r G^{\ominus}_{m(T)}=-RT\ln(K^{\ominus}_p) \tag{2.7}$$

式中，$\Delta_r H^{\ominus}_{m(T)}$、$\Delta_r S^{\ominus}_{m(T)}$、$\Delta_r G^{\ominus}_{m(T)}$ 分别为标准状态下温度为 T 时反应的焓变、熵变和吉布斯自由能；$\Delta_r H^{\ominus}_{m(298.15K)}$、$\Delta_r S^{\ominus}_{m(298.15K)}$ 分别为标准状态下温度为 298.15K 时反应的焓变和熵变；$K^{\ominus}_p$ 为标准状态下温度为 T 时反应的平衡常数；ν_B 为化学反应式中的化学计量系数；$C^{\ominus}_{p,m}(T)$ 为标准状态下恒压摩尔热容与温度 T 的关系式。

根据表 2.1 中的数据计算出反应式(2.2) 和式(2.3) 的 $\Delta_r H^{\ominus}_{m(298.15K)}$ 和 $\Delta_r S^{\ominus}_{m(298.15K)}$，并把表 2.2 中 $C^{\ominus}_{p,m}$ 与 T 的关系式代入式(2.4) 和式(2.5) 中积分，积分分段进行：在 298.15～373.15K 温度范围内，H_2O 的 $C^{\ominus}_{p,m}$ 代液态时 $H_2O(l)$ 的热容公式；在 373.15～1000K 温度范围内，H_2O 的 $C^{\ominus}_{p,m}$ 值

代气态时 $H_2O(g)$ 的热容公式；计算出 298.15～1000K 不同温度下反应式(2.2) 和式(2.3) 的 $\Delta_r H^{\ominus}_{m(T)}$（在 373.15K 时 H_2O 的相变焓为 40.66kJ/mol 计算在内）和 $\Delta_r S^{\ominus}_{m(T)}$ ［H_2O 的相变产生的熵变计算在内，即由液相的 69.95J/(mol·K) 变成气相的 188.835J/(mol·K)］，再代入式(2.6) 和式(2.7) 即可计算出标准状态下不同温度 T 下反应式(2.2) 和式(2.3) 的吉布斯自由能 $\Delta_r G^{\ominus}_{m(T)}$ 和反应平衡常数的自然对数值 $\ln(K^{\ominus}_p)$（平衡常数原值太大，取自然对数便于比较），见表 2.3。

表 2.3　标准状态下反应式(2.2) 和式(2.3) 的热力学参数

温度	$V_2O_5+H_2 = 2VO_2+H_2O$				$2VO_2+H_2 = V_2O_3+H_2O$			
T/K	$\Delta_r S^{\ominus}_{m(T)}$ /J·mol^{-1}·K^{-1}	$\Delta_r H^{\ominus}_{m(T)}$ /kJ·mol^{-1}	$\Delta_r G^{\ominus}_{m(T)}$ /kJ·mol^{-1}	$\ln(K^{\ominus}_p)$	$\Delta_r S^{\ominus}_{m(T)}$ /J·mol^{-1}·K^{-1}	$\Delta_r H^{\ominus}_{m(T)}$ /kJ·mol^{-1}	$\Delta_r G^{\ominus}_{m(T)}$ /kJ·mol^{-1}	$\ln K^{\ominus}_p$
298.15	−87.73	−171.03	−143.84	58.03	−65.43	−69.43	−50.44	20.35
400	35.22	−129.09	−143.18	43.05	62.80	−25.57	−50.69	15.24
500	27.17	−132.74	−146.32	35.20	67.44	−23.45	−57.17	13.75
600	16.83	−138.45	−148.54	29.78	76.09	−18.65	−64.31	12.89
700	3.60	−147.07	−149.59	25.70	89.45	−9.92	−72.54	12.46
800	−13.42	−159.87	−149.14	22.42	108.47	4.39	−82.39	12.39
900	−35.11	−178.353	−146.75	19.61	133.99	26.14	−94.45	12.62
1000	−62.08	−204.02	−141.94	17.07	166.65	57.23	−109.42	13.16

从表 2.3 中的热力学计算结果可看出，采用 H_2 还原 V_2O_5 的方法，在标准状态下，反应温度为 298.15～1000K 的条件下，反应式(2.2) 和式(2.3) 均能自发进行，而且反应平衡常数都很大。所以采用该法可以合成 VO_2 和 V_2O_3 的混合物，或者通过延长反应时合成纯 V_2O_3。如果想利用该方法制备纯的 VO_2，在标准状态下是无法实现的，非标准状态下反应的吉布斯自由能的计算公式如式(2.8) 所示。

$$\Delta_r G_{m(T)} = \Delta_r G^{\ominus}_{m(T)} + RT\ln Q \tag{2.8}$$

式中，Q 是反应压力商。对于反应式(2.2) 和式(2.3) 而言，Q 值均为 $Q=p_{H_2O}/p_{H_2}$。从表 2.3 中可知，理论上，可以通过调整 H_2 和 H_2O 的分压实现反应式(2.3) 的吉布斯自由能大于零，同时保证反应式(2.2) 的吉布斯自由能小于零，使生成产物为单一的 VO_2。满足上述热力学条件时，所需要的 $Q=p_{H_2O}/p_{H_2}$ 值的范围计算结果如表 2.4 所示。从表 2.4 可看出，通过调控反应压力商使反应生成单一的 VO_2 理论上是可能的，但是满足这种条件需要的 $H_2O(g)$ 分压与 $H_2(g)$ 分压比值特别大。第 1 章文献［50］研究报道 773K(500℃) 时控制 $Q=p_{H_2O}/p_{H_2}=10^{4\sim9}$（该范围与表 2.4 数据基本吻合），将 V_2O_5 薄膜还原成 VO_2 需要 5h。该方法反应速率比较慢，氢气和水的分压相差太大，过程不易控制，理论与实践均说明用 H_2 还原 V_2O_5 法制备纯 VO_2 不是最佳途径。

表 2.4　反应式(2.2) 和式(2.3) 的压力商范围

温度	反应压力商	$V_2O_5+H_2 = 2VO_2+H_2O$	$2VO_2+H_2 = V_2O_3+H_2O$
T/K	$Q=p_{H_2O}/p_{H_2}$	$\Delta_rG_{m(T)}$/kJ·mol^{-1}	$\Delta_rG_{m(T)}$/kJ·mol^{-1}
298.15	$6.87\times10^8\sim1.59\times10^{25}$	−93.40～0	0～93.40
400	$4.16\times10^6\sim4.99\times10^{18}$	−92.49～0	0～92.49
500	$9.38\times10^5\sim1.94\times10^{15}$	−89.15～0	0～89.15
600	$3.97\times10^5\sim8.56\times10^{12}$	−84.23～0	0～84.23
700	$2.59\times10^5\sim1.46\times10^{11}$	−77.05～0	0～77.05
800	$2.40\times10^5\sim5.47\times10^9$	−66.75～0	0～66.75
900	$3.03\times10^5\sim3.29\times10^8$	−52.30～0	0～52.30
1000	$5.20\times10^5\sim2.60\times10^7$	−32.52～0	0～32.52

2.3.2 热分解 V_2O_5 法

热分解 V_2O_5 发生的化学反应如式(2.9) 和式(2.10) 所示。

$$2V_2O_5 = 4VO_2+O_2\uparrow \tag{2.9}$$

$$4VO_2 = 2V_2O_3+O_2\uparrow \tag{2.10}$$

用本文建立的方法计算出反应式(2.9) 和式(2.10) 的吉布斯自由能 $\Delta_rG^{\ominus}_{m(T)}$，并列于表 2.5，从表 2.5 可知，在标准状态下，反应式(2.9) 和式(2.10) 的 $\Delta_rG^{\ominus}_{m(T)}$ 均大于零，反应不能自发进行，反应压力商 Q 值均为 $Q=p_{O_2}/p^{\ominus}$，理论上可以通过调整氧气分压 p_{O_2} 使反应式(2.9) 的吉布斯自由能小于零，同时保证反应式(2.10) 的吉布斯自由能大于零，实现热解

V_2O_5 制备纯 VO_2 的目的。满足上述热力学条件时反应压力商范围的计算结果列于表 2.6。

表 2.5　标准状态下反应式(2.9) 和式(2.10) 的热力学参数

温度	$2V_2O_5 \xlongequal{} 4VO_2+O_2\uparrow$				$4VO_2 \xlongequal{} 2V_2O_3+O_2\uparrow$			
T/K	$\Delta_r S_{m(T)}^{\ominus}$ /J·mol^{-1}·K^{-1}	$\Delta_r H_{m(T)}^{\ominus}$ /kJ·mol^{-1}	$\Delta_r G_{m(T)}^{\ominus}$ /kJ·mol^{-1}	$\ln K_p^{\ominus}$	$\Delta_r S_{m(T)}^{\ominus}$ /J·mol^{-1}·K^{-1}	$\Delta_r H_{m(T)}^{\ominus}$ /kJ·mol^{-1}	$\Delta_r G_{m(T)}^{\ominus}$ /kJ·mol^{-1}	$\ln K_p^{\ominus}$
298.15	151.15	229.60	186.60	−75.28	195.75	432.80	373.40	−150.64
400	146.87	228.01	169.27	−50.90	202.01	435.06	354.26	−106.52
500	135.03	222.64	155.12	−37.32	215.56	441.22	333.43	−80.21
600	117.56	212.98	142.45	−28.56	236.10	452.57	310.92	−62.33
700	93.57	197.32	131.83	−22.65	265.27	471.61	285.93	−49.13
800	61.38	173.11	124.01	−18.64	305.15	501.63	257.50	−38.72
900	19.39	137.33	119.88	−16.02	357.60	546.31	224.48	−30.00
1000	−33.55	86.94	120.49	−14.49	423.91	609.43	185.52	−22.31

表 2.6　反应式(2.9) 和式(2.10) 的氧气分压范围

温度	反应压力商	$2V_2O_5 \xlongequal{} 4VO_2+O_2\uparrow$	$4VO_2 \xlongequal{} 2V_2O_3+O_2\uparrow$
T/K	$p_{O_2}/p^{\ominus}$	$\Delta_r G_{m(T)}$/kJ·mol^{-1}	$\Delta_r G_{m(T)}$/kJ·mol^{-1}
298.15	3.80×10^{-66}～2.03×10^{-33}	−186.80～0	0～186.80
400	5.46×10^{-47}～7.86×10^{-23}	−184.99～0	0～184.99
500	1.46×10^{-35}～6.22×10^{-17}	−178.31～0	0～178.31
600	8.54×10^{-28}～3.97×10^{-13}	−168.47～0	0～168.47
700	4.60×10^{-22}～1.45×10^{-10}	−154.10～0	0～154.10
800	1.54×10^{-17}～8.00×10^{-9}	−133.49～0	0～133.49
900	9.36×10^{-14}～1.10×10^{-7}	−104.60～0	0～104.60
1000	2.04×10^{-10}～5.08×10^{-7}	−65.03～0	0～65.03

在反应温度为 1000K 时，从表 2.5 和表 2.6 中可以看出，通过热解 V_2O_5 法制备纯 VO_2 的条件是 $p_{O_2}/p^{\ominus}$的上限不能超过 5.08×10^{-7}，反应平衡常数 $\ln K_p=-14.49$ 非常小；制备 V_2O_3 要求氧气分压更低，要求 $p_{O_2}/p^{\ominus}$ 低于 2.04×10^{-10}，生成 V_2O_3 直接受生成 VO_2 的第一步反应的影响，所以生成条

件更苛刻，这使得利用这种方法制备 V_2O_3 失去了实验价值。

在制备低价氧化钒的研究中，最常用的研究方法是用 H_2 还原 V_2O_5 法和热解 V_2O_5 法。通过反应热力学参数的计算可知，无论是 H_2 还原 V_2O_5 法，还是热分解 V_2O_5 法制备 VO_2，都需要比较严格的反应热力学条件。H_2 还原 V_2O_5 法制备纯 VO_2 需要较高的 H_2O 蒸汽分压，较低的 H_2 分压，反应条件不容易控制；热分解 V_2O_5 法制备 VO_2 方法反应平衡常数小，对氧气的分压要求很苛刻，这是上述两种方法在前人的实验研究中反应周期长、耗材成本高的原因。

除了上述两种常用的制备低价氧化钒的固相反应法外，还有许多其他固相反应方法，本节选择起始反应物时，以常温常压下为气态和固态的为基准，主要是考虑后续的实验研究，实验研究中，为了使反应物质表面不断更新，满足反应压力商的要求，需要采取气体循环流动的方法，这样选择反应物相态，可以避免气体循环过程中冷凝和堵塞管道。符合要求的其他的固相反应法包括：CO 还原 V_2O_5 法、SO_2 还原 V_2O_5 法、C 粉还原 V_2O_5 法、CH_4 还原 V_2O_5 法、NH_3 还原 V_2O_5 法和热解偏钒酸铵（NH_4VO_3）法等。其中还原剂有气态和固态两种，相关热力学计算与研究下面逐一分述。

2.3.3 CO 还原 V_2O_5 法

CO 还原 V_2O_5 的化学反应方程式如式(2.11) 和式(2.12) 如示。

$$V_2O_5+CO = 2VO_2+CO_2\uparrow \tag{2.11}$$

$$2VO_2+CO = V_2O_3+CO_2\uparrow \tag{2.12}$$

用本书建立的方法计算出反应式(2.11) 和式(2.12) 的吉布斯自由能 $\Delta_r G^{\ominus}_{m(T)}$ 和平衡常数列于表 2.7。从表中可知，在标准状态下，反应式(2.11) 和式(2.12) 的 $\Delta_r G^{\ominus}_{m(T)}$ 均小于零，反应都能自发进行，所以在标准状态下，生成的产物是 VO_2 和 V_2O_3 的混合物或单一的 V_2O_3。对于反应式(2.11) 和式(2.12) 而言，反应压力商 Q 值均为 $Q=p_{CO_2}/p_{CO}$。理论上可以通过调整压力商使反应式(2.11) 的吉布斯自由能小于零，同时保证反应式(2.12) 的吉布斯自由能大于零，实现用 CO 还原 V_2O_5 制备纯 VO_2 的目的。通过计算求出满足上述热力学条件压力商范围，并将计算结果列于表 2.8，从表 2.7 和表 2.8 中可知，CO_2 分压至少是 CO 分压的 2.47×10^5 倍，才能实现生成纯 VO_2 的吉布斯自由能要求，并且在此反应温度

（900K）下，反应的平衡常数$\ln K_p^{\ominus}=19.41$比较小，这是CO还原V_2O_5法制备VO_2的不利因素。

表 2.7 标准状态下反应式(2.11) 和式(2.12) 的热力学参数

温度	$V_2O_5+CO=2VO_2+CO_2\uparrow$				$2VO_2+CO=V_2O_3+CO_2\uparrow$			
T/K	$\Delta_r S_{m(T)}^{\ominus}$ /J·mol^{-1}·K^{-1}	$\Delta_r H_{m(T)}^{\ominus}$ /kJ·mol^{-1}	$\Delta_r G_{m(T)}^{\ominus}$ /kJ·mol^{-1}	$\ln K_p^{\ominus}$	$\Delta_r S_{m(T)}^{\ominus}$ /J·mol^{-1}·K^{-1}	$\Delta_r H_{m(T)}^{\ominus}$ /kJ·mol^{-1}	$\Delta_r G_{m(T)}^{\ominus}$ /kJ·mol^{-1}	$\ln K_p^{\ominus}$
298.15	−10.88	−168.18	−163.93	66.13	11.43	−66.58	−70.53	28.45
400	−14.21	−169.38	−163.69	49.22	13.36	−65.85	−71.20	21.41
500	−20.18	−172.08	−161.99	38.97	20.09	−62.79	−72.84	17.52
600	−28.37	−176.61	−159.58	31.99	30.90	−56.81	-75.35	15.11
700	−39.43	−183.82	−156.22	26.84	46.42	−46.68	−79.17	13.60
800	−54.25	−194.97	−151.57	22.79	67.64	−30.71	−84.82	12.75
900	−73.64	−211.50	−145.22	19.41	95.46	−7.00	−92.92	12.42
1000	−98.15	−234.82	−136.67	16.44	130.58	26.42	−104.16	12.53

表 2.8 反应式(2.11) 和式(2.12) 的压力商范围

温度	反应压力商	$V_2O_5+CO=2VO_2+CO_2\uparrow$	$2VO_2+CO=V_2O_3+CO_2\uparrow$
T/K	$Q=p_{CO_2}/p_{CO}$	$\Delta_r G_{m(T)}$/kJ·mol^{-1}	$\Delta_r G_{m(T)}$/kJ·mol^{-1}
298.15	$2.28\times10^{12}\sim5.26\times10^{28}$	−93.40～0	0～93.40
400	$1.98\times10^{9}\sim2.38\times10^{21}$	−92.49～0	0～92.49
500	$4.07\times10^{7}\sim8.39\times10^{16}$	−89.15～0	0～89.15
600	$3.63\times10^{6}\sim7.83\times10^{13}$	−84.23～0	0～84.23
700	$8.09\times10^{5}\sim4.55\times10^{11}$	−77.05～0	0～77.05
800	$3.46\times10^{5}\sim7.89\times10^{9}$	−66.75～0	0～66.75
900	$2.47\times10^{5}\sim2.68\times10^{8}$	−52.30～0	0～52.30
1000	$2.76\times10^{5}\sim1.38\times10^{7}$	−32.52～0	0～32.52

2.3.4 SO_2还原V_2O_5法

SO_2还原V_2O_5的化学反应方程式如式(2.13) 和式(2.14) 所示。

$$V_2O_5+SO_2 = 2VO_2+SO_3\uparrow \quad (2.13)$$

$$2VO_2+SO_2 = V_2O_3+SO_3\uparrow \quad (2.14)$$

用本文建立的方法计算出反应式(2.13)和式(2.14)的吉布斯自由能 $\Delta_r G_{m(T)}^{\ominus}$ 列于表2.9，从表中的数据可知，在标准状态下，反应式(2.13)和式(2.14)的 $\Delta_r G_{m(T)}^{\ominus}$ 均大于零，反应都不能自发进行，所以在标准状态下，反应不能进行。对于反应式(2.13)和式(2.14)而言，反应压力商 Q 值均为 $Q=p_{SO_3}/p_{SO_2}$。理论上可以通过调整压力商范围使反应式(2.13)的吉布斯自由能小于零，同时保证反应式(2.14)的吉布斯自由能大于零，实现用 SO_2 还原 V_2O_5 制备纯 VO_2 的目的。计算出满足上述热力学条件的反应压力商范围列于表2.10。分析表中数据可知，SO_2 的分压必须比 SO_3 的分压大至少3个数量级，即 SO_3 的分压与 SO_2 分压的比值最大为 3.97×10^{-3}，才能实现生成纯 VO_2 的目的。所以 SO_3 的分压相对比较在很低的水平上，这样的反应条件需要及时排出生成气体 SO_3，而保留住 SO_2，同在一个气氛下，这种条件不易控制。另外，SO_2 的刺激性气味与毒性也限制了它的应用。用 SO_2 还原 V_2O_5 法制备 V_2O_3 要求 SO_3 的分压与 SO_2 分压的比值最大不能超过 3.85×10^{-5}，这是个难以实现的条件，所以这种方法不适合用来制备 V_2O_3。

表2.9 标准状态下反应式(2.13)和式(2.14)的热力学参数

温度	$V_2O_5+SO_2 = 2VO_2+SO_3\uparrow$				$2VO_2+SO_2 = V_2O_3+SO_3\uparrow$			
T/K	$\Delta_r S_{m(T)}^{\ominus}$ /J·mol^{-1}·K^{-1}	$\Delta_r H_{m(T)}^{\ominus}$ /kJ·mol^{-1}	$\Delta_r G_{m(T)}^{\ominus}$ /kJ·mol^{-1}	$\ln K_p^{\ominus}$	$\Delta_r S_{m(T)}^{\ominus}$ /J·mol^{-1}·K^{-1}	$\Delta_r H_{m(T)}^{\ominus}$ /kJ·mol^{-1}	$\Delta_r G_{m(T)}^{\ominus}$ /kJ·mol^{-1}	$\ln K_p^{\ominus}$
298.15	−18.45	15.91	22.41	−9.04	3.85	117.51	115.81	−46.72
400	−20.45	15.18	23.36	−7.02	7.12	118.70	115.86	−35.69
500	−25.24	13.00	25.63	−6.17	15.02	122.29	114.78	−29.42
600	−32.29	9.11	28.48	−5.71	26.98	128.91	112.72	−25.84
700	−42.18	2.65	32.18	−5.53	43.67	139.80	109.23	−24.02
800	−55.81	−7.60	37.04	−5.57	66.08	156.66	103.79	−23.55
900	−73.97	−23.08	43.49	−5.81	95.14	181.41	95.79	−24.24
1000	−97.21	−45.21	52.01	−6.26	131.51	216.03	84.52	−25.98

表 2.10　反应式(2.13) 和式(2.14) 的压力商范围

温度	反应压力商	$V_2O_5+SO_2 = 2VO_2+SO_3\uparrow$	$2VO_2+SO_2 = V_2O_3+SO_3\uparrow$
T/K	$Q=p_{SO_3}/p_{SO_2}$	$\Delta_r G_{m(T)}$/kJ·mol^{-1}	$\Delta_r G_{m(T)}$/kJ·mol^{-1}
298.15	$5.13\times10^{-21}\sim1.18\times10^{-4}$	−93.40～0	0～93.40
400	$7.41\times10^{-16}\sim8.90\times10^{-4}$	−92.49～0	0～92.49
500	$1.02\times10^{-12}\sim2.10\times10^{-3}$	−89.15～0	0～89.15
600	$1.54\times10^{-10}\sim3.31\times10^{-3}$	−84.23～0	0～84.23
700	$7.06\times10^{-9}\sim3.97\times10^{-3}$	−77.05～0	0～77.05
800	$1.67\times10^{-7}\sim3.81\times10^{-3}$	−66.75～0	0～66.75
900	$2.76\times10^{-6}\sim2.99\times10^{-3}$	−52.30～0	0～52.30
1000	$3.85\times10^{-5}\sim1.92\times10^{-3}$	−32.52～0	0～32.52

2.3.5　C 粉还原 V_2O_5 法

C 还原 V_2O_5 的化学反应方程如式(2.15) 和式(2.16) 所示。

$$2V_2O_5+C = 4VO_2+CO_2\uparrow \tag{2.15}$$

$$4VO_2+C = 2V_2O_3+CO_2\uparrow \tag{2.16}$$

用本书建立的方法计算出反应式(2.15) 和式(2.16) 的吉布斯自由能 $\Delta_r G^{\ominus}_{m(T)}$ 等热力学参数列于表 2.11。由表中数据可知，在标准状态下，反应式(2.15) 和式(2.16) 的 $\Delta_r G^{\ominus}_{m(T)}$ 均小于零，反应都能自发进行，所以在标准状态下，反应式(2.15) 和式(2.16) 都能进行，生成的产物为 VO_2 和 V_2O_3 的混合物或通过延长时间等控制条件获得纯 V_2O_3。反应式(2.15) 和式(2.16) 的压力商均为 $Q=p_{CO_2}/p^{\ominus}$。理论上可以通过调整压力商范围使反应式(2.16) 的吉布斯自由能大于零，同时保证反应式(2.15) 的吉布斯自由能小于零，实现用 C 还原 V_2O_5 制备纯 VO_2 的目的。满足上述热力学条件的压力商范围计算结果列于表 2.12。表中数据说明，$Q=p_{CO_2}/p^{\ominus}$ 的最小值必须大于 4.76×10^3，而且这时的温度为 298.15K(25℃)，根据反应动力学基本知识，反应速率随反应温度的增加而增加，室温下此反应从热力学角度虽为可能，但是从动力学角度出发，它的反应速率比较低。随着温度的升高，反应平衡常数越来越小，压力商范围也越来越难满足，因为生成纯 VO_2 所要求的反应压力商的下限从 4.76×10^3 变化到 6.16×10^{10}。徐灿阳等对 C 还原 V_2O_5 制

备 VO_2 做了研究，研究表明，在 773K(500℃) 时，C 还原 V_2O_5 成 VO_2 需要 8h 左右。所以 C 还原 V_2O_5 制备 VO_2 虽可行，但是反应压力商条件不易控制，反应时间也较长。

表 2.11 标准状态下反应式(2.15) 和式(2.16) 的热力学参数

温度	$2V_2O_5+C \longrightarrow 4VO_2+CO_2\uparrow$				$4VO_2+C \longrightarrow 2V_2O_3+CO_2\uparrow$			
T/K	$\Delta_r S^\ominus_{m(T)}$ /J·mol^{-1}·K^{-1}	$\Delta_r H^\ominus_{m(T)}$ /kJ·mol^{-1}	$\Delta_r G^\ominus_{m(T)}$ /kJ·mol^{-1}	$\ln K^\ominus_p$	$\Delta_r S^\ominus_{m(T)}$ /J·mol^{-1}·K^{-1}	$\Delta_r H^\ominus_{m(T)}$ /kJ·mol^{-1}	$\Delta_r G^\ominus_{m(T)}$ /kJ·mol^{-1}	$\ln K^\ominus_p$
298.15	154.05	−163.91	−207.79	83.83	198.65	39.29	−20.99	8.47
400	148.22	−166.04	−225.32	67.75	203.36	41.01	−40.33	12.13
500	134.66	−172.19	−239.52	57.62	215.20	46.39	−61.21	14.72
600	115.31	−182.88	−252.07	50.53	233.85	56.71	−83.60	16.76
700	89.36	−199.81	−262.36	45.08	261.06	74.48	−108.26	18.60
800	55.21	−225.50	−269.66	40.54	298.99	103.03	−136.17	20.47
900	11.38	−262.84	−273.08	36.50	349.59	146.15	−168.48	22.52
1000	−43.17	−314.76	−271.58	32.67	414.28	207.73	−206.55	24.84

表 2.12 反应式(2.15) 和式(2.16) 的压力商范围

温度	反应压力商	$2V_2O_5+C \longrightarrow 4VO_2+CO_2\uparrow$	$4VO_2+C \longrightarrow 2V_2O_3+CO_2\uparrow$
T/K	$p_{CO_2}/p^\ominus$	$\Delta_r G_{m(T)}$/kJ·mol^{-1}	$\Delta_r G_{m(T)}$/kJ·mol^{-1}
298.15	$4.76\times10^{3}\sim2.54\times10^{36}$	−186.80～0	0～186.80
400	$1.85\times10^{5}\sim2.66\times10^{29}$	−184.99～0	0～184.99
500	$2.48\times10^{6}\sim1.06\times10^{25}$	−178.31～0	0～178.31
600	$1.90\times10^{7}\sim8.81\times10^{21}$	−168.47～0	0～168.47
700	$1.20\times10^{8}\sim3.79\times10^{19}$	−154.10～0	0～154.10
800	$7.78\times10^{8}\sim4.06\times10^{17}$	−133.49～0	0～133.49
900	$6.01\times10^{9}\sim7.08\times10^{15}$	−104.60～0	0～104.60
1000	$6.16\times10^{10}\sim1.54\times10^{14}$	−65.03～0	0～65.03

2.3.6 CH_4 还原 V_2O_5 法

CH_4 还原 V_2O_5 的化学反应方程如式(2.17) 和式(2.18) 所示。

$$4V_2O_5+CH_4 \longequal 8VO_2+CO_2\uparrow+2H_2O \tag{2.17}$$

$$8VO_2+CH_4 \longequal 4V_2O_3+CO_2\uparrow+2H_2O \tag{2.18}$$

用本书建立的热力学参数计算方法计算反应式(2.17)和式(2.18)的吉布斯自由能 $\Delta_r G^{\ominus}_{m(T)}$ 和平衡常数等列于表2.13。由表可知，在标准状态下，反应式(2.17)和式(2.18)的 $\Delta_r G^{\ominus}_{m(T)}$ 均小于零，反应都能自发进行，所以在标准状态下，反应式(2.17)和式(2.18)都能进行，生成的产物为 VO_2 和 V_2O_3 的混合物或纯 V_2O_3。反应式(2.17)和式(2.18)的压力商均为 $Q=\frac{p^2_{H_2O}p_{CO_2}}{p_{CH_4}p^{\ominus 2}}$，理论上可以通过调整压力商范围实现用 CH_4 还原 V_2O_5 制备纯 VO_2 的目的，计算出满足生成纯 VO_2 热力学条件的压力商范围列于表2.14。从表中知道 CO_2 和 H_2O 的分压要求很高，CH_4 的分压必须很小，压力商的最小值高达 3.19×10^{12}，而且这时的温度为298.15K，根据反应动力学基本知识，反应速率随反应温度的增加而增加，室温下反应热力学虽为可能，但是反应速率较低，随着温度的升高，热力学条件越来越难满足，因为要求反应压力商越来越大，范围为 $3.19\times10^{12}\sim1.23\times10^{29}$，反应产物分压的不容易控制性，使这种方法制备纯 VO_2 不具有优势。但是，利用该方法制备 V_2O_3 是可行的，相关研究已经证明了这一点，刘公召等人对利用生活煤气（主要成分为 CH_4）还原 NH_4VO_3(反应过程中分解成为 V_2O_5 等）制备 V_2O_3 的方法进行了研究[4]。

表2.13 标准状态下反应式(2.17)和式(2.18)的热力学参数

温度	$4V_2O_5+CH_4 = 8VO_2+CO_2\uparrow+2H_2O$				$8VO_2+CH_4 = 4V_2O_3+CO_2\uparrow+2H_2O$			
T/K	$\Delta_r S^{\ominus}_{m(T)}$ /J·mol^{-1}·K^{-1}	$\Delta_r H^{\ominus}_{m(T)}$ /kJ·mol^{-1}	$\Delta_r G^{\ominus}_{m(T)}$ /kJ·mol^{-1}	$\ln K^{\ominus}_p$	$\Delta_r S^{\ominus}_{m(T)}$ /J·mol^{-1}·K^{-1}	$\Delta_r H^{\ominus}_{m(T)}$ /kJ·mol^{-1}	$\Delta_r G^{\ominus}_{m(T)}$ /kJ·mol^{-1}	$\ln K^{\ominus}_p$
298.15	59.39	−431.37	−444.97	179.51	148.59	−24.97	−71.37	28.79
400	308.16	−346.68	−469.94	141.31	418.45	67.42	−99.96	30.06
500	284.02	−357.65	−499.66	120.20	445.09	79.51	−143.04	34.41
600	247.20	−378.01	−526.33	105.51	484.27	101.17	−189.39	37.97
700	196.15	−411.32	−548.63	94.27	539.56	137.26	−240.43	41.31
800	127.79	−462.75	−564.98	84.94	615.35	194.29	−297.99	44.80
900	39.13	−538.29	−573.51	76.65	715.55	279.68	−364.31	48.69
1000	−71.97	−644.034	−572.06	68.81	842.94	400.94	−442.00	53.16

表 2.14　反应式(2.17) 和式(2.18) 的压力商范围

温度	反应压力商	$4V_2O_5+CH_4 \xlongequal{} 8VO_2+CO_2\uparrow+2H_2O$	$8VO_2+CH_4 \xlongequal{} 4V_2O_3+CO_2\uparrow+2H_2O$
T/K	$Q=\frac{p_{H_2O}^2 p_{CO_2}}{p_{CH_4} p^{\ominus 2}}$	$\Delta_r G_{m(T)}$/kJ·mol^{-1}	$\Delta_r G_{m(T)}$/kJ·mol^{-1}
298.15	$3.19\times10^{12}\sim9.11\times10^{77}$	−373.60～0	0～373.60
400	$1.13\times10^{13}\sim2.35\times10^{61}$	−369.98～0	0～369.98
500	$8.79\times10^{14}\sim1.59\times10^{52}$	−356.62～0	0～356.62
600	$3.08\times10^{16}\sim6.65\times10^{45}$	−336.94～0	0～336.94
700	$8.75\times10^{17}\sim8.72\times10^{40}$	−308.20～0	0～308.20
800	$2.87\times10^{19}\sim7.78\times10^{36}$	−266.99～0	0～266.99
900	$1.40\times10^{21}\sim1.94\times10^{33}$	−209.20～0	0～209.20
1000	$1.23\times10^{23}\sim7.63\times10^{29}$	−130.06～0	0～130.06

2.3.7　NH_3 还原 V_2O_5 法

用 NH_3 还原 V_2O_5，在没有氧气存在时，发生如式(2.19) 和式(2.20) 所示的化学反应。

$$3V_2O_5+2NH_3 \xlongequal{} 6VO_2+3H_2O+N_2\uparrow \tag{2.19}$$

$$6VO_2+2NH_3 \xlongequal{} 3V_2O_3+3H_2O+N_2\uparrow \tag{2.20}$$

用本书建立的方法计算出反应式(2.19) 和式(2.20) 的吉布斯自由能 $\Delta_r G_{m(T)}^{\ominus}$ 和平衡常数等热力学参数列于表 2.15。采用 NH_3 还原 V_2O_5 的方法，在标准状态下，反应温度为 298.15～1000K 的条件下，反应式(2.19) 和式(2.20) 均能自发进行，而且反应平衡常数均较大。所以采用该法合成的是 VO_2 和 V_2O_3 的混合物或纯 V_2O_3。如果想利用该方法制备纯的 VO_2，在标准状态下是无法实现的。反应式(2.19) 和式(2.20) 的压力商均为 $Q=\frac{p_{H_2O}^3 p_{N_2}}{p_{NH_3}^2 p^{\ominus 2}}$，通过计算找出合成纯 VO_2 的压力商控制范围列于表 2.16。

表 2.15 标准状态下反应式(2.19) 和式(2.20) 的热力学参数

温度	$3V_2O_5+2NH_3 = 6VO_2+3H_2O+N_2\uparrow$				$6VO_2+2NH_3 = 3V_2O_3+3H_2O+N_2\uparrow$			
T/K	$\Delta_rS^{\ominus}_{m(T)}$ /J·mol^{-1}·K^{-1}	$\Delta_rH^{\ominus}_{m(T)}$ /kJ·mol^{-1}	$\Delta_rG^{\ominus}_{m(T)}$ /kJ·mol^{-1}	$\ln K^{\ominus}_p$	$\Delta_rS^{\ominus}_{m(T)}$ /J·mol^{-1}·K^{-1}	$\Delta_rH^{\ominus}_{m(T)}$ /kJ·mol^{-1}	$\Delta_rG^{\ominus}_{m(T)}$ /kJ·mol^{-1}	$\ln K^{\ominus}_p$
298.15	−65.09	−421.21	−398.72	160.85	1.81	−300.17	−184.12	74.28
400	314.46	−291.71	−417.50	125.54	397.18	−164.90	−323.77	97.36
500	296.62	−299.82	−448.13	107.80	417.43	−155.71	−364.43	87.67
600	269.27	−314.95	−476.51	95.52	447.07	−139.32	−407.56	81.70
700	231.66	−339.48	−501.65	86.20	489.22	−111.81	−454.26	78.05
800	181.78	−377.01	−522.43	78.55	547.45	−67.98	−505.94	76.07
830	164.10	−391.42	−527.62	76.46	568.54	−50.79	−522.68	75.74
842	156.66	−397.64	−529.55	75.65	577.48	−43.32	−529.55	75.65
900	117.57	−431.72	−537.53	71.84	624.88	−2.00	−564.39	75.43
1000	37.55	−507.87	−545.42	65.60	723.73	92.10	−631.63	75.97

表 2.16 反应式(2.19) 和式(2.20) 的压力商范围

温度	反应压力商	$3V_2O_5+2NH_3 = 6VO_2+3H_2O+N_2\uparrow$	$6VO_2+2NH_3 = 3V_2O_3+3H_2O+N_2\uparrow$
T/K	$Q=\frac{p^3_{H_2O}p_{N_2}}{p^2_{NH_3}p^{\ominus 2}}$	$\Delta_rG_{m(T)}$/kJ·mol^{-1}	$\Delta_rG_{m(T)}$/kJ·mol^{-1}
298.15	$1.81\times10^{32}\sim7.19\times10^{69}$	−214.60～0	0～214.60
400	$1.91\times10^{42}\sim3.32\times10^{54}$	−93.73～0	0～93.73
500	$1.18\times10^{38}\sim6.58\times10^{46}$	−83.70～0	0～83.70
600	$3.04\times10^{35}\sim3.06\times10^{41}$	−68.95～0	0～68.95
700	$7.91\times10^{33}\sim2.72\times10^{37}$	−47.39～0	0～47.39
800	$1.09\times10^{33}\sim1.30\times10^{34}$	−16.49～0	0～16.49
830	$7.85\times10^{32}\sim1.61\times10^{33}$	−4.94～0	0～4.94
842	$7.12\times10^{32}\sim7.12\times10^{32}$	0	0

在表 2.16 中，反应的压力商控制值非常高，但是，这种方法与其他方法不同，因为反应的产物中有 N_2，所以可以利用 N_2 做保护气，通过保护气的流量来调节反应压力商，这样问题就容易解决了。更有趣的是，这里存在一个临界温度，当温度为 842K 时，反应式(2.19) 和式(2.20) 的吉布斯自由能相等，低于这个温度和高于这个温度时，两个反应的吉布斯自由能相对大小正好

相反，即低于这个温度时，生成 VO_2 反应的吉布斯自由能小于进一步生成 V_2O_3 反应的值，高于这个温度正好相反。这就意味着当温度低于 842K 时，可以通过调节 N_2 和 NH_3 的分压来调整压力商，实现反应式(2.20) 的吉布斯自由能大于零，反应式(2.19) 的吉布斯自由能小于零，使反应生成 VO_2 之后，不会进一步还原成 V_2O_3，保证产物为单一的 VO_2；当温度高于等于 842K 时，无法通过控制压力商的方法制备纯 VO_2。但是，反应温度无论低于还是高于 842K 这个临界温度，都可以适当调节反应压力商和延长反应时间，使反应产物为单一的 V_2O_3。

2.3.8 热解 NH_4VO_3 法

偏钒酸铵 NH_4VO_3 加热至 473K(200℃)，开始分解成 NH_3、V_2O_5 和 H_2O，反应如式(2.21) 所示。如果将反应系统封闭，可以利用 NH_4VO_3 分解产生的 NH_3 还原分解产物 V_2O_5，系统内提供适量氧气，保证 NH_3 还原 V_2O_5 化学反应计量比与 NH_4VO_3 分解产物的化学计量比相同，其反应如式(2.22) 和式(2.23) 所示。

$$2NH_4VO_3 = V_2O_5 + H_2O + 2NH_3\uparrow \tag{2.21}$$

$$2NH_3 + V_2O_5 + O_2 = 2VO_2 + 3H_2O + N_2\uparrow \tag{2.22}$$

$$2NH_3 + 2VO_2 + O_2 = V_2O_3 + 3H_2O + N_2\uparrow \tag{2.23}$$

用本书建立的方法计算出反应式(2.22) 和式(2.23) 的焓变、熵变、吉布斯自由能和平衡常数，并列于表 2.17。从表中可知，标准状态下，随着温度的升高，反应式(2.22) 的吉布斯自由能增大，至 700K 之后，开始减小，而反应式(2.23) 的吉布斯自由能随温度的升高一致地增大，所以，反应式(2.22) 适合于在高于 700K 的高温下进行。当反应温度低于 1379K 时，生成 VO_2 和 V_2O_3 的反应都能自发进行，反应产物为混合物或通过控制反应时间使其生成单一组分的 V_2O_3。当反应温度为 1379K 时，生成 V_2O_3 的反应不能自发进行，生成 VO_2 的反应可以自发进行，因此可以利用此条件生产纯 VO_2。但是这个温度值已经远大于 V_2O_5 的熔点 963K，如果还原不及时，反应过程会产生物料沾染反应器壁的现象。另外，从理论上计算比热容与温度之间的关系式时，最高温度是 1000K，大于 1000K 的理论计算会产生一定的误差，在实验中应该考虑这些因素的影响。对反应式(2.22) 和式(2.23) 而言，反应压力商均为 $Q=\dfrac{p_{H_2O}^3 p_{N_2}}{p_{NH_3}^2 p_{O_2} p^{\ominus}}$，通过控制反应压力商，可以实现反应式(2.23)的自由能大于零，而保证反应式(2.22)的自由能小于零，反应产物为单一的 VO_2，反应压力商的控制范围等参数的计算结果列于表 2.18 中。

表 2.17　标准状态下反应式(2.22)和式(2.23)的热力学参数

温度	$2NH_3+V_2O_5+O_2$ ══ $2VO_2+3H_2O+N_2\uparrow$				$2NH_3+2VO_2+O_2$ ══ $V_2O_3+3H_2O+N_2\uparrow$			
T/K	$\Delta_r S^{\ominus}_{m(T)}$ /J·mol^{-1}·K^{-1}	$\Delta_r H^{\ominus}_{m(T)}$ /kJ·mol^{-1}	$\Delta_r G^{\ominus}_{m(T)}$ /kJ·mol^{-1}	$\ln K^{\ominus}_p$	$\Delta_r S^{\ominus}_{m(T)}$ /J·mol^{-1}·K^{-1}	$\Delta_r H^{\ominus}_{m(T)}$ /kJ·mol^{-1}	$\Delta_r G^{\ominus}_{m(T)}$ /kJ·mol^{-1}	$\ln K^{\ominus}_p$
298.15	−216.25	−650.81	−585.32	236.13	−193.95	−549.21	−491.92	198.45
400	−94.24	−519.71	−482.02	144.94	−71.93	−416.19	−387.41	116.49
500	−94.24	−522.45	−475.33	114.34	−71.93	−413.16	−377.20	90.74
600	−94.25	−527.92	−471.37	94.49	−71.92	−408.12	−364.97	73.16
700	−94.27	−536.79	−470.81	80.90	−71.90	−399.65	−349.32	60.02
800	−94.28	−550.10	−474.67	71.37	−71.89	−385.84	−328.33	49.36
900	−94.31	−569.03	−484.16	64.70	−71.86	−364.54	−299.86	40.07
1000	−94.33	−594.79	−500.46	60.19	−71.83	−333.55	−261.73	31.48
1100	−94.37	−628.44	−524.64	57.37	−71.79	−290.87	−211.90	23.17
1200	−94.40	−670.65	−557.37	55.87	−71.74	−234.82	−148.74	14.91
1300	−94.44	−721.62	−598.84	55.41	−71.68	−164.37	−71.18	6.59
1379	−94.48	−767.49	−637.25	55.60	−71.63	−98.75	0.00	0.00

表 2.18　反应式(2.22)和式(2.23)的压力商范围

温度	反应压力商	$2NH_3+V_2O_5+O_2$ ══ $2VO_2+3H_2O+N_2\uparrow$	$2NH_3+2VO_2+O_2$ ══ $V_2O_3+3H_2O+N_2\uparrow$
T/K	$Q=\frac{p^3_{H_2O}p_{N_2}}{p^2_{NH_3}p_{O_2}p^{\ominus}}$	$\Delta_r G_{m(T)}$/kJ·mol^{-1}	$\Delta_r G_{m(T)}$/kJ·mol^{-1}
298.15	$1.53\times10^{86}\sim3.54\times10^{102}$	−93.40～0	0～93.40
400	$3.92\times10^{50}\sim8.86\times10^{62}$	−94.61～0	0～94.61
500	$2.55\times10^{39}\sim4.56\times10^{49}$	−98.13～0	0～98.13
600	$5.96\times10^{31}\sim1.09\times10^{41}$	−106.40～0	0～106.40
700	$1.17\times10^{26}\sim1.36\times10^{35}$	−121.49～0	0～121.49
800	$2.75\times10^{21}\sim9.86\times10^{30}$	−146.34～0	0～146.34
900	$2.54\times10^{17}\sim1.26\times10^{28}$	−184.30～0	0～184.30
1000	$4.70\times10^{13}\sim1.39\times10^{26}$	−238.73～0	0～238.73

如果在保护气体流动的反应体系中，可以设计上下游反应器串联，应用气体循环的方法保证 NH_4VO_3 分解产生的 NH_3 不流失，保证反应的化学计量比；在封闭的反应系统中，可以根据反应物偏钒酸铵（NH_4VO_3）的质量和反应容器的体积计算出反应式(2.22）进行到底时反应器内的总压，通过总压可以计算出各种生成气体的分压和所需氧气的量，根据表 2.18 反应压力商的范围要求设计反应条件，使反应可控，生成单一价态的 VO_2。

2.4 制备低价钒氧化物的控制条件

在利用 V_2O_5 还原法和热解 NH_4VO_3 法制备 VO_2 和 V_2O_3 的热力学参数研究中，计算、分析、比较了还原剂分别为 CH_4、CO、SO_2、C 和 NH_3 时的热力学参数，在标准状态下，采用 SO_2 做还原剂时，反应不是自发的，除此之外其他方法反应都是自发的。无论是自发的还是非自发的反应，理论上都可以通过反应压力商的调整使反应可控，控制在目标产物上。但是，这里存在一个共性问题：就是所有方法合成纯 VO_2 需要的压力商范围都不容易控制。幸运的是，通过本章的热力学参数计算与研究发现，NH_3 做还原剂时，存在一个临界温度 842K，低于此温度时，理论上可以通过控制压力商使反应生成纯 VO_2，等于或高于 842K 时，只能生成 VO_2 和 V_2O_3 的混合物或纯 V_2O_3；同时还发现 NH_3 做还原剂时，反应平衡常数较大，并且存在一个有利的条件，就是惰性气体 N_2 是反应过程中的产物，因此，可以引入氮气，通过 N_2 流量来调控反应压力商，这样，NH_3 还原 V_2O_5 法中压力商范围不容易控制的问题就能够得到解决了；在热解 NH_4VO_3 法制备 VO_2 的计算中发现，热解 NH_4VO_3 制备纯 VO_2 最适宜的温度范围在 700K 以上，条件是需要引入微量氧气保证反应的化学计量比。这些热力学条件的计算与分析结果，为制备低价钒氧化物的后续实验工作奠定了理论基础。

参考文献

[1] 齐济. 钒氧化物及其复合玻璃的制备与性质研究 [D]. 博士学位论文. 大连：大连理工

大学，2008.

［2］ John A. Dean. 兰氏化学手册［M］. 魏俊发，等译. 北京：科学出版社，2003.

［3］ Barin I. 纯物质热化学数据手册［M］. 程乃良，等译. 北京：科学出版社，2003.

［4］ 刘公召，霍巍，安源. 生活煤气还原偏钒酸铵制备 V_2O_3 的研究［J］. 矿冶工程，2005，25（6）：61-65.

3 二氧化钒的制备方法

3.1 固相法

3.1.1 C 粉还原 V_2O_5 法

C 粉还原 V_2O_5 法，是以 V_2O_5 为钒源物质，以 C 粉作为还原剂，制取 VO_2 粉末的方法。将 V_2O_5 和 C 粉以一定比例（如摩尔比 2∶1）混合研磨均匀，装入石英舟放入反应器中，通入 Ar 和 N_2 混合气（气体总量控制在 $1L \cdot min^{-1}$），升温至 600℃（低于 V_2O_5 的熔点）反应 3h，然后升温至 850℃反应 5h，最终生成 VO_2[1]。V_2O_5 被还原分两步，首先生成 V_6O_{13}，反应速率最大的温度为 674℃，反应温度的设定受 V_2O_5 熔点的限制，然后 V_6O_{13} 被进一步还原生成 VO_2，温度为 709℃，这一步 VO_2 的重结晶速度比较慢，提高反应温度可以缩短反应时间。反应方程式如下：

$$3V_2O_5(s)+C(s)\xrightarrow{674℃}V_6O_{13}(s)+CO_2(g) \tag{3.1}$$

$$2V_6O_{13}(s)+C(s)\xrightarrow{709℃}12VO_2(s)+CO_2(g) \tag{3.2}$$

3.1.2 H_2 还原 V_2O_5 法

通过第 2 章热力学参数计算得出，理论上可以通过调整 H_2 和 H_2O 的分压实现 H_2 还原 V_2O_5 生成 V_2O_3 的吉布斯自由能大于零，同时保证反应生成 VO_2 的吉布斯自由能小于零，使生成产物为单一的 VO_2。氢气还原 V_2O_5 制备 VO_2 的研究，文献报道较少，制备 VO_2 粉体尚未见到，制备 VO_2 薄膜的实验方法如下所述。

氢气还原 V_2O_5 制备 VO_2 薄膜的方法：①制备 V_2O_5 溶胶，分有机溶胶法和无机溶胶法，有机溶胶法以含钒有机物为原料，如取 25g 三乙氧基氧钒 [$VO(OC_2H_5)_3$] 于 100mL 棕色容量瓶中，用无水乙醇定容，移取上述溶液 5mL 于三口烧瓶中，加入 15mL 无水乙醇，在室温及高速搅拌条件下，逐滴加入 98%乙醇水溶液 10～12mL，继续搅拌 2h，得到 V_2O_5 溶胶，再用乙醇定容至 50mL，即得制膜用 V_2O_5 溶胶，需密封避光保存。无机溶胶法分两种：一是溶剂法，如以 V_2O_5 粉体原料，以 H_2O_2（30%）为反应溶剂，按 V_2O_5 ∶ H_2O_2 = 1g ∶ 50mL 的比例，在冰浴上逐渐加入 V_2O_5 粉体，搅拌 30min 制得透明溶胶，需保存在冰浴上；二是 V_2O_5 熔融淬冷法，如将 20gV_2O_5 粉末置于坩埚中，在高温炉中升温至 800℃，保温 10min 使其充分熔融，取出迅速倒入冷水中，快速搅拌使其完全溶解，过滤成溶胶[2]。②制备 VO_2 薄膜，制备方法是在基片上旋涂 V_2O_5，然后置入气氛炉中进行还原反应，如将涂有 V_2O_5 凝胶薄膜的基片放入管式炉中，升温至 500℃，通入用 95℃水饱和氢气与氩气混合气体（H_2/Ar=1 ∶ 20），还原处理 5h，得到 VO_2 薄膜。

氢气还原 V_2O_5 制备 VO_2 法反应时间比较长，氢气和水的分压相差太大，过程不易控制，理论与实践均说明用 H_2 还原 V_2O_5 法制备纯 VO_2 不是最佳途径。

3.1.3 热解钒盐法

热解钒盐法是在一定的气氛下，加热使含钒盐分解，生成 VO_2 的方法。含钒盐有两种：一种是利用市售常见钒盐，设计条件进行分解；另一种是先合成一定结构的含钒盐，再进行分解。

热解偏钒酸盐 [$NH_4(VO_3)$] 合成 VO_2 法[3]：称取 388.52mg NH_4VO_3，将其放在洁净干燥的 25mL 刚玉坩埚内，再将载料坩埚放入置于室温 25℃（298.15K）下的特制不锈钢高压反应釜中，高压釜固定在老虎钳子上，在室温下将高压釜封口螺母逐一拧紧。将高压釜放入电加热马弗炉中，升温速度为 10℃ · min^{-1}，于 727℃（1000K）恒温 60min，停止加热，原位自然冷却，冷至室温后取出 VO_2 样品。

热解氧钒碱式碳酸铵 [$(NH_4)_5[(VO_2)_6(CO_3)_4(OH)_9 \cdot 10H_2O$] 合成 VO_2 法[4]：以五氧化二钒、浓盐酸、水合肼和碳酸氢铵为原料，采用溶液反应合成得到紫色多晶前驱体氧钒碱式碳酸铵，称取一定量干燥后的前驱体粉末铺放在石英舟中，然后放入管式电阻炉中，通入纯度为 99.999% 的氮气

10min，排除石英管中的空气，以 10℃·min^{-1} 的升温速率加热管式炉到 500℃保温 30min 冷却至室温，得到 VO_2 粉末，相变温度为 66℃，晶粒有序结构的理论尺寸为 20～40nm，实际颗粒尺寸为 1μm 左右，存在团聚现象。

3.2 液相法

液相条件下合成 VO_2 粉体的方法，具有操作温度低、能耗小、形貌可控的优点。相对固相和气相合成法而言，液相合成法更有利于对 VO_2 粉体进行制膜、改性、修饰以及复合[5]，液相法合成 VO_2 主要包括水热法、溶胶-凝胶法、化学沉淀法、溶液燃烧法等。

3.2.1 水热法

水热法是在特定的密闭反应容器里，采用水溶液作为反应介质，通过对反应容器加热，使得通常难溶或不溶的物质在一个高温、高压反应环境下溶解并反应，得到重结晶产物[6]。利用水热法合成 VO_2 粉体的研究，主要包括一步水热法、微波辅助水热法、多步处理水热法、连续水热法、模板辅助水热法。

3.2.1.1 一步水热法

VO_2 合成一步水热法，是指将含钒反应物按一定比例配制成溶液，经搅拌、水浴加热后，得到中间产物或溶液，再转入密闭高压反应釜中，进行反应得到目标产物 VO_2 的方法。一步水热合成 VO_2 的实验条件及产物形貌如表 3.1 所示，产物尺寸、相变温度及热滞宽度如表 3.2 所示[7～11]。

表 3.1 一步水热法合成 VO_2 实验条件和产物形貌

反应物	水热时间/h	水热温度/℃	晶体形貌	文献
V_2O_5-$H_2C_2O_4$-H_2WO_4	168	240	棒状、雪花状、不规则球形	[7]
V_2O_5-$H_2C_2O_4\cdot 2H_2O$-H_2SO_4	8	260	棒状	[8]
NH_4VO_3-$N_2H_4\cdot H_2O$	6	340	棒状、小颗粒	[9]
NH_4VO_3-HCl-$N_2H_4\cdot H_2O$-HNO_3	36	200	棒状	[10]
$VOSO_4$-$CO(NH_2)_2$-$N_2H_4\cdot H_2O$	24	260	不规则小颗粒、棒状	[11]

表3.1中，文献［7］以 H_2WO_4 作为 W^{6+} 掺杂源，掺杂量在1%左右，V_2O_5 被 $H_2C_2O_4$ 还原成 VO_2，产物形貌主要受还原剂结构的影响，呈雪花状、不规则球形和棒状。文献［8］在同一反应体系下加入了 H_2SO_4，水热时间从168h缩短至8h，所得到的晶体形貌为单一的棒状。文献［9，10］研究同一反应体系 NH_4VO_3-$N_2H_4 \cdot H_2O$，后者加酸合成产物为单一的棒状，水热温度下降，说明pH对水热温度和产物形貌均有一定的影响。

表3.2　一步水热法产物尺寸、相变温度及热滞宽度

文献	产物尺寸	加热相变温度/℃	冷却相变温度/℃	热滞宽度/℃
[7]	颗粒尺寸约200nm，棒状宽200～300nm，长200～800nm	24.6、41.9	5.3、23.7	19.3、18.2
[8]	棒状宽200nm，长几微米	61.1	56.3	4.8
[9]	颗粒尺寸20～100nm；棒状宽约100nm，长200nm	65、80	41.5、52	23.5、28
[10]	棒状宽30～120nm，长400～800nm	62.85	46.85	16
[11]	颗粒尺寸20～50nm（少量），棒状宽约100nm，长500nm	65.6	49.4	16.2

表3.2中，文献［8，10］产物形貌为单一的棒状晶体，相变温度仅存在一个峰值。文献［11］由于小颗粒晶体产物占比很小，大部分均为棒状，相变温度主要受到棒状晶体的影响，所以相变温度也仅存在一个峰值。文献［7，9］产物形貌不单一，既包括粒状又包括棒状，其相变温度存在两个峰值。由此推断产物尺寸和晶体形貌对相变温度有一定的影响，颗粒分布较均匀的产物，其热滞宽度小于存在多形貌和尺寸分布不均的产物。与著者的研究结果比较发现，由于形貌不同，固相法含成的 VO_2 相变温度只有4℃之差[12]，而文献［7］采用液相合成法合成的 VO_2 相变温度之差达17.3℃，说明液相合成法更适合通过控制形貌，来达到控制相变温度的目的。

著者2012年专利研究中，以含钒氧化物或含钒盐为钒源，以一种无机物为还原剂，水热温度250℃以下，反应时间12h以下，无需添加第三种物质，无需后续处理，得到晶体形貌单一的纳米 VO_2，在合成法中，无论是合成时间、合成温度还是合成步骤均具有一定的优势[13]。

3.2.1.2　微波辅助水热法

微波辅助水热合成法是在水热法的基础上加入微波处理的一种较为新颖的方法，该方法中微波处理和水热处理可分开进行[14]，也可以微波-水热一体式同时进行[15,16]。目前报道的微波辅助水热法比较少，其反应条件如表3.3所示。

表3.3　微波辅助水热法反应条件

反应物	V_2O_5-H_2O_2-N_2H_4·H_2O	V_2O_5-CH_3OH	V_2O_5-$H_2C_2O_4$·$2H_2O$
水热时间/h	12～48	1.5	24～72
水热温度/℃	200	180	190
微波功率/W	100～550	400～1400kW	0～1200
微波时间/min	10～30	90	24～72h
后续处理	100℃下干燥12～48h	800℃下N_2处理2h	800℃下H_2热处理4～6h
文献	[14]（微波-水热分开）	[15]（微波-水热一体式）	[16]（微波-水热一体式）

从表3.3中可以看出，微波辅助水热法中水热温度均比较低，在微波-水热一体式合成中，增大微波功率，其水热时间缩短，水热温度也下降，但其后续的处理温度较高，而在微波-水热分开处理研究中，虽水热时间较长，但后期无需高温退火处理，减少了能源的消耗。由于微波辅助水热法相关研究较少，对其合成产物以及相关的实验参数之间的规律分析，尚缺乏大量实验数据的支持。

3.2.1.3　多步处理水热法

多步处理水热合成法首先通过水热反应得到VO_2中间亚稳相，在惰性气氛或真空条件下进行热处理，将亚稳相转变为R相，降至室温形成M相VO_2。多步处理水热法合成条件如表3.4所示[17～22]。水热温度和时间对中间产物的影响，以NH_4VO_3-$H_2C_2O_4$·$2H_2O$合成体系为例如表3.5所示。

表3.4　多步处理水热法合成条件

反应物	水热时间/h	水热温度/℃	中间体	后续处理	文献
V_2O_5-$C_6H_8O_7$·H_2O	0.5～12	180～220	VO_2(B)	450～600℃氩气1h	[17]
V_2O_5-H_2SO_4-N_2H_4·H_2O-NaOH	48	220	—	800℃氩气1h	[18]
V_2O_5-$NaHSO_3$	1～24	160～220	VO_2(A)	350～450℃真空1h	[19]
NH_4VO_3-$H_2C_2O_4$·$2H_2O$	1～18	160～220	VO_2(D)	250～600℃惰性气氛3h	[20]
NH_4VO_3-$H_2C_2O_4$·$2H_2O$	3～168	280	VO_2(A)	700℃氩气2h	[21]
V_2O_5-HCHO	48	180	VO_2(B)	700℃氩气2h	[22]

由表 3.4 可知，中间产物不同所需的后续热处理温度范围和气氛基本相同，热处理温度范围在 250～800℃之间，随着温度的升高，介稳相失去稳定性，逐渐转变成 R 相 VO_2，惰性和真空气氛保护 4 价钒不被氧化成 5 价钒。热处理气氛为惰性气氛或真空条件均可。如 B 相处理条件主要为氩气氛围，A 相主要为真空或氩气氛围，D 相处理氛围为惰性气氛或真空。多步处理水热法前期水热温度比较低，多数在 220℃以下（个别 280℃），水热时间多数在 48h 以内（个别 168h），并不占优势，而且需要更高温度的后续处理，工序多能耗大是这种方法的劣势。由表 3.5 可知，反应温度较高且反应时间较短，或反应温度较低且反应时间较长时，易获得 VO_2(B)，反应温度较高且反应时间较长时，易得到 VO_2(A)，在高于 160℃，低于 210℃较长水热时间获得 VO_2(D)。2012 年，VO_2（D）才被发现[23]，它是介稳相，在 320℃可以转变成 VO_2(R)，有关 VO_2(D) 的各项性质和应用研究较少。由此推测，控制水热温度和时间，可对中间体进行一定的调控。不同中间产物相变成终产物的热处理条件的分析比较，尚缺乏足够的数据支持。中间产物介稳相不同对终产物 VO_2 形貌和性能的影响还有待进一步研究。

表 3.5　NH_4VO_3-$H_2C_2O_4\cdot 2H_2O$ 合成体系中水热条件和中间产物

水热温度/℃	水热时间/h	中间产物
160	18	VO_2(B)
180	18	VO_2(D)、VO_2(B)
200	18	VO_2(D)
200	1～9	VO_2(B)
200	9	VO_2(D)、VO_2(B)
200	9～18	VO_2(D)
210	48	VO_2(B)
280	48	VO_2(A)
280	3	VO_2(B)
280	6	VO_2(B)、VO_2(A)
280	12	VO_2(A)

3.2.1.4　连续水热法

连续水热法合成 VO_2 是利用泵将含钒前驱体溶液和超临界（或过热）水

以一定流速连续泵入特定反应器内，经过瞬时水解和脱水快速形成纳米 VO_2 颗粒的方法。实验研究中，将一定浓度的含钒溶液按一定速率连续泵入特定的反应器，同时连续泵入超临界水，通过控制反应温度、停留时间及其它参数，制备出纳米 VO_2 粉体[24～26]，连续水热法合成 VO_2 的相关研究的实验参数如表 3.6 所示，后续处理条件如表 3.7 所示。

表 3.6　连续水热合成实验参数

反应物	超临界水温度/℃	钒溶液泵入量/$mL \cdot min^{-1}$	混合温度/℃	停留时间/s	文献
NH_4VO_3-$H_2C_2O_4$	450	50～80	335～357	22～27	[24]
NH_4VO_3-$H_2C_2O_4$	450	10	402	1	[25]
NH_4VO_3-$H_2C_2O_4$	450	5～10	350～450	—	[26]

表 3.7　连续水热法后续处理条件

冷冻干燥温度/℃	冷冻干燥时间/h	退火温度/℃	退火氛围	退火时间/h	文献
−40～25	>24	600	N_2	2	[24]
−60～25	>24	—	—	—	[25]
−60～25	>24	600	N_2	2	[26]

从表 3.6、表 3.7 中可以看出，含钒溶液泵入量较大时，其混合温度也较低，在反应器内的停留时间相对延长，且反应产物需经过后期的一系列处理。文献 25 中通过相应的计算，定量控制含钒溶液的泵入量及混合器内的温度，所得到的产物无需进行退火处理，因此钒溶液的泵入量、混合温度、停留时间都对产物有很大的影响作用。连续水热合成法可通过控制反应条件得到纳米级产物，因此对各反应参数如果能进行有效控制，那么连续水热合成法在大量合成的工业生产上，将优于其他间歇式水热合成法。

3.2.1.5　模板辅助水热法

模板辅助水热法是合成过程中添加与 VO_2 晶体结构相似的材料，可对 VO_2 晶体生长起到一定的诱导作用，同时还能控制其形貌和结构。模板辅助水热法合成 VO_2 的实验参数与产物形貌如表 3.8 所示[27～29]。文献［27］的研究中，以 TiO_2 为模板剂的同等条件下，无掺杂剂时形成 VO_2(B)，以 H_2MoO_4 为掺杂剂掺杂少量 Mo 时，形成 M 相 VO_2。说明 H_2MoO_4 的加入有利于 M 相 VO_2 的形成，同时 TiO_2 作为模板剂有效地控制了 VO_2 的形貌和尺寸。文献［28］的研究中，其模板剂为脂肪醇，由于模板剂的加入，其合成产物形貌为单一带状。模板辅助水热法合成 VO_2，水热温度比较低，合成产物的形貌主要受到模板剂的影响与控制，但其水热时间比较长。

表 3.8　模板辅助水热法实验参数与产物形貌

反应物	水热温度/℃	水热时间/天	模板剂	晶体形貌	文献
V_2O_5-$H_2C_2O_4\cdot 2H_2O$-H_2MoO_4	220	2	TiO_2	球形	[27]
V_2O_4	210	3～7	脂肪醇	带状	[28]
VO-VO_2	210	3	VO、小分子醇和酮	星形	[29]

3.2.2　溶胶-凝胶法

溶胶-凝胶法是利用具有高化学活性含钒组分作为原料，通过水解、缩合等反应得到凝胶，凝胶经一系列后续处理得到 VO_2 产物。溶胶-凝胶法合成 VO_2 的实验参数如表 3.9 所示[30～32]，其中 $VO(acac)_2$ 为乙酰丙酮氧钒。表 3.9 中溶胶反应温度均较低，提高溶胶反应温度时，其溶胶反应时间大幅度缩短。溶胶-凝胶法后期烦琐的分步处理，以及后续的高温退火制约了其发展应用，在合成 VO_2 的方法中目前没有发现显著的优势，但是其较低的反应温度对改进其它合成方法，以及合成机理的研究提供了实验参考。

表 3.9　溶胶-凝胶法合成 VO_2 的实验参数

反应物	溶胶反应温度/℃	反应时间	第一次处理	第二次处理条件	文献
$VOSO_4$-$NH_3\cdot H_2O$-H_2O_2	室温	—	40℃真空处 1h	550℃下 N_2 处理 1.5h	[30]
$VO(acac)_2$-HCHO	室温	25 天	80℃处理 20min	80～550℃下 Ar 处理 30min	[31]
V_2O_5-$H_2C_2O_4$-C_2H_5OH	120	4h	90℃处理 4h	不同气氛下 550℃处理 2h	[32]

3.2.3　化学沉淀法

化学沉淀法是在含钒溶液中，加入适当的化学物质生成难溶于水的沉淀物，将此沉淀物进行热处理，制得所需 VO_2 粉体的一种方法。化学沉淀法合成 VO_2 的实验参数如表 3.10 所示，其产物 VO_2 的性质如表 3.11 所示[33～35]。

表 3.10　化学沉淀法合成 VO_2 的实验参数

反应物	NH_4VO_3-$C_2H_6O_2$	NH_4VO_3-$C_2H_6O_2$	NH_4VO_3-$C_2H_6O_2$
反应温度/℃	160	160	160
反应时间/h	1	1	2
中间产物	$VO(OCH_2CH_2O)$	$VO(OCH_2CH_2O)$	$VO(OCH_2CH_2O)$
后续处理	500℃真空处理 2h	300℃处理 3min，500～700℃无氧处理 5h	190℃空气下热处理 1h
文献	[33]	[34]	[35]

表 3.11　产物 VO_2 的性质

文献	晶粒尺寸/nm	晶体形貌	加热相变温度/℃	冷却相变温度/℃
[33]	50～100	球形	70	57
[34]	46、745	棒状、规则多面体	60、65	55、65
[35]	8.1μm	棒状	83	55

由表 3.10 和表 3.11 可知，在相同反应物体系和反应温度下，文献［33］和［34］对得到的同一中间产物进行了不同条件的后续处理，从而得到终产物 VO_2 的晶粒尺寸和晶体形貌都不同，文献［35］在同样体系下，延长反应时间，改变后续处理氛围，从无氧或真空变成有氧条件，其处理温度和时间均大幅度下降，终产物 VO_2 为具有较大晶粒尺寸的棒状，并且晶粒表面有许多纳米孔的存在，其原因主要是合成的较大棒状晶体是由 20～50nm 的不规则球形颗粒组装而成，由于棒状晶体尺寸较大，其相变温度也较高。化学沉淀法前期反应条件较温和，前期反应时间、后期热处理温度和时间对产物 VO_2 性质均产生影响，影响规律有待进一步研究。

3.2.4　溶液燃烧法

溶液燃烧法主要是将含钒化合物加入可燃烧的溶液中，瞬时燃烧产生的高温对反应前驱体进行热解从而得到目标产物。溶液燃烧法反应体系及产物相变性质如表 3.12 所示[36～38]。文献［38］中冷却相变温度远远高于加热时的相变温度，这属于反常现象，不同于其他合成方法，因相变滞后的原因，通常加热过程的相变温度高于冷却过程的相变温度。因此研究溶液燃烧法合成 VO_2 的机理和相变诱因，有助于进一步调控相变温度以及改善应用。溶液燃烧法在反应时间和所需设备上都优于其它合成方法，但由于其反应为瞬时的高温反应，不利于对产物进行掺杂和形貌的调控。

表 3.12 溶液燃烧法反应体系及产物相变性质

反应物	加热相变温度/℃	冷却相变温度/℃	文献
$VO(acac)_2$-C_2H_5OH	67.18	62.46	[36]
NH_4VO_3-NH_4NO_3-$C_6H_8O_7$-$C_2H_5NO_2$	66	58	[37]
NH_4VO_3-$C_6H_6O_2$-C_2H_5OH	58	86	[38]

3.2.5 液相合成条件对产物的影响

合成过程中的掺杂元素、pH 值、含钒浓度、水热温度等反应条件对产物形貌及尺寸都有一定的影响。文献［7］在 V_2O_5-$H_2C_2O_4$ 体系下，以 H_2WO_4 为掺杂剂进行不同量 W^{6+} 的掺杂，当没有 W^{6+} 掺杂时，其合成产物为 VO_2(A)，随着 W^{6+} 掺杂量从 2%、4%、6%到 8%的不断增加，VO_2(A) 峰逐渐减弱直到 W^{6+} 掺杂量 4%时完全消失，此时 VO_2(M) 结晶峰出现，W^{6+} 增加到 6%时 VO_2(M) 峰减弱，8%时出现 VO_2(B) 结晶峰。文献［27］以 H_2MoO_4 作为掺杂剂，得到 Mo 掺杂的 M 相 VO_2，在没有 H_2MoO_4 加入的条件下，采用同样的合成方法，得到产物为 VO_2(B)。文献［7，8］在 V_2O_5-$H_2C_2O_4$ 体系中，采用 H_2SO_4 调节 pH 值，没有添加 H_2SO_4 时，体系 pH=3.5，合成的 VO_2 形貌为雪花状晶体，添加 H_2SO_4 调节使 pH=2.0，合成的 VO_2 形貌为单一的棒状。文献［11］在 $VOSO_4$-$CO(NH_2)_2$-$N_2H_4\cdot H_2O$ 体系中合成 VO_2，发现体系含钒浓度对合成产物有影响，当含钒浓度分别为 $0.05mol\cdot L^{-1}$、$0.1mol\cdot L^{-1}$、$0.5mol\cdot L^{-1}$ 时，研究结果表明低浓度含钒溶液形成高结晶度和较大尺寸的棒状晶体，高浓度含钒溶液形成较低结晶度和较小尺寸的纳米小颗粒。此种现象是由于钒浓度高时，晶体成核速度较快，晶体生长速度不及成核速度。文献［9，10］在 NH_4VO_3-$N_2H_4\cdot H_2O$ 体系下研究不同水热温度（200～360℃）对产物的影响，低温下形成结晶度低、尺寸小的晶体，高温下得到结晶度高、尺寸大的晶体。

综上所述，VO_2(M) 的合成过程中，某种掺杂元素如 W 会对 VO_2(M) 的形成起促进任用；可以通过在一定范围内控制 pH 值，达到合成单一形貌的产物；含钒浓度、反应温度和时间均影响产物尺寸及形貌，如低浓度合成产物相对高浓度下合成的产物尺寸较大。VO_2(B)、VO_2(A)、VO_2(M) 等晶型的形成与掺杂离子、pH 值、含钒浓度、水热温度等反应条件的关系，缺乏足够的实验数据，尚有待于进一步研究。

3.2.6 液相法的特点与研究趋势

VO_2 粉体的液相合成法优于固相和气相合成法，液相合成法主要包括水热法、溶胶-凝胶法、化学沉淀法、溶液燃烧法，其中溶胶-凝胶法和化学沉淀法其前期的反应温度均低于 200℃，但后期需要较高温度的退火处理。溶液燃烧法因其是通过燃烧瞬间产生的高温对反应物进行热解，目前无法对反应过程及其产物形貌和尺寸进行控制，该反应瞬时产生高达 800℃的高温也存在一定的安全隐患。水热法较温和，可通过变化水热过程中掺杂离子、pH 值、含钒浓度、反应温度，对产物结构、尺寸、形貌及性能进行调控。

液相合成过程直接影响 VO_2 性能，引入掺杂离子可有效降低相变温度，但是掺杂同时降低太阳光调制能力和可见光透射率；结构复合可改善 VO_2 可见光透射率，提高太阳光调制能力；变化合成参数直接影响 VO_2 颗粒尺寸及形貌，相变温度也随之变化。合成 VO_2 的研究以及对它性能调控，都是以反应条件温和、节能环保的工艺为导向，以达到实际应用的需求为目标。研究液相法合成 VO_2 的条件，探究液相条件下合成 VO_2 的机理，综合运用不同合成方法中的优势，控制实验条件，优化实验参数，结合掺杂、复合和尺寸效应，达到节能环保、有效控制 VO_2 性能的目标，推进 VO_2 的实际应用进程，是研究的趋势。

3.3 气相法

气相法合成 VO_2 主要是采用气相沉积法合成 VO_2 薄膜，根据沉积过程所产生的反应种类，分为物理气相沉积法和化学气相沉积法。

3.3.1 物理气相沉积法

溅射是一种物理气相沉积（PVD）方法，溅射是指荷能粒子在电场中加速后以一定的动能轰击欲被溅射的靶材表面，使靶材表面原子或原子团逸出的现象，溅射出来（产生）的原子沉积在基体表面形成薄膜称为溅射镀膜。溅射方法主要有直流反应磁控溅射、离子束溅射和射频反应磁控溅射等。制备

VO_2 薄膜的物理气相沉积法包括：磁控溅射[39]、电子束蒸发[40]、脉冲激光沉积（PLD）[41]、分子束外延（MBE）[42] 等。其中磁控溅射法由于具有成膜速度快、薄膜黏附性高、薄膜质量优异等特点，已成为制备 VO_2 薄膜的主要手段，但是由于溅射过程的气氛环境与后续退火温度直接影响 VO_2 的纯度、微结构以及光电性能，所以利用这种方法制备高纯度的 VO_2 薄膜依然面临挑战。

何长安等[43] 采用磁控溅射镀膜机，在清洗后的 Al_2O_3 陶瓷基片上使用直流纯钒靶材进行溅射，形成纯钒薄膜；再使用管式炉在纯氧氛围内氧化纯钒薄膜，得到 V_2O_5 薄膜，最后在真空气氛下退火得到 V_yO_x 薄膜，结果表明退火温度和退火时间对 V_yO_x 薄膜中晶粒形貌和结构均有影响。高振雨等[44] 采用反应直流磁控溅射法在石英玻璃衬底上制备 VO_2 薄膜，方法是将石英玻璃依次放入丙酮（去除表面有机污染）、异丙醇（去除残留丙酮）和去离子水（去除表面污染物）中超声波清洗 15min 之后，用氮气快速吹洗后置于磁控溅射镀膜仪溅射腔室内，溅射前样品室的真空度大于 1.5×10^{-3}Pa，溅射过程样品室工作气压为 1.1Pa，溅射功率为 200W，衬底温度为 520℃。在氩气气氛条件下镀膜，沉积时间为 15min，然后将沉积的薄膜在管式炉中纯氩气氛围下退火 1h，冷却至室温得到 VO_2 薄膜。结果表明，溅射过程惰性气体与氧气的比例以及退火温度对薄膜中 VO_2 晶体颗粒尺寸、V^{4+} 的含量、相变温度和热滞回线宽度会产生影响，具体影响规律尚需进一步研究。

3.3.2 化学气相沉积法

化学气相沉积法（CVD）的原理是在适当的温度下利用气态前驱体发生化学反应，将含有相应反应气体和生成物的混合物传输到被加热的固体基片表面，传输过程中发生分解、还原-氧化、转移、聚合、水解等过程，最后在基片表面沉积成薄膜，在常压和真空环境下都可以进行。包含以下几个主要步骤：制造活性气态反应物；气态反应物发生气相反应形成中间产物；气态反应物吸附到加热的基底上，发生非均相反应形成薄膜和副产物；沉积物在加热的基底表面上扩散，成核和形成岛状膜；挥发性反应产物解吸，之后从活性反应区输送走。随着 CVD 技术的不断发展，演变出常压化学气相沉积法（APCVD）、低压化学气相沉积法（LPCVD）以及等离子体增强化学气相沉积法（PECVD）等几种不同的方法。

VO_2 薄膜的合成研究，APCVD 法和 LPCVD 法均有报道，采用 APCVD

法[45,46]，以 VCl_4（或 $VOCl_3$）和水为前驱体，在400～650℃下制备钒氧化物膜。改变温度和试剂气化后的浓度均可改变最终生成物。如 VCl_4 和水反应在玻璃基底上可能生成 VO_2、VO_x、V_6O_{13} 和 V_2O_5，当气氛中所含的 VCl_4 浓度较高时，越倾向于生成过氧相 V_6O_{13}；当沉积温度较高时，越倾向于生成缺氧相 VO_2。再如采用 $VOCl_3$ 和水直接得到 VO_2 薄膜。沉积温度＞600℃，前驱体所含 $VOCl_3$ 比例小于水时，主要生成 VO_2 薄膜；沉积温度＜600℃，前驱体所含 $VOCl_3$ 比例大于水时，生成 V_2O_5 薄膜。采用LPCVD法[47]，如在石英管中低压沉积，管中设置三个温度区，低温区、中间区和高温区，乙酰丙酮钒（Ⅲ）前驱体放置于低温区，温度设定在150℃，基底放置于高温区，基底温度（沉积温度）设定为350℃，原料气体从低温区穿过中间区进入高温区，一部分直接发生热分解反应，生成组成薄膜的组分吸附在基底表面，经过成核、成岛、形成网络等阶段，在基底表面形成 VO_2 薄膜，另一部分脱离基片表面，与二次生成物和未反应气体一起被真空系统从排气口排出。薄膜沉积后将样品退火，温度为300～450℃，沉积和退火过程中，通入纯度为99.99%的氩气。

3.3.3 V_2O_5 分解沉积法

V_2O_5 高温分解沉积法制备 VO_2，是以 V_2O_5 为原料，刚玉坩埚为载体，坩埚底部平放一块与坩埚底大小相当的圆片状氧化铝陶瓷基片，装入 V_2O_5，厚度为45～50mm，将坩埚置入较大的石墨坩埚内，再放入真空炉中，将炉温升至800℃，保温2h，V_2O_5 粉末完全熔融，气压达到平衡；然后将炉内抽真空压强至0.1Pa，升温速率为5℃·h^{-1}，将炉温升至1350℃，然后在24h内将炉温降至100℃以下，取出坩埚中的基片，用金相砂纸打磨掉表面非 VO_2 沉积层，最后再用抛光布对沉积面反复抛光，得到 VO_2 沉积层[48]。

3.4 液-固联合法

VO_2(M) 的合成分固、液、气三种方法，各种方法特点不同，目前液相法由于温度低、粒度小等优点备受关注，但液相法的反应时间比较长，著者发明的液相法也需要6h以上合成才能完成。著者发明的固相法合成 VO_2(M) 只需要1h，研发液-固混合法缩短反应时间，从实验基础上分析，是可行的。

3.4.1 VO_2（M）液-固联合法制备流程

在大量实验的基础上，著者课题组发明了一种液-固联合法制备 VO_2（M）的方法[49]，这种方法操作简单、用时少、耗能低。

（1）合成方法　称取一定量的 NH_4VO_3 粉末，放入盛有 80mL 去离子水的两口烧瓶中，利用恒温磁力搅拌器（90℃）使其充分溶解。再称取一定量的还原剂，于 10mL 去离子水中充分溶解。两口烧瓶上口连接回流冷却管，用胶头滴管将制备好的盐酸肼溶液从侧口缓慢滴加到 NH_4VO_3 溶液中，在 90℃下恒温搅拌反应 1.0h，将冷却后的反应液体转入 50mL 离心管中，在高速离心机中设定 $10000r \cdot min^{-1}$，离心 15min。倒出上清液，将沉淀物转入气氛热处理器中，在 240～270℃之间设定温度制度，在氮气或真空气氛下热处理 2h，即得到蓝黑色 VO_2（M）纳米粉体。

（2）工艺流程　液-固混合法制备 VO_2（M）的工艺流程如图 3.1 所示。

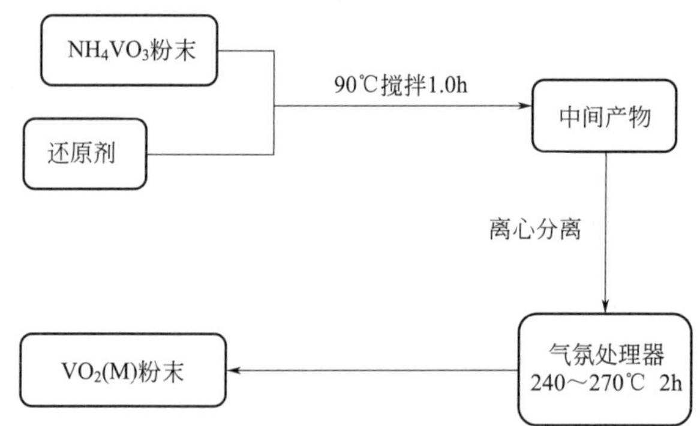

图 3.1　液-固混合法制备 VO_2（M）的工艺流程

3.4.2 合成试剂与设备

（1）实验试剂　实验试剂如表 3.13。

表 3.13　实验试剂

试剂	规格纯度	生产厂家
偏钒酸铵（NH_4VO_3）	AR	天津市科密欧化学试剂有限公司
还原剂	AR	国药集团化学试剂有限公司
乙醇（C_2H_5OH）	AR	天津市科密欧化学试剂有限公司

（2）实验仪器及分析检测设备　实验仪器及分析检测设备如表 3.14 所示。

表 3.14　实验仪器及分析检测设备

仪器	型号	生产厂家
电子天平	AL204	梅特勒-托利多仪器有限公司
pH 计	ST20	奥豪斯仪器(常州)有限公司
紫外/可见分光光度计	UH4150	日本 Hitachi 公司
电热恒温鼓风干燥箱	DHG-907385-Ⅲ	上海新苗医疗器械制造有限公司
真空冷冻干燥机	LGJ-10FD	宁波新艺超声设备有限公司
离心机	CT14D	天美科学仪器有限公司
气氛热处理器	MD-200	北京彼奥德电子技术有限公司
集热式恒温加热磁力搅拌器	DF-101S	巩义市予华仪器有限责任公司
X 射线衍射仪	XRD-6000	日本岛津公司
扫描电子显微镜	S-4800	日本 Hitachi 公司
热重-差热分析仪	STA7300	HitachiHigh-Tech Science Corporation
超声波扫频清洗机	SB-4200DTS	宁波新芝生物科技股份有限公司

3.4.3 产物表征

通过液-固混合法制备出 VO_2(M)，其晶体结构、相变温度和微观形貌分别采用 X 射线衍射仪（XRD）、差热分析仪（DTA）和扫描电子显微镜（SEM）进行测定。

3.4.3.1 XRD 表征

图 3.2 为在液-固联合条件下，成功合成出的 VO_2(M) 纳米粉体的 XRD 谱图。根据与标准图库的比对，可以看出，液-固联合条件下生成产物的衍射峰，其峰位置和各个峰之间的相对强度，均与 VO_2(M)　($P2_1/c$，$a=5.7517\text{Å}$，$b=4.5378\text{Å}$，$c=5.3825\text{Å}$，$\beta=122.64°$，$Z=4$，JCPDS Card：43-1051）相一致；并且没有观察到其他杂峰，可以推断该方法成功合成出了纯的具有相变性能的 VO_2(M) 粉体颗粒。

3.4.3.2 差热分析

图 3.3 为液-固联合条件合成 VO_2(M) 差热分析（DTA）曲线。从图 3.3

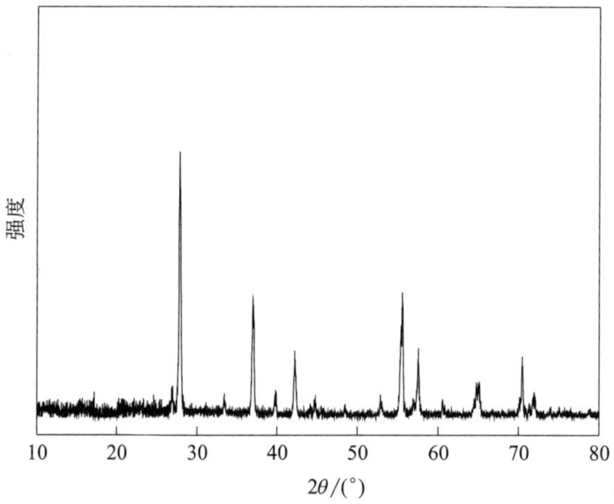

图 3.2　液-固联合条件合成 VO_2(M) 的 XRD 谱图

可以看出，所合成的 VO_2(M) 在 71.15℃发生相转变，这个温度比文献中报道的 68℃升高了 3.15℃，具体原因有待于进一步研究。

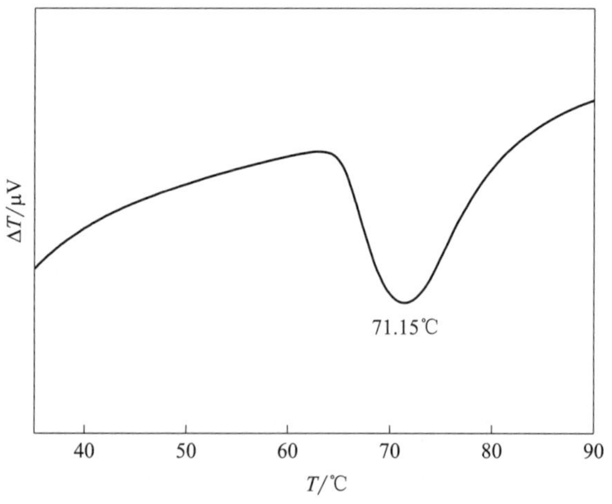

图 3.3　液-固联合条件合成 VO_2(M) 差热分析曲线

3.4.3.3　SEM 表征

图 3.4 为液-固联合条件下合成产物 VO_2(M) 的 SEM 图，从图 3.4 可以看到制备的 VO_2(M) 粉体的微观形貌为条形片状，长 400nm 左右，宽 60nm 左右，厚 20nm 左右。条形片之间边界清楚地松堆在一起，没有团聚迹象。

图 3.4 液-固混合条件下合成产物 VO_2(M) 的 SEM 照片

参考文献

[1] 徐灿阳，庞明杰，原晨光，等.还原五氧化二钒制备二氧化钒粉末 [J].材料科学与工程学报，2006，24 (2)：252-254.

[2] 朱泉峣，陈文，徐庆，等.熔融淬冷法制备 V_2O_5 干凝胶薄膜的 XPS 研究 [J].武汉理工大学学报，2002，24 (11)：8-10.

[3] 齐济，宁桂玲，华瑞年，等.控制 NH_4VO_3 分解及产物间反应制备 VO_2 的研究 [J].材料导报，2010，24 (8)：91-93.

[4] 徐慢，赵静，王树林，等.热解氧钒碱式碳酸铵法 M 型二氧化钒粉体的制备 [J].武汉工程大学学报，2014，36 (6)：20-24.

[5] Gao Y F，Wang S B，Luo H J，et al. Enhanced chemical stability of VO_2 nanoparticles by the formation of SiO_2/ VO_2 core/shell structure and the application to transparent and flexible VO_2-based composite foils with excellent thermochromic properties for solar heat control [J]. Energy Environmental Sci，2012，3：6104.

[6] 施尔畏，夏长泰，王国步，等.水热法的应用与发展 [J].无机材料学报，1996，11 (2)：193-206.

[7] Cao C X，Gao Y F，Luo H J. Pure single-crystal rutile vanadium dioxide powders：synthesis，mechanism and phase-transformation property [J]. Phys Chem C.，2008，112：18810-18814.

[8] Ji S D，Zhao Y，Zhang F，et al. Direct formation of single crystal VO_2(R) nanorods by one-step hydrothermal treatment [J]. Journal of Crystal Growth，2010，312：

282-286.

[9] Zou J, Lei X, Li Z, et al. One-step rapid hydrothermal synthesis of monoclinic VO_2 nanoparticles with high precursors concentration [J]. Journal of Sol-Gel Science and Technology, 2019, 91: 302-309.

[10] Wu C Z, Zhang X D, Dai J, et al. Direct hydrothermal synthesis of monoclinic VO_2 (M) single-domain nanorods on large scale displaying magnetocaloric effect [J]. J. Mater. Chem., 2011, 21: 4509-4517.

[11] Li W J, Ji S D, Li Y M, et al. Synthesis of VO_2 nanoparticles by a hydrothermal-assisted homogeneous precipitation approach for thermochromic applications [J]. RSC Adv., 2014, 4: 13026-13033.

[12] Qi J, Niu C, Xu Y M, et al. Comparison between Vanadium Dioxides Produced by Ammonium Metavanadate and Vanadium Pentoxide [J]. Advanced Materials Research, 2011, 306-307: 234-237.

[13] 齐济，牛晨. 一种液相法直接合成相二氧化钒纳米颗粒的方法：中国，201210074969.4 [P]. 2013-11-06.

[14] 陈燕梅，谭艳，吕维忠，等. 不同微观形貌 VO_2 的微波水热可控合成 [J]. 稀有金属材料与工程，2014，43：1009-1012.

[15] 陈益超，颜文斌，石爱华，等. 微波辅热-甲醇还原法制备 M 相二氧化钒粉体. 材料科学与工艺. 2019，27（03）：41-46.

[16] 吕维忠，黄德贞. 用微波/超声波耦合反应液相法制备钨/氟共掺杂二氧化钒粉体的方法：中国，CNIO6587151A [P]. 2017-04-2.

[17] Srinivasa R P, Marinela M, et al. Rapid Hydrothermal Synthesis of VO_2(B) and Its Conversion to Thermochromic VO_2(M_1) [J]. Inorg. Chem. 2013, 52: 4780-4785.

[18] Divya V, Davinder S, et al. Gram scale synthesis of monoclinic VO_2 microcrystals by hydrothermal and argon annealing treatment [J]. Ceramics International, 2019, 45: 3554-3562.

[19] Zhang L M, Yao J N, Guo Y F, et al. VO_2(A) nanorods: One-pot synthesis, formation mechanism and thermal transformation to VO_2(M) [J]. Ceramics International, 2018, 44: 19301-19306.

[20] Song Z D, Zhang L M, Xia F, et al. Controllable synthesis of VO_2(D) and their conversion to VO_2(M) nanostructures with thermochromic phase transition properties [J]. Inorg. Chem. Front., 2016, 3: 1035-1042.

[21] Zhang Y F, Huang Y F, Zhang J C, et al. Facile synthesis, phase transition, optical switching and oxidation resistance properties of belt-like VO_2(A) and VO_2(M) with a rectangular cross section [J]. Materials Research Bulletin, 2012, 47: 1978-1986.

[22] Serena A C, Madeleine G, Shi Y F, et al. VO_2(B) nanorods: solvothermal preparation, electrical properties, and conversion to rutile VO_2 and V_2O_3 [J]. J. Mater. Chem., 2009, 19: 4362-4367.

[23] Liu L, Cao F, Yao T, et al. New-phase VO_2 micro/nanostructures: investigation of phase transformation and magnetic property [J]. New J. Chem., 2012. 36 (3): 619-625.

[24] Powell M J, Marchand P, Denis C J, et al. Direct and continuous synthesis of VO_2 nanoparticles [J]. Nanoscale, 2017 (44): 18686-18693.

[25] Malarde Delphine, Johnson I D, Godfrey I J, et al. Direct and continuous hydrothermal flow synthesis of thermochromic phase pure monoclinic VO_2 nanoparticles [J]. Journal of Materials Chemistry, 2018, 6 (43): 11731-11739.

[26] Raul Q C, Powell M J, et al. Scalable Production of Thermochromic Nb-Doped VO_2 Nanomaterials Using Continuous Hydrothermal Flow Synthesis [J]. Journal of Nanoscience and Nanotechnology, 2016, 16: 10104-10111.

[27] Li D B, Li M, Pan J, et al. Hydrothermal synthesis of Mo-doped VO_2/TiO_2 composite nanocrystals with enhanced thermo-chromic performance [J]. ACS Appl Mater Interfaces, 2014, 6: 6555-6561.

[28] Whittaker L, Jaye Cherno, Fu Zugen, et al. Depressed Phase Transition in Solution-Grown VO_2 Nanostructures [J]. J. AM. CHEM. SOC. 2009, 131: 8884-8894.

[29] Whittaker L, Velazquez J M, Banerjee S. A VO-seeded approach for the growth of star-shaped VO_2 and V_2O_5 nanocrystals: Facile synthesis, structural characterization, andelucidation of electronic structure [J]. Cryst. Eng. Commun., 2011, 13: 5328-5336.

[30] Li Y, Jiang P, Xiang W, et al. A novel inorganic precipitation-peptization method for VO_2 sol and VO_2 nanoparticles preparation: Synthesis, characterization and mechanism [J]. Journal of Colloid and Interface Science, 2016, 462: 42-47.

[31] Jo Y R, Myeong S H, Kim B J, et al. Role of annealing temperature on the sol-gel synthesis of VO_2 nanowires with in situ characterization of their metal-insulator transition [J]. RSC Adv., 2018, 8: 5158-5165.

[32] Vostakola M F, Yekta B E, et al. The Effects of Vanadium Pentoxide to Oxalic Acid Ratio and Different Atmospheres on the Formation of VO_2 Nanopowders Synthesized via Sol-Gel Method [J]. Journal of Electronic Materials, 2017, 46: 6689-6697.

[33] Mjejri I, Rougier A, Gaudon M. Low-Cost and Facile Synthesis of the Vanadium Oxides V_2O_3, VO_2, and V_2O_5 and Their Magnetic, Thermochromic and Electrochromic Properties [J]. Inorg. Chem, 2017, 56: 1734-1741.

[34] Guan S, Rougier A, Viraphong O, et al. Two-Step Synthesis of VO_2 (M) with Tuned Crystallinity [J]. Inorg. Chem., 2018, 57: 8857-8865.

[35] Jung Daeyong, Ungsoo Kim, Wooseok Cho. Fabrication of pure monoclinic VO_2 nanoporous nanorods via a mild pyrolysis process [J]. Ceramics International, 2018, 44: 6973-6979.

[36] Wu C Z, Dai J, Zhang X D, et al. Direct confined-space combustion forming monoclinic vanadium dioxides [J]. Angew. Chem. Int. Ed., 2010, 49: 134-137.

[37] Wu H Y, Qin M L, Cao Z Q, et al. Direct synthesis of vanadium oxide nanopowders by the combustion approach [J]. Chemical Physics Letters, 2018, 706: 7-13.

[38] Cao Z Y, Xiao X D, Lu X M, et al. A simple and low-cost combustion method to prepare monoclinic VO_2 with superior thermochromic properties [J]. Scientific Reports, 2016, 6, 39154.

[39] Zhang H, Wu Z, Yang W, et al. Large phase-transition hysteresisfor nanostructured VOx film prepared on ITO conductiveglassby DC reactive magnetronsputtering [J]. Vacuum, 2013, 94: 84-86.

[40] Marvel R E, Harl R R, Craciun V, et al. Influence of deposition process and substrate on the phase transition of vanadium dioxide thin films [J]. Acta Materialia, 2015, 91: 217-226.

[41] Suh J Y, Lopez R, Feldman L C, et al. Semi conductor to metal phase transition in the nucleation and growth of VO_2 nanoparticles and thin films [J]. J. of Appl. Phys., 2004, 96 (2): 1209-1213.

[42] Sun H, Zhang B, Bian J, et al. Stability and heat ingrate dependent metal-insulator transition properties of VO_2 film grown by MBE [J]. J. of Materials Science Materialsin Electronics, 2017, 28 (22): 1-6.

[43] 何长安，王庆国，曲兆明，等. 基于磁控溅射法的二氧化钒薄膜制备技术优化及应用[J]. 材料科学与工程学报，2020，38 (4)：629-632.

[44] 高振雨，刘 哲，马紫腾，等. 氩氧比与退火温度对磁控溅射 VO_2 薄膜结构与电学性能的影响 [J]. 半导体光电，2021，42 (3)：7-12.

[45] Manning T D, Parkin I P, Robin J H, et al. Intelligent window coatings: atmospheric pressure chemical vapour deposition of vanadium oxides [J]. J. Mater. Chem., 2002, 72, 2936-2939.

[46] Manning T D, Parkin I P. Vanadium (Ⅳ) oxide thin films on glass and silicon from the atmospheric pressure chemical vapor deposition reaction of $VOCl_3$ and water [J]. Polyhedron, 2004, 23: 3087-3095.

[47] 郭贝贝. 基于化学气相沉积法制备 VO_2 薄膜及其光、电性能与应用研究 [D]. 博士

学位论文. 上海：上海大学，2016.

[48] 韩素兰. 高温真空分解 V_2O_5 制备 VO_2 [J]. 机械科学与技术，2006，25 (7)：806-808.

[49] 齐济，田孟骄，牛晨. 一种真空低温快速合成 M 相二氧化钒纳米颗粒的方法：中国，202110189278.8 [P]. 2021-02-19.

4 低价钒氧化物粉体的固相法制备与表征

通过第 2 章热力学参数的计算与分析可知，无氧条件下，氨气还原 V_2O_5 法制备纯 VO_2 和纯 V_2O_3 存在一个临界控制温度 842K，即高于 842K 制备纯 VO_2 是不可能的；有氧条件下，热解 NH_4VO_3 法制备纯 VO_2 的最佳温度范围在 700K 以上；氨气还原 V_2O_5 法具有平衡常数大、反应产物中的氮气可用来调控反应压力商的优势。在热力学参数计算和理论研究的基础上，以适合工业化生产、高效、低成本、环保为宗旨，本章进行了制备低价钒氧化物工艺流程的设计，制备了实验所用的脱氧脱水柱，以 V_2O_5 和 NH_4VO_3 为反应起始物质，以氨气和氢气为还原剂，以第 2 章热力学参数的计算结果为依据，结合反应动力学的影响因素，研究高纯度 VO_2 和 V_2O_3 粉体的制备方法，并对所制备的样品进行表征。

4.1 制备低价钒氧化物工艺流程的设计

氨气还原 V_2O_5 法制备低价钒氧化物，从理论分析可知具有易控性等优势，但是实验研究要解决一个实际问题，就是还原气体 NH_3 的使用问题。NH_3 具有还原性，是无色有刺激性气味气体，比空气轻，极易溶于水，易液化。氨的水溶液叫氨水，是可溶性弱碱，有碱的通性。氨气 NH_3 还原 V_2O_5 制备低价氧化钒，反应物为气体和固体，如果反应器中的还原气体 NH_3 从管式反应器的一端进，另一端出，呈流动状态，会及时带走气固反应界面上的反应产物，增加反应物 V_2O_5 与 NH_3 的接触界面与时间，有利于提高反应速率。根据氨气的性质和反应的要求，本书设计了两种工艺流程方案：方案一是用水吸收含 NH_3 反应尾气；方案二是循环使用 NH_3。这两个方案基本适合制备低价氧化钒的要求，当采用不同方法进行实验时，可以根据具体情况进行适当调整。

水吸收反应尾气中的 NH_3 法：NH_3 还原 V_2O_5 制备低价氧化钒在管式炉中进

行，保护气体 N_2 和还原气体 NH_3 经过流量计按一定流量比进入管式炉中，反应尾气 N_2 和 NH_3 以及反应产物气体 H_2O 和 N_2 一起从管式炉流出，进入吸收水中，水吸收氨气形成氨水，氨水溶液再通过解吸脱除氨，其工艺流程示意图见图 4.1。

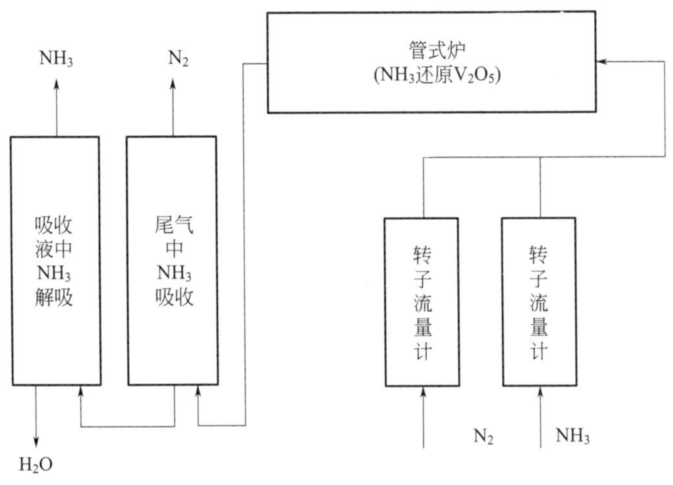

图 4.1 水吸收反应尾气中 NH_3 法制备低价氧化钒的工艺流程

循环使用 NH_3 法：NH_3 还原 V_2O_5 制备低价氧化钒在管式炉中进行，保护气体 N_2 和还原气体 NH_3 经过流量计按一定流量比进入管式炉中，反应尾气 N_2、NH_3 和反应产物气体 H_2O、N_2 从管式炉流出之后，进入脱氧脱水柱脱除反应过程生成的水以及漏入系统中的氧气，而后流至混合气流量计中，根据混合气体流量计的显示值，调节还原气体和保护气体流量计的流量，工艺流程见图 4.2。

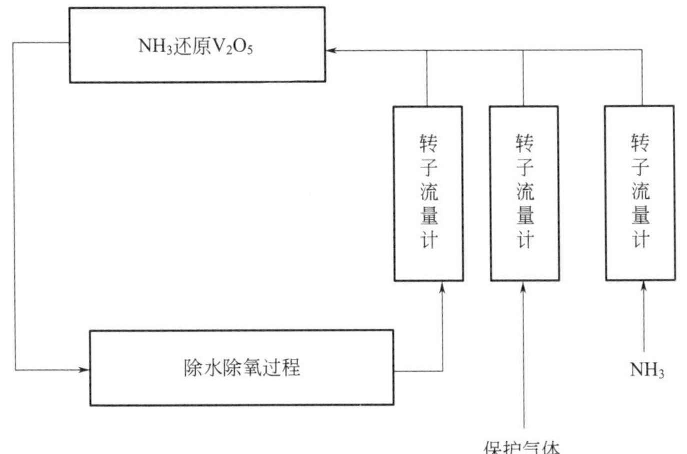

图 4.2 循环使用 NH_3 法制备低价氧化钒的工艺流程

4.2 实验试剂、仪器及测试条件

4.2.1 实验试剂与仪器

本章实验中所用反应试剂与仪器分别如表 4.1 和表 4.2 所示。

表 4.1 实验所用试剂

试剂名称	纯度	生产厂家
五氧化二钒	分析纯(99.0%)	天津市博迪化工有限公司
偏钒酸铵	优级纯(99.0%)	沈阳市兴顺化学试剂厂
硝酸锰	50%硝酸锰溶液	天津市博迪化工有限公司
二氧化硅	工业级 (98.03%～99.30%)	旭硝子特种玻璃(大连)有限公司提供
氢气	普通纯(99.99%)	大连市气体站
氮气	普通纯(99.99%)	大连市气体站
氨气	高级纯(99.999%)	大连保税区科利德化工有限公司

表 4.2 实验与分析仪器

仪器名称	仪器型号	制造厂家
电子天平	HM-200	日本 A&D Campany Limited
电热恒温干燥箱	01-204B9	天津市中环实验电炉有限公司
电热恒温鼓风干燥箱	DHG-9035A	上海一恒科学仪器有限公司
箱式电阻炉	SX_2-2.5-12	上海实验电炉厂
管式炉	SK_2-2.5-13WS 特殊定制	沈阳市工业电炉厂
固体电导率仪	特制	大连理工大学
高压反应釜	250mL,100atm 特制	大连理工大学
傅立叶红外变换光谱仪	FT/IR-460 Plus	日本 JASCO
紫外-可见光谱仪	UV/Vis 8500	上海天美
紫外-可见光谱仪	UV-2450	日本岛津
荧光光谱仪	FP-6300	日本 JASCO

续表

仪器名称	仪器型号	制造厂家
X射线衍射仪	XD-3A	日本岛津
X射线衍射仪	XRD-6000	日本岛津
差示扫描量热仪	DSC 204	德国 Netzsch
热重差热同步分析仪	TGA/SDTA851^e	瑞典 Mettler-Toledo
扫描电子显微镜	JSM-5600LV	日本电子 JEOL
扫描电子显微镜	KYKY2800B	北京中科科仪技术发展公司
透射电子显微镜	Tecnai G20	美国 FEI 公司
X射线电子能谱仪	Kratos Analytical Amicus XPS	美国 Perkin-Elmer 公司

4.2.2 仪器的测试条件

X射线衍射仪测试条件、扫描电子显微镜和透射电镜的测试条件、差示扫描量热仪和热重差热同步分析仪的测试条件分别列于表 4.3、表 4.4 和表 4.5。

表 4.3 X射线衍射仪测试参数与模式

项目	参数名称	型号 XD-3A	型号 XRD-6000
X射线管	靶材	Cu	Cu
	电压/kV	30.0	40.0
	电流/mA	15.0	30.0
狭缝	发散狭缝/(°)	可变	1.00000
	防散射狭缝/(°)	4.20000	1.00000
	接收狭缝/mm	0.30000	0.30000
扫描	驱动轴	θ-2θ	θ-2θ
	扫描范围	5.000～80.000	5.000～80.000
	扫描模式	连续扫描	连续扫描
	扫描速度/(°)·min^{-1}	4.0000	4.0000
	扫描步长/(°)	0.0200	0.0200
	预置时间/s	0.30	0.30
数据	数据总数	3751	3751

表 4.4 扫描电子显微镜和透射电镜的测试条件

仪器(型号)	SEM(JSM-5600LV)	SEM(KYKY2800B)	TEM(Tenai G20)
电子加速电压/kV	20	25	180
放大倍数	500～10000	2000～20000	

表 4.5 差示扫描量热仪和热重差热同步分析仪的测定条件

仪器型号	DSC 204	TGA/SDTA851^{e}
升温速度/$K \cdot min^{-1}$	5	5
样品气氛	N_2	空气
保护气体流速/$mL \cdot min^{-1}$	60	自然对流
测定温度范围/K	300～370	303～903
样品坩埚	Al	陶瓷
参比坩埚	Al(空)	

4.3 脱氧脱水柱的制备与使用范围

采用图 4.2 设计的方案制备低价氧化钒，其中脱氧脱水柱的制备是一个重要的技术环节。本书采用自制的脱氧脱水柱进行脱氧脱水，其原理、制备方法和使用范围如下所述。

4.3.1 脱氧脱水原理

氧化亚锰（MnO）在室温下遇氧气（O_2）就可以被氧化成二氧化锰（MnO_2），利用这种性质可以脱除反应循环气中的氧气。MnO 和 MnO_2 微小颗粒具有较大的表面积，对水汽（H_2O）产生物理吸附和凝聚作用，利用这种性质可以脱除反应循环气中的水汽。其反应方程和吸附关系如式(4.1) 和式(4.2) 所示。

$$2MnO+O_2 = 2MnO_2 \tag{4.1}$$

$$MnO(MnO_2)+nH_2O = MnO(MnO_2) \cdot nH_2O \tag{4.2}$$

4.3.2 脱氧脱水柱制备方法

脱氧脱水柱的制备原料包括二氧化硅（SiO_2）颗粒和硝酸锰［$Mn(NO_3)_2$］

溶液，其中 SiO_2 粒度要求在 60～120 目之间，$Mn(NO_3)_2$ 浓度要求为 50%，该溶液为淡红色透明液体，相对密度 1.54(293.15K)，有毒，加热时 $Mn(NO_3)_2$ 分解，析出二氧化锰，放出氧化氮气体，在 723K 下采用 H_2 将二氧化锰还原成氧化亚锰，反应如式(4.3) 和式(4.4) 所示。

$$2Mn(NO_3)_2 = 2MnO_2 + 2NO_2\uparrow + 2NO\uparrow + O_2\uparrow \tag{4.3}$$

$$MnO_2 + H_2 = MnO + H_2O \tag{4.4}$$

脱氧脱水柱的制备步骤如下：

① 用 0.1mol·L^{-1} HCl 淘洗 SiO_2 颗粒　取质量分数为 36%～38%（摩尔浓度约为 12mol·L^{-1}）8.4mL 浓 HCl，加入 1000mL 去离子水中，配成 0.1mol·L^{-1} HCl，用其淘洗 1000g 60～120 目的 SiO_2 两遍，再以类同的方法配制 500mL 0.1mol·L^{-1} HCl，用其淘洗 SiO_2 第三遍，而后过滤（抽滤），用蒸馏水洗涤 24h。

② 在 423～373K 之间干燥 SiO_2 颗粒　把过滤去除淘洗液的 SiO_2 颗粒放入搪瓷托盘中，将恒温干燥箱的温度调至 453K，并将搪瓷托盘放入烘箱中干燥 5h。

③ 加 $Mn(NO_3)_2$ 溶液于 SiO_2 颗粒中，将干燥的 SiO_2 从烘箱中取出，平均分装于两个搪瓷托盘中，即每个盘中具有 500g SiO_2。量取 425mL 50% $Mn(NO_3)_2$ 溶液加入托盘中，用玻璃搅拌棒搅拌，使 SiO_2 颗粒均匀地被润湿。以同样的方法在另一只托盘中加入 425mL 50% $Mn(NO_3)_2$ 溶液。

④ 在通风橱中加热 $Mn(NO_3)_2$ 溶液与 SiO_2 颗粒的混合物，将盛有 $Mn(NO_3)_2$ 溶液与 SiO_2 颗粒的混合物的托盘放入置于通风橱中的恒温干燥箱中，恒温设定 453K，干燥箱门半开，开始干燥。注意分解放出的氧化氮有毒，干燥 9h 后，$Mn(NO_3)_2$ 溶液分解完毕，SiO_2 颗粒被黑色的 MnO_2 所包覆，变成干燥的黑色颗粒。

⑤ MnO_2/SiO_2 柱的填装　将第④步制备好的黑色颗粒用 60 目和 120 目筛子筛选，取 60～120 目的物料装入石英玻璃管中，填料两端用铁丝网胶合石棉布固定，MnO_2/SiO_2 脱氧脱水柱填装完成。

⑥ MnO/SiO_2 脱氧脱水柱的制备与再生　把 MnO_2/SiO_2 柱放入管式炉中，通 N_2 于 MnO_2/SiO_2 柱中，排除柱中的空气，设定炉温 723K，当温度达到 723K 时，关闭 N_2，恒温通 H_2 于柱中 3h，关闭 H_2，通入高纯 N_2，继续恒温 723K 1h，脱除柱中的残留水分，关闭管式炉，停止通 N_2。关闭 MnO/SiO_2 脱氧脱水柱两端阀门，取出 MnO/SiO_2 脱氧脱水柱，表面包覆 MnO_2 的

黑色颗粒变成了表面包覆 MnO 的绿色颗粒，MnO/SiO_2 脱氧脱水柱制备完毕。经过脱氧脱水使用之后，绿色的 MnO/SiO_2 柱体变成棕黑色的 MnO_2/SiO_2，需要再生处理，方法同上。

4.3.3 脱氧温度与范围

从反应式(4.1) 可知，这个反应的压力商 $Q = p^{\ominus}/p_{O_2}$（标准大气压 $p^{\ominus}$ = 101325Pa），应用本书在第 2 章中计算出的恒压摩尔热容与温度的关系式，通过热力学方法计算出标准状态下反应式(4.1) 的吉布斯自由能，然后计算压力商对吉布斯自由能的影响，推导出脱氧脱水柱脱除氧气的分压范围，见表 4.6。

表 4.6 脱氧反应温度和脱氧分压范围

脱氧温度	标准态反应式(4.1)	脱氧范围(氧气分压)	非标准态反应式(4.1)
T/K	$\Delta_r G^{\ominus}_{m(T)}$/kJ·mol^{-1}	p_{O_2}/Pa	$\Delta_r G_{m(T)}$/kJ·mol^{-1}
298.15	−204.60	$>1.44\times10^{-31}$	−204.60～0
400	−182.37	$>1.55\times10^{-19}$	−182.37～0
500	−160.75	$>1.63\times10^{-12}$	−160.75～0
600	−139.63	$>7.07\times10^{-8}$	−139.63～0
700	−119.15	$>1.30\times10^{-04}$	−119.15～0
800	−99.44	$>3.26\times10^{-2}$	−99.44～0
900	−80.69	>2.10	−80.69～0
1000	−63.16	>50.87	−63.16～0

从表 4.6 中可以看出，在 298.15～1000K 范围内，脱氧反应都能自发进行，不同温度下脱氧柱脱氧的压力范围不一样，并随温度升高反应吉布斯自由能增大，这意味着可以根据脱氧范围的具体要求，设计脱氧柱的控制温度，使其符合脱氧范围方面的技术要求。

4.4 VO_2 粉体的制备与表征

二氧化钒（VO_2）具有 VO_2(R)、VO_2(M)、VO_2(B) 和 VO_2(A)等多

晶结构，它们属于同素异构体。其中B相VO_2是介稳相，随着温度的升高，VO_2从B相向A相、R相转变，这种转变是不可逆的，常压下B相VO_2直接转变成R相VO_2，A相VO_2不出现，只有在特殊压力条件下，才能出现介稳A相。所以实际上VO_2具有3种常见晶相，即B相、R相和M相。B相VO_2具有较高的充放电比容，在锂电池阴极材料方面有很大的应用潜力。M相VO_2属于单斜晶体结构、半导体，对红外光具有高的透过率；R相VO_2属于金红石结构、导体，对红外光具有高的反射率；M相VO_2在68℃发生相变，转变成R相VO_2。这种相变是可逆的，相变同时其光学和电学等性质发生突变，这一性质使其在光学、电学、磁学等许多领域具有应用前景。VO_2在钒的氧化物V_2O_5、VO_2和V_2O_3中，处于中间价态，化学稳定性也处于中间位置，因为VO_2的形成条件与V_2O_3接近，同时钒与氧可以形成V_xO_y任意化学配比的氧化物，所以整比VO_2的合成十分困难，其合成研究一直是热点[1]。液相条件下通常合成B相VO_2，液相合成法直接合成M相VO_2，著者2013年持有国家授权专利[2]，本节介绍固相合成法合成M相VO_2。

4.4.1 NH_3还原V_2O_5法

4.4.1.1 NH_3还原V_2O_5法的理论基础与反应路径

NH_3还原V_2O_5制备VO_2有两种反应途径：一种是无氧气参与的反应如反应式(4.5)和式(4.6)所示；另一种是有氧参与的如反应式(4.7)和式(4.8)所示。为了减少反应控制参数的数量，从而减小反应条件的控制难度，著者选择无氧气参与的反应来制备VO_2。由于反应产物中有N_2，所以选择N_2为保护气体，一方面减少反应过程的控制参数个数，另一方面可以利用保护气体的流量控制各种气体的分压，达到控制反应压力商的目的。为了保护环境、节约原料成本，反应工艺过程采用图4.2中设计的循环使用NH_3法。根据本书第2章中对NH_3还原V_2O_5的热力学参数的计算与研究结果，反应温度选择在833K以下。

$$3V_2O_5+2NH_3 = 6VO_2+N_2\uparrow+3H_2O \tag{4.5}$$

$$6VO_2+2NH_3 = 3V_2O_3+N_2\uparrow+3H_2O \tag{4.6}$$

$$2NH_3+V_2O_5+O_2 = 2VO_2+3H_2O+N_2\uparrow \tag{4.7}$$

$$2NH_3+2VO_2+O_2 = V_2O_3+3H_2O+N_2\uparrow \tag{4.8}$$

4.4.1.2 NH_3 还原 V_2O_5 法制备 VO_2 粉体的实验

称取 800mgV_2O_5 放入瓷舟中，将瓷舟置入管式炉的刚玉炉管中，接通气源，按照升温和通气制度进行升温和通气，完成实验之后，调节加热电压为零，样品在炉内降温，待温度降至 473K 以下，取出样品。实验装置示意图如图 4.3 所示。根据 NH_3 还原 V_2O_5 法制备低价氧化钒的热力学计算结果与理论研究，制定升温和通气制度，见表 4.7。

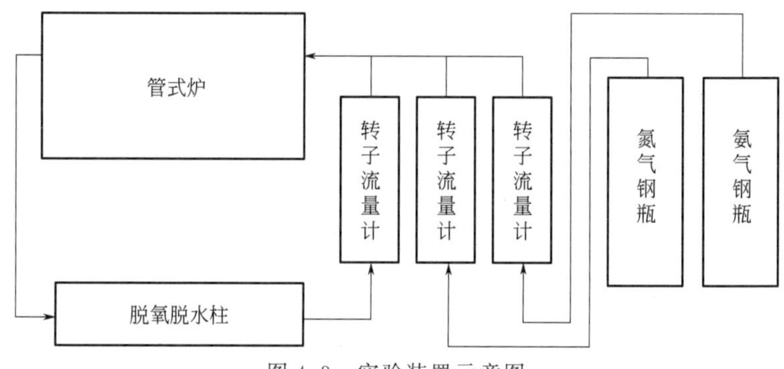

图 4.3 实验装置示意图

表 4.7 升温和通气参数

温度 /K	升温速度 /K·min^{-1}	升、恒、降温时间 /min	氮气流量 /mL·min^{-1}	氨气流量 /mL·min^{-1}
方案一(S1)				
298～473K	10	<20	0	0
473～653K	15	12	0	0
653～703K	5	10	100～150	0
703～703K	0	60	150～200	0～10
703～473K	<0	>60	100～150	0～10
方案二(S2)				
298～473K	10	<20	0	0
473～653K	15	12	0	0
653～753K	10	10	100～150	0
753～753K	0	60	150～200	0～10

续表

温度/K	升温速度/K·min^{-1}	升、恒、降温时间/min	氮气流量/mL·min^{-1}	氨气流量/mL·min^{-1}
753～473K	<0	>60	100～150	0～10
方案三(S3)				
298～473K	10	<20	0	0
473～653K	15	12	0	0
653～773K	12	10	100～150	0
773～773K	0	60	150～200	0～10
773～473K	<0	>60	100～150	0～10
方案四(S4)				
298～473K	10	<20	0	0
473～653K	15	12	0	0
653～803K	15	10	100～150	0
803～803K	0	60	150～200	0～10
803～473K	<0	>60	100～150	0～10
方案五(S5)				
298～473K	10	<20	0	0
473～653K	15	12	0	0
653～773K	1.0	20	100～150	0
773～833K	1.2	50	150～200	0～10
833～473K	<0	>60	100～150	0～10

表 4.7 中分别用 S1、S2、S3、S4、S5 代表五种不同的温度和气体制度方案，按照五种不同的方案制备 VO_2 粉体，对其结果样品做外观肉眼观察，并做 XRD 鉴定，确定最佳合成条件，并对最佳条件下制备出的样品进一步做扫描电镜（SEM）、透射电镜（TEM）、差示扫描量热（DSC）、热重（TG）和 X 射线电子能谱（XPS）表征。

4.4.1.3 NH_3 还原 V_2O_5 法制备 VO_2 的实验结果与讨论

（1）XRD 结果与讨论　实验方案 S1 至 S5 制备出来的样品的 XRD 表征结

果如图4.4所示，其中S2、S3、S4和S5样品的纵坐标分别加1500cps、3000cps、4500cps和6000cps。

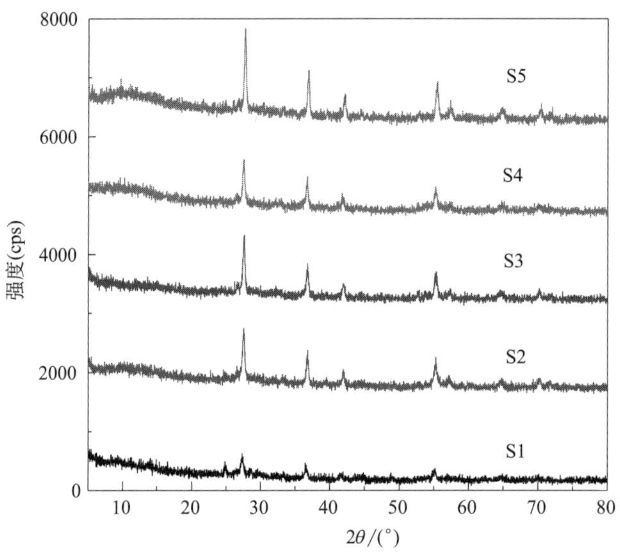

图4.4 NH_3 还原 V_2O_5 法制备的 VO_2 粉体的XRD谱图

从图中可看出，S2、S3、S4、S5均为 VO_2 晶相（JCPDS标准卡，PDF No.43-1051)，其中，方案S1、S2、S3、S4属于雷同温度制度，只是恒温温度不同而已，在雷同方案中S3晶相主要特征峰强度最大，S3恒温温度为773K，所以该温度为 NH_3 还原 V_2O_5 法制备 VO_2 的最佳温度。S1有结晶倾向，结晶不明显。S1恒温温度最低为703K，在该温度下，恒温1h制备 VO_2 只能形成雏晶。由本书在第2章的反应热力学计算结果可知，在700～842K的温度范围内，反应压力商和平衡常数变化范围均不大，为了进一步解释S3方案晶相特征峰显著的原因，著者分别计算出在S1至S4的恒温温度和S5的最高温度（703K、753K、773K、803K、833）下的热力学参数，列于表4.8和表4.9。从计算结果可看出生成单一 VO_2 需要满足的最小压力商在反应S1至S4方案中为 $1.04\times10^{33}\sim7.26\times10^{33}$ 之间，反应平衡常数的自然对数的变化范围为 $\ln K_p=78.32\sim85.94$ 之间。从上述热力学计算结果单方面地考虑无法解释S3方案结晶最佳的原因，所以需要考虑反应动力学方面的因素，在反应动力学中，反应速率常数是一个重要的参数，反应速率常数与反应温度的关系式如Arrhenius经验公式(4.9)和式(4.10)所示[3,4]。

表 4.8　S1 至 S5 反应温度下的热力学参数

温度	$3V_2O_5+2NH_3 = 6VO_2+N_2\uparrow+3H_2O$				$6VO_2+2NH_3 = 3V_2O_3+N_2\uparrow+3H_2O$			
T/K	$\Delta_rS^{\ominus}_{m(T)}$ /J·mol^{-1}·K	$\Delta_rH^{\ominus}_{m(T)}$ /kJ·mol^{-1}	$\Delta_rG^{\ominus}_{m(T)}$ /kJ·mol^{-1}	$\ln K^{\ominus}_p$	$\Delta_rS^{\ominus}_{m(T)}$ /J·mol^{-1}·K	$\Delta_rH^{\ominus}_{m(T)}$ /kJ·mol^{-1}	$\Delta_rG^{\ominus}_{m(T)}$ /kJ·mol^{-1}	$\ln K^{\ominus}_p$
703	230.29	−340.45	−502.38	85.94	490.79	−110.70	−455.80	77.97
753	206.82	−357.55	−513.32	81.98	517.95	−90.91	−481.00	76.82
773	196.50	−365.42	−517.35	80.48	530.04	−81.68	−491.48	76.46
803	179.99	−378.44	−523.00	78.32	549.58	−66.27	−507.67	76.03
833	162.17	−393.02	−528.14	76.25	570.86	−48.86	−524.47	75.72

表 4.9　S1 至 S5 反应的压力商、反应的吉布斯自由能 $\Delta_rG_{m(T)}$ 范围和反应平衡常数

反应温度 T/K	压力商 $Q=\dfrac{p^3_{H_2O}p_{N_2}}{p^2_{NH_3}p^{\ominus 2}}$	生成 VO_2 反应 $\Delta_rG_{m(T)}$/kJ·mol^{-1}	生成 V_2O_3 反应 $\Delta_rG_{m(T)}$/kJ·mol^{-1}
703	$7.26\times10^{33}\sim2.10\times10^{37}$	−46.57～0	0～46.57
753	$2.30\times10^{33}\sim4.00\times10^{35}$	−32.31～0	0～32.31
773	$1.61\times10^{33}\sim8.99\times10^{34}$	−25.87～0	0～25.87
803	$1.04\times10^{33}\sim1.04\times10^{34}$	−15.94～0	0～15.94
833	$7.64\times10^{32}\sim1.30\times10^{33}$	−3.66～0	0～3.66

$$k=A\exp\left(-\frac{E_a}{RT}\right) \tag{4.9}$$

$$\ln\frac{k_2}{k_1}=-\frac{E_a}{R}\left(\frac{1}{T_2}-\frac{1}{T_1}\right) \tag{4.10}$$

式中，k，k_1 和 k_2 分别为反应温度 T，T_1 和 T_2（开氏温度 K）下的反应速率常数；E_a 为反应的活化能；R 为摩尔气体常数；A 为指前因子。从式(4.9)中可知，随着反应温度的升高，反应速率增加，反应方案 S1 反应温度比较低，反应速率小，所以在与其他方案同样的反应时间内结晶度不好；而 S4 反应温度比较高，反应速率比较高，但是从反应热力学计算结果看，反应的吉布斯自由能最大（绝对值最小），所以反应的驱动力最小，再有 S4 反应的平衡常数在 S1 至 S4 方案中最小，所以反应向右进行的程度相对最小，所以也不是最佳方案。而 S3 方案介于其间，既具较大的反应速率，又具有较大的反应驱动力，因此在 S1 至 S4 中最佳。S5 方案与其他方案有所不同，它是在温度不断升高的条件下反应的，在其反应的温度范围内，从热力学数据可知 VO_2 均能生成。众所周知，当温度一定时，反应在吉布斯自由能小于零的驱动下，自发地向生成物方向进

行，随着反应的进行，反应物量的减少，反应的速率会减小。S5 方案反应的温度不断地升高，根据式(4.10) 可知反应速率常数不断增加，可以弥补反应物的量不断减小产生的影响，所以 VO_2 晶相特征峰比恒定在单一温度下的 S1 至 S4 均强。因此用该方法制备 VO_2 的最佳恒温温度范围在 753～803K 之间。变温反应温度控制在 833K 以下。这个实验研究结果与本书在第 2 章中理论计算结果相符合，理论计算研究其反应制备温度必须在 842K 以下。

(2) SEM 和 TEM 结果与讨论　由方案 S5 制备出的 VO_2 粉体样品，做扫描电子显微镜分析，在放大倍数 500、1000、1600、5000、10000、20000 下的显微形貌如图 4.5 至图 4.10 所示。透射电镜照片如图 4.11 所示。从图 4.5 至图 4.10 中可以观察到，在几微米至几十微米的尺度范围内，S5 方案制备的 VO_2 颗粒主要呈斜方体形状；从图 4.11 可知，在几百纳米至微米的量级范围内，所制备的 VO_2 颗粒主要呈现准球形[5]。

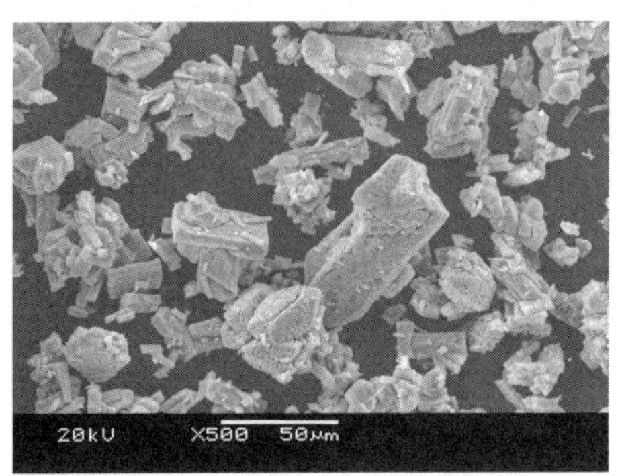

图 4.5　NH_3 还原 V_2O_5 法制备的 VO_2 粉体样品的扫描电镜照片（500 倍）

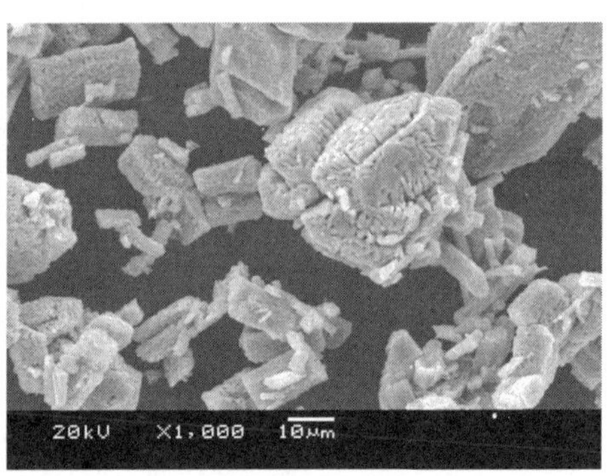

图 4.6　NH_3 还原 V_2O_5 法制备的 VO_2 粉体样品的扫描电镜照片（1000 倍）

图 4.7　NH_3 还原 V_2O_5 法制备的 VO_2 粉体样品的扫描电镜照片（1600 倍）

图 4.8　NH_3 还原 V_2O_5 法制备的 VO_2 粉体样品的扫描电镜照片（5000 倍）

图 4.9 NH_3 还原 V_2O_5 法制备的 VO_2 粉体样品的扫描电镜照片（10000 倍）

图 4.10 NH_3 还原 V_2O_5 法制备的 VO_2 粉体样品的扫描电镜照片（20000 倍）

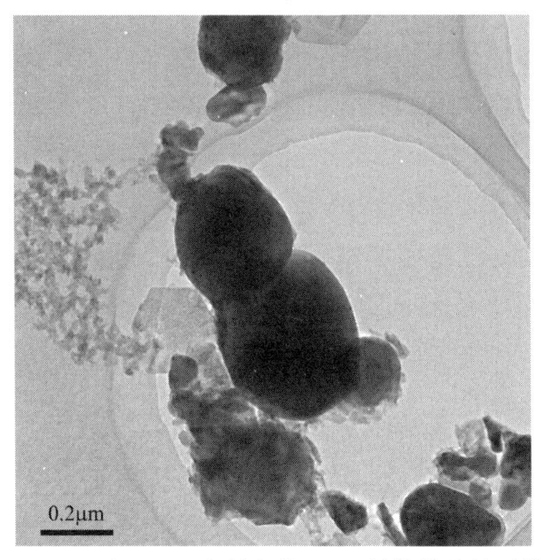

图 4.11 NH_3 还原 V_2O_5 法制备的 VO_2 粉体样品的透射电镜照片

（3）DSC 结果与讨论　对用 S5 方案制备出的样品做差示扫描量热测定，结果见图 4.12 所示。从图中可看出，所制备的二氧化钒（VO_2）有明显的相变，其相变温度为 342.6K，与参考文献中报道的 341K 左右相符。此相变为吸热过程，在 324～364K 之间进行积分求得相变焓为 3.7kJ · mol^{-1}，相变焓的数值落在第 1 章文献［49］所记载的（4.3±0.8）kJ · mol^{-1} 范围之内，因此从相变焓和相变温度两方面证明了本文合成的是热致相变的 VO_2。

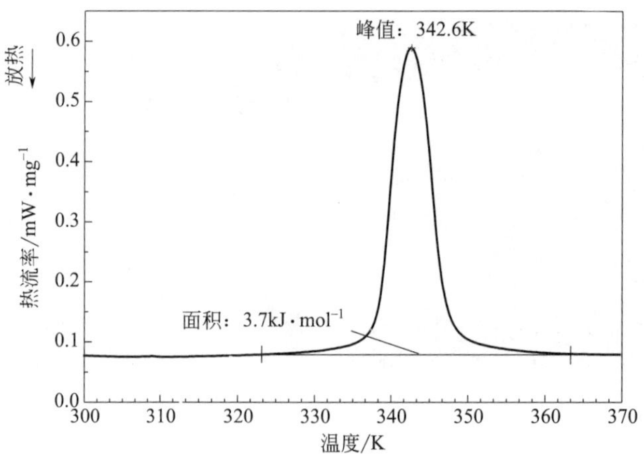

图 4.12　NH_3 还原 V_2O_5 法制备的 VO_2 粉体样品的差示扫描量热曲线

（4）TG 结果与讨论　S5 方案制备出的样品在空气气氛中进行热重（TG）分析测定，蓝黑色的样品（XRD 鉴定其晶相为 VO_2）经过 TG 测定之后，样品颜色变为橘黄色，经 XRD 测试为 V_2O_5 晶相。TG 测定结果曲线如图 4.13 所示，最终样品的 XRD 测定结果如图 4.14 所示（与 PDF No. 65-0131 V_2O_5 吻合）。XRD 测定表明二氧化钒（VO_2）被氧化成了五氧化二钒（V_2O_5），根据图中恒重与增重的温度范围可知，当温度低于 600K 时，样品比较稳定，无增重现象，在 600～860K 温度范围内，样品产生增重现象，这是样品被氧化成 V_2O_5 的结果。为了分析所制备的样品含二氧化钒的含量，著者做了样品纯

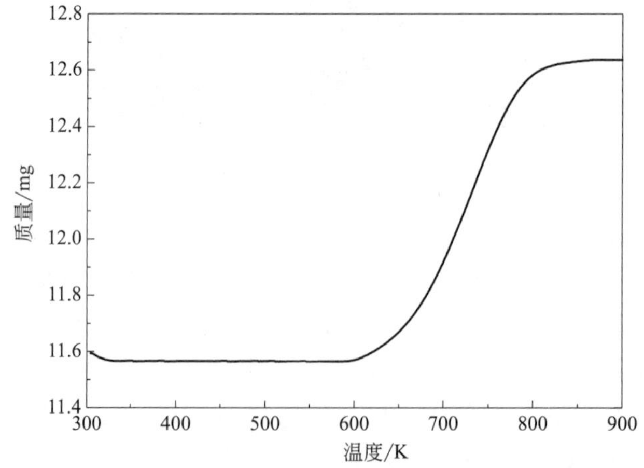

图 4.13　NH_3 还原 V_2O_5 法制备的 VO_2 粉体样品的热重分析曲线

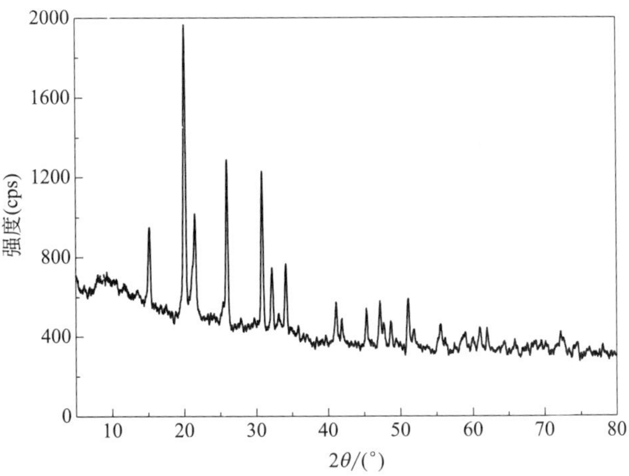

图 4.14　TG 测试结束后样品的 XRD 谱图

度的计算，根据 VO_2 被氧化成 V_2O_5 的化学反应方程式(4.11) 中 VO_2 与 V_2O_5 的化学计量比关系，以 TG 测定样品开始和终止恒重质量为基准，计算出样品中 VO_2 的含量。具体计算结果如表 4.10 所示，从表中的计算结果可知，样品中的 VO_2 含量为 99.6%，热重分析与计算结果表明，本书制备出的 VO_2 的纯度达到了 99% 以上，这个结果是令人满意的。国家标准 YB/T 505.7—2007 中，对 V_2O_5 的测定是基于滴定法测定含钒摩尔总量，然后折算成 V_2O_5 含量，对不同价态的钒氧化物含量还无法测定，为了从钒的价态方面验证 VO_2 含量的计算，下一步将采用 XPS 表征手段对样品中钒的价态做表征。

$$4VO_2+O_2 = 2V_2O_5 \tag{4.11}$$

表 4.10　VO_2 样品的热重 (TG) 测定数据与 VO_2 含量的计算结果

氧化物名称	VO_2(样品)	VO_2(理论)	V_2O_5
摩尔质量/$g \cdot mol^{-1}$	82.49	82.49	181.88
TG 测定起始 恒重过程样品平均质量/mg (333～600K)	11.571	11.527	
TG 测定结束 恒重过程样品的平均质量/mg (860～900K)			12.638
样品中 VO_2 的含量/%	99.6	100	

（5）XPS结果与讨论　S5方案制备出的样品做X射线光电子能谱（XPS）测试，应用一个Mg K_α X射线源，功率为160W（8kV，20mA）。用系统中污染碳作为内标（C-284.6eV），测定结果如图4.15所示。从图中可见，$V2p_{3/2}$的结合能为516.3eV，O_{1s}的结合能为529.7eV。与XPS数据库中的VO_2数据（VO_2中$V2p_{3/2}$的结合能为516.3eV，V_2O_4中O_{1s}的结合能为530eV）相符合，从电子结合能方面证明了本书所制备的是VO_2。从$V2p_{3/2}$峰的对称性与尝试分峰未果的情况可知，本书所合成的VO_2中的钒均处在正四价状态，是化学计量的VO_2。

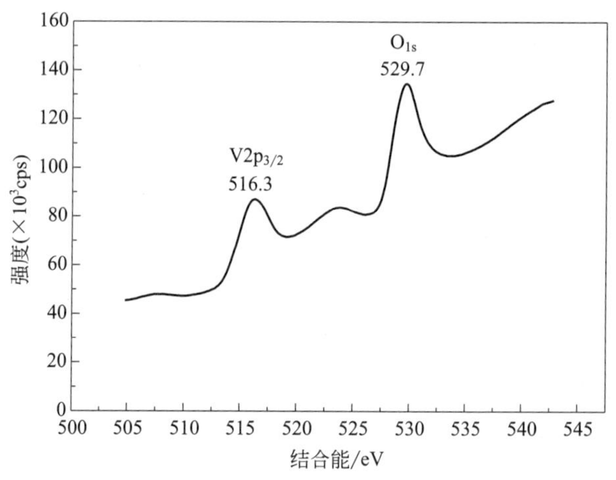

图4.15　NH_3还原V_2O_5法制备的VO_2粉体样品的XPS谱图

4.4.2　热解NH_4VO_3法

4.4.2.1　热解NH_4VO_3法制备VO_2的理论基础

NH_4VO_3加热至473K时开始分解，反应如式(4.12)所示。在有氧和无氧的条件下，氨气（NH_3）还原五氧化二钒（V_2O_5）的反应分别如式(4.5)～式(4.8)所示。

$$2NH_4VO_3 = 2NH_3\uparrow + V_2O_5 + H_2O \qquad (4.12)$$

从反应式(4.12)中可以看出，分解生成的产物NH_3和V_2O_5化学配比为2∶1，这与有氧参加的生成VO_2的反应式(4.7)中的反应物化学配比要求一致，所以从理论上分析可以加热NH_4VO_3使其分解成V_2O_5和NH_3，然后使其产物间产生氧化还原反应，进一步生成VO_2，同时控制反应条件，阻止

V_2O_3 的生成。

4.4.2.2 热解 NH_4VO_3 法制备 VO_2 的反应器设计

(1) 高压釜制备法[6] 这种方法是在反应器内热解 NH_4VO_3，使热解产生的 NH_3 还原热解产生的 V_2O_5，反应器内通入一定量的空气，使空气中的氧气参加到反应中去，反应如式(4.7) 所示，根据通入空气中的氧气的量计算出所需 NH_4VO_3 的量，使其分解产物及通入氧气的量符合生成 VO_2 的化学配比要求。根据第 2 章中热解 NH_4VO_3 法制备低价氧化钒的计算和研究结果，提高反应温度有利于生成 VO_2 的反应，原则上设计反应温度大于 700K，反应容器选用特制的高压釜，可以直接利用封入高压釜中的空气中的氧气，使其参加高压釜内的反应，氧气的量通过室温、大气压和高压釜的自由体积可以计算出来，设反应器内的氧气最终完全反应，然后根据氧气的量计算出所需 NH_4VO_3 的量。最后核算高压釜可能产生的最大压强，推算反应压力商的范围，设计关键是使其与高压釜的压力要求和热力学理论研究出的参数相符合，达到合成 VO_2 的目的。

(2) 管式炉制备法 ①从分解反应式(4.12) 和 NH_3 在无氧条件下还原 V_2O_5 生成 VO_2 反应式(4.5) 出发，分解生成的 NH_3 与 V_2O_5 的化学计量比为 2 比 1，而还原反应式中 NH_3 与 V_2O_5 的化学计量比为 2 比 3，所以分解生成的 NH_3 大于还原 V_2O_5 所需要的量，可以设计用管式炉热解 NH_4VO_3，通入适量的 N_2 保证炉内隔绝空气的同时，通过流动带走多余的 NH_3，并调节压力商至生成 VO_2 所需要的范围内。②设计用双管管式炉热解 NH_4VO_3，炉管串联，通入流动的 N_2 保证炉内隔绝空气的同时，使 N_2 和分解产生的 NH_3 在两个炉管中循环流动，作用是及时带动反应物表面气体，使其不断更新，增加反应速率，保证分解产生的 NH_3 反复被使用。循环气体在两管之间经过流量计，通过观察流量计读数，随时补充泄漏消耗的气体，保证气流的定态流动，合成 VO_2 粉体。

4.4.2.3 高压釜法热解 NH_4VO_3 制备 VO_2 的热力学参数计算

特制的载料高压反应釜的自由容积为 V (0.000196m^3)，设计反应温度为 T(1000K)，室温为 T_1(298.15K)，在室温和大气压下 (1atm) 下将载有反应原始物料 NH_4VO_3 的坩埚放入高压釜中，NH_4VO_3 的反应用量 G(g) 的计算如式(4.13) 所示，反应结束时反应釜内压强用式(4.14) 和式(4.15) 计算，反应压力商用式(4.16) 计算。

$$G=M\times 2\times \frac{p^{\ominus}V}{RT_1}\times 21\%$$
$$=116.9782\times 2\times \frac{101325\times 0.000196}{8.314\times 298.15}\times 21\%$$
$$=0.3885\text{g} \tag{4.13}$$

$$\sum n=\frac{p^{\ominus}V}{RT_1}(5\times 21\%+79\%) \tag{4.14}$$

$$P=\frac{\sum nRT}{V}$$
$$=\frac{p^{\ominus}T}{T_1}(5\times 21\%+79\%)$$
$$=\frac{101325\times 1000}{298.15}(5\times 21\%+79\%)=625316.12\text{Pa} \tag{4.15}$$

$$Q=\frac{p_{H_2O}^3 p_{N_2}}{p_{NH_3}^2 p_{O_2} p^{\ominus}}$$
$$=\frac{(4p_{O_2})^3\times \frac{79}{21}\times p_{O_2}}{(p_{NH_3})^2\times p_{O_2}\times p^{\ominus}}$$
$$=\frac{4^3\times\left(\frac{101325\times 21\%\times 1000}{298.15}\right)^3\times\frac{79}{21}}{0.1^2\times 101325}$$
$$=8.64\times 10^{13} \tag{4.16}$$

式中，V 为反应釜装料后的自由体积，m^3；T_1 为室温，K；M 为 NH_4VO_3 的摩尔质量，$g\cdot mol^{-1}$；R 为气体常数；$p^{\ominus}$ 为标准大气压(101325Pa)；P 为反应终点时反应釜内的总压，Pa；Q 为反应压力商；p_{O_2} 为反应开始时 O_2 的压力，Pa；p_{H_2O}、p_{N_2}、p_{NH_3} 分别为反应结束时 H_2O、N_2 和 NH_3 的压力，Pa，这里设反应结束时，NH_3 的分压为 0.1Pa。从计算结果可知，在 1000K 时反应，釜内压强在 625kPa 数量级上，反应压力商 8.64×10^{13}，第 2 章计算生成 VO_2 的压力商要求范围为 $1.39\times 10^{26}\sim 4.70\times 10^{13}$，可见反应从理论上分析是可行的。

4.4.2.4 热解 NH_4VO_3 法制备 VO_2 的实验

(1) NH_4VO_3 分解环境比较实验　取两个 25mL 的瓷坩埚，分别放入 1g NH_4VO_3 样品（白色），一个盖盖，一个敞口，同时放入箱式电阻炉中，设定炉温为 473K，升温至 473K 后恒温 45min，取出坩埚，观察样品外观性状。

（2）NH_4VO_3 分解温度的比较实验　取一个 25mL 的瓷坩埚，放入 1g NH_4VO_3 样品（白色），敞口，放入箱式电阻炉中，设定炉温为 473K，升温至 473K 后恒温 1h，取出坩埚，观察样品外观性状；以同样的方法再称取三个样，分别设定炉温分别为 573K、673K、773K，恒温 1h 后取出样品；比较不同温度下 NH_4VO_3 分解后的外观性状，并做 XRD 表征。

（3）管式炉制备 VO_2 法一　①采用水吸收 NH_3 法工艺流程，称取 800mg NH_4VO_3，装入瓷舟中，放入特制的双管管式炉的上游刚玉管中，设定炉温为 900K，升温速度控制在 $15K \cdot min^{-1}$，通普通纯氮气 N_2 $195mL \cdot min^{-1}$，炉温升至 900K 时恒温 1.5h，调电压至零，开始降温，待炉温降至 473K，关电源，关气源，取出样品，命名为 T11。②减小 N_2 流量为 $70mL \cdot min^{-1}$，恒温温度提高至 1000K，称取 2 份 800mg NH_4VO_3，放入两个瓷舟中，分别置入双管管式炉的上、下游炉管中，其他条件不变制备出的上下游样品，分别命名为 T12 和 T13。③采用 NH_3 循环使用工艺流程，但不用脱氧脱水柱，即在双管管式炉中（炉管串联），使保护气体 N_2 通过炉管并循环使用，其他条件与②相同，样品命名为 T14 和 T15。观察样品 T11、T12、T13、T14 和 T15 的外观性状，并做 XRD 表征。

（4）管式炉制备 VO_2 法二　流动的 N_2 会带走 NH_4VO_3 分解生成的 NH_3，带走的量大了会造成还原气氛不足，所以可以通入 H_2 补充还原气氛。在与管式炉制备法一①相同的条件下，额外再通入 $7mL \cdot min^{-1}$ 的 H_2，制备出样品 T21。观察样品 T21 外观性状，并做 XRD 表征。

（5）高压釜制备 VO_2 法　称取 388.52mg 的偏钒酸铵（NH_4VO_3），将其放在干净干燥的 25mL 瓷坩埚内，将载料坩埚放入置于室温（298.15K）下的特制的不锈钢高压反应釜中，将高压釜固定在老虎钳子上，在该室温下将高压釜封口螺母逐一拧紧。将高压釜放入特制的电热套中，将测温热电偶放入测温套管中，接通电源，设定温度 773K，开始升温，升温速度 $10K \cdot min^{-1}$ 至 773K 恒温 10min，停止加热，原位自然冷却，冷至室温后，取出样品，命名为 K1，观察样品的外观性状，并做 XRD 表征。

4.4.2.5　热解 NH_4VO_3 实验结果与讨论

（1）分解环境比较实验结果　敞口坩埚内的样品从上到下均为橘红色，盖了盖的坩埚内的样品上表层（接触空气的样品）是橘红色的（V_2O_5 的颜色），接触坩埚底部的下层样品橘红中略微有点发黑（VO_2 或 V_2O_3 的颜色），可以推定底层分解产生的 NH_3 由于坩埚盖的阻挡没能被周围的空气及时带走，对分解产物 V_2O_5 产生了还原作用。实验证明在 473K 时 NH_4VO_3 分解产生的 NH_3 就能够还原分解产生的 V_2O_5。这为利用 NH_4VO_3 分解产生的 NH_3 和 V_2O_5 相互反应制备 VO_2 奠定了实验基础。

(2) NH_4VO_3 分解温度的比较实验结果　NH_4VO_3 在不同温度下的分解产物的颜色均为橘红色，但是从高温到低温颜色逐渐变暗。XRD 表征结果如图 4.16 所示，为了使纵坐标区分开，在 473K、573K、673K 和 773K 下分解产物的 XRD 图的纵坐标分别加 2000cps、4000cps、6000cps 和 8000cps。对照分析纯 V_2O_5(纯度 99%）的试剂样品 XRD 谱图可知不同温度分解的产物均为 V_2O_5，并随着温度的升高，衍射峰强度增加，结晶程度增加。

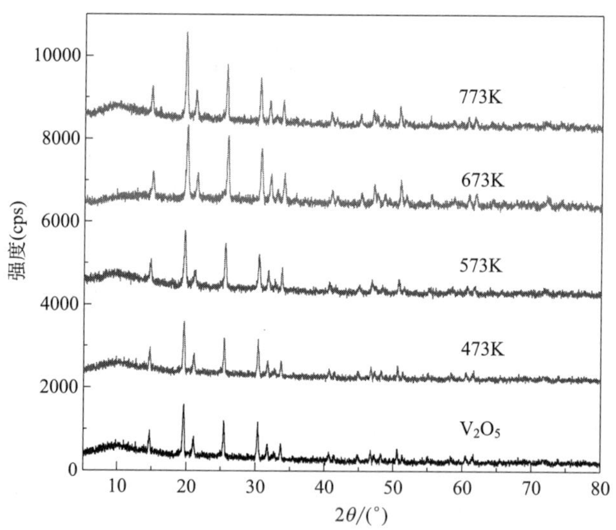

图 4.16　NH_4VO_3 在不同温度下分解产物的 XRD 谱图比较

(3) 管式炉制备 VO_2 法一实验结果

① 用管式炉制备法一制备的样品 T11 的外观颜色为黑色，其 XRD 谱如图 4.17 如示。通过 XRD 数据库（JCPDS 卡）对照生成的产物不是任何一种单一的低价氧化钒。因为流动的 N_2 会带走 NH_4VO_3 分解生成的 NH_3，并且带走的量很难控制，这样造成炉内的各种气体的分压不稳定，不稳定的各种气体的分压使得压力商不稳定，所以难以生成单一组分的低价氧化钒，这里分析是因为 N_2 流量太大了，带走了太多的 NH_3，使还原反应难以进行。

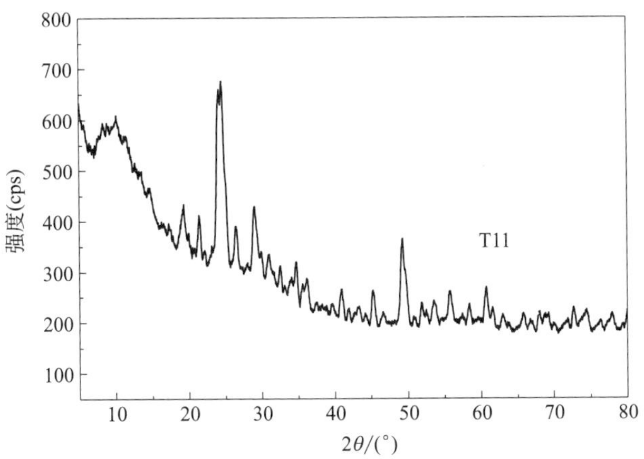

图 4.17 热解 NH_4VO_3 制备的样品 T11 的 XRD 谱图

② 用管式炉制备法一制备的样品 T12 的外观颜色为灰中略带黄的颜色，样品颗粒的尺寸较反应前原料增大，并且样品部分熔化粘在瓷舟上，说明有部分中间产物 V_2O_5 熔化了。样品 T13 为蓝黑色，没有熔化现象。T12 和 T13 的 XRD 谱图分别如图 4.18 和图 4.19 如示。图 4.18 中 T12 和 NH_4VO_3 样品的纵坐标分别加 750cps 和 1000cps。由图 4.18 可知，样品 T12 主要为 V_2O_5 晶体和 NH_4VO_3 晶体的混合物。分析其原因在于流动的 N_2 带走了部分 NH_4VO_3 分解生成的 NH_3，使得分解出的 V_2O_5 无法进一步被还原，由于恒温温度 1000K 大于 V_2O_5 的熔点温度 943K，所以产生熔化现象。部分 V_2O_5 熔化使尚未分解的 NH_4VO_3 团聚结块，阻碍其分解成 V_2O_5，这是 T12 中有 NH_4VO_3 的原因。样品 T13 为二氧化钒（VO_2）（JCPDS 标准卡，PDF No. 43-1051）。T11 和 T13 样品的制备方法的区别在于 N_2 流量不同，恒定温度不同，其他反应条件均相同。其反应结果样品 T13 为二氧化钒（VO_2）晶体，而样品 T11 却为无定形物。分析其原因在于流动的 N_2 会带走部分 NH_4VO_3 分解生成的 NH_3，T13 的制备过程中，氮气 N_2 带走的 NH_3 和上游带给它的量一样，所以保证了反应过程中的 NH_3 用量。这个过程中分解与还原反应方程如式(4.6) 和式(4.7) 所示，其中还原反应为有氧参加的反应，氧气来源于过程中通入的普通氮气中所含的微量氧气。

③ T14 和 T15 的 XRD 结果与 T13 重合，如图 4.19 所示，这是因为循环气流的使用，使得 T14 与 T15 样品的制备条件与 T13 样品完全相同所致。

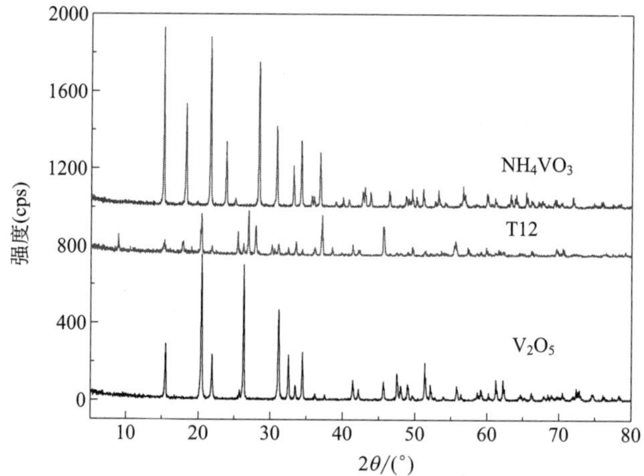

图 4.18　热解 NH_4VO_3 制备的样品 T12 的 XRD 谱图

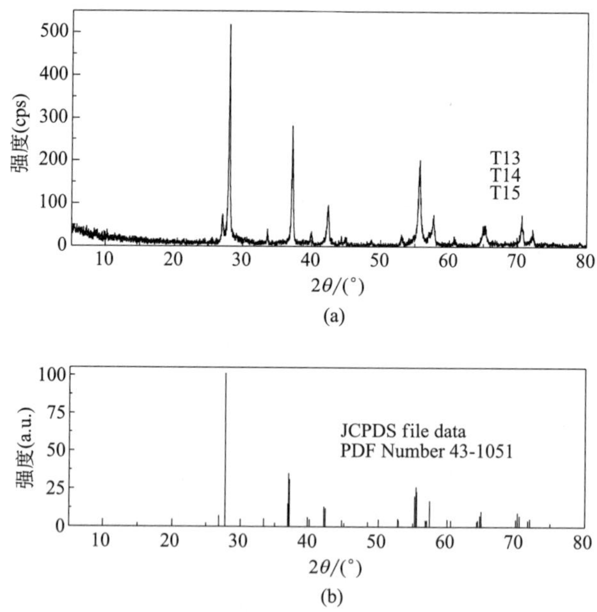

图 4.19　热解 NH_4VO_3 制备的样品 T13 的 XRD 谱图（a）及 JCPDS 卡中 VO_2 数据（PDF Number 43-1051）（b）

（4）管式炉制备 VO_2 法二实验结果　管式炉制备法二制备出的样品 T21 呈灰黑色，其 XRD 谱图如图 4.20 所示。对照 XRD 档案（JCPDS 卡）可知生成的产物是 V_6O_{13}（PDF 27-1318），没能生成 VO_2，说明还原气相对弱一些。

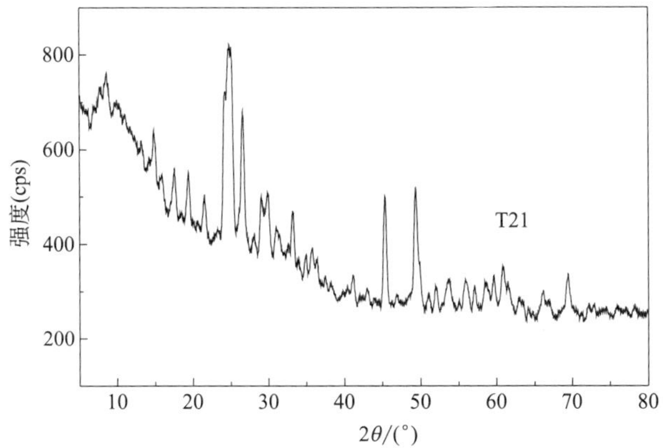

图 4.20　管式炉法二 NH_4VO_3 分解制备的低价氧化钒的 XRD 谱图

（5）高压釜制备 VO_2 法实验结果　高压釜制备样品 K1 的 XRD 表征结果见图 4.21 所示，为了比较，著者将用管式炉法制备出的二氧化钒（VO_2）样品 T13 的 XRD 谱图也绘于图 4.21 中，其中 T13 样品的纵坐标加 230cps，通过图中 K1 与 T13 的比较可知，高压釜法制备的样品 K1 中含有 VO_2 晶体，但是它还含有其他晶体，经与 XRD 档案 JCPDS 卡对照，既不是 V_2O_5 晶体，也不是 NH_4VO_3 晶体。原因分析如下，第一，反应温度为 773K，反应时间短 10min，按理论计算 1000K 为佳，由于加热高压反应釜的电热套的最高温度的限制，反应温度和反应时间均未达到理论要求；第二，偏钒酸铵（NH_4VO_3）分解产生的氨气（NH_3）很难完全反应，会在高压反应釜的自由空间中有所残留，实际反应与理论有距离。第 3 章参考文献［3］将反应温度提高至 1000K，成功合成了 VO_2。

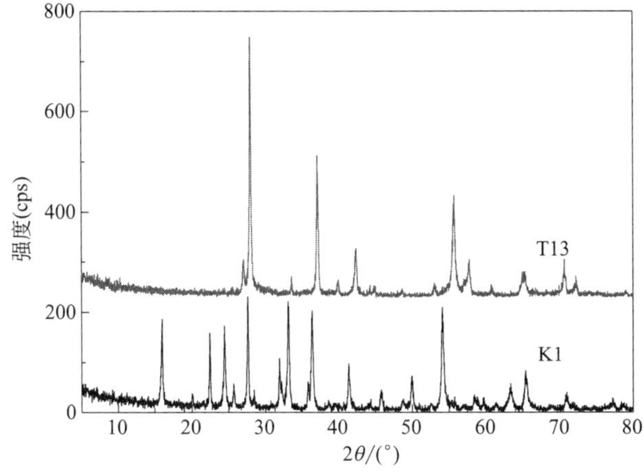

图 4.21　高压釜法热分解 NH_4VO_3 样品 XRD 谱图

在热力学理论计算的基础之上，结合反应动力学影响因素，设计适合工业化的工艺流程，采用 NH_3 还原 V_2O_5 法和 NH_4VO_3 热解法[7]，分别制备出了 VO_2 样品，应用 XRD、DSC、TGA、XPS、SEM、TEM 手段对所制备样品的相结构、相变温度、相变焓、相纯度、钒的价态、晶形、晶貌、晶粒尺寸进行了分析与检测，结果表明：所制备的 VO_2 是纯度大于 99%的微晶粉体，其粒度分布主要在几微米到几十微米之间，在 600K 以下比较稳定，在 600～860K 范围内被氧化成 V_2O_5，具有热致相变性质，相变过程是吸热的，相变温度为 342.6K，相变焓为 3.7kJ・mol^{-1}。这一部分的工作研发了反应时间短、反应条件容易控制、成本低、纯度高、适合工业化的制备高纯 VO_2 微晶粉体的技术与方法。

4.5 V_2O_3 粉体的制备与表征

4.5.1 NH_3 还原 V_2O_5 法

4.5.1.1 NH_3 还原 V_2O_5 法制备 V_2O_3 的理论基础

根据第 2 章的计算结果与分析，采用 NH_3 还原 V_2O_5 的方法，在标准状态下，反应温度为 298.15～1000K 的条件下，生成 VO_2 和生成 V_2O_3 的反应均能自发进行，而且反应平衡常数均较大。制备 VO_2 的关键条件是温度的控制，当温度低于 842K 时，可以通过调节 N_2 和 NH_3 的分压来调整压力商，实现生成 V_2O_3 的反应的吉布斯自由能大于零，生成 VO_2 的反应的吉布斯自由能小于零，使反应生成 VO_2 之后，不能继续反应进一步还原成 V_2O_3，保证产物为单一的 VO_2。当温度大于等于 842K 时，通过调节压力商的方法无法满足产物为单一的 VO_2 的条件，即在温度高于 842K 时，无法控制压力商制备单一化合价的 VO_2。制备 V_2O_3 不受温度的限制，可以适当降低压力商和延长反应时间，使反应产物为单一的 V_2O_3。

4.5.1.2 NH_3 还原 V_2O_5 法制备 V_2O_3 的实验

设计两种反应温度条件，一是在低于 842K 的 773K 下反应，二是在高于 842K 的 903K 反应。在探索实验研究的基础上，选择适当的氮气和氨气流量，与制备 VO_2 的反应比较，应增强还原气氛，以满足生成 VO_2 和生成 V_2O_3 反应的吉布斯自由能均小于零的条件；选择适当的反应时间，反应是分步进行的，首先生成 VO_2，再进一步还原成 V_2O_3，所以在相同反应温度下，反应时间比制备 VO_2 的反应应适当延长[8]。实验参数如表 4.11 所示。

表 4.11　NH_3 还原 V_2O_5 法制备 V_2O_3 的控制参数

温度/K	升温速度/K·min^{-1}	控温时间/min	氮气流速/mL·min^{-1}	氨气流速/mL·min^{-1}
反应温度 773K				
298～773K	20	24	100～150	5～15
773～773K	0	120	100～150	5～15
773～298K	＜0	＞150	100～150	0
反应温度 903K				
298～903K	15	41	100～150	0～10
903～903K	0	60	100～150	0～10
903～298K	＜0	＞150	100～150	0

4.5.1.3　NH_3 还原 V_2O_5 法制备 V_2O_3 样品的表征

（1）XRD 结果　在 903K 和 773K 不同的反应温度下用 NH_3 还原 V_2O_5 法制备的样品的 XRD 衍射谱如图 4.22 和图 4.23 所示。

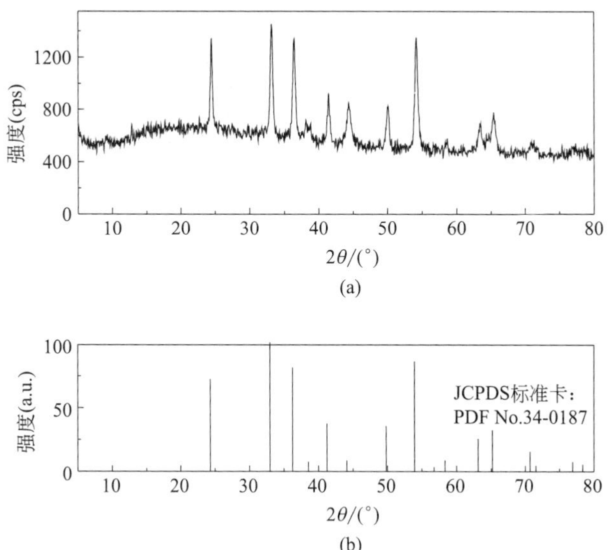

图 4.22　903K 下 NH_3 还原 V_2O_5 法制备样品的 XRD 谱图（a）及 JCPDS 标准卡中 V_2O_3 数据（PDF Number 34-0187）（b）

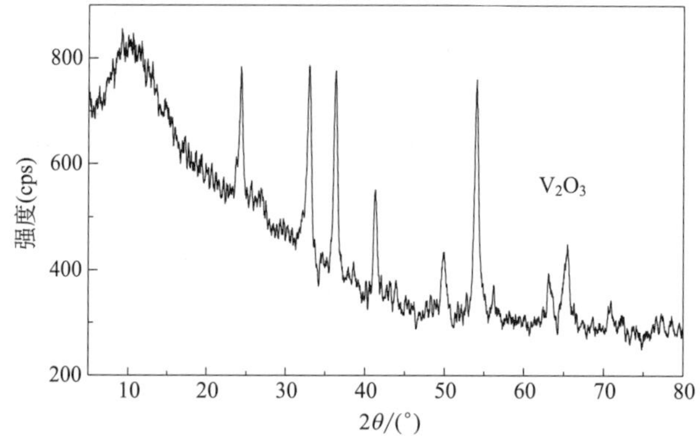

图 4.23　773K 下 NH_3 还原 V_2O_5 法制备的样品的 XRD 谱图

(2) SEM 结果　在 773K 和 903K 不同的反应温度下用 NH_3 还原 V_2O_5 法制备的样品的扫描电镜照片如图 4.24 和图 4.25 所示。

图 4.24　773K 下 NH_3 还原 V_2O_5 法制备的 V_2O_3 样品的扫描电镜照片

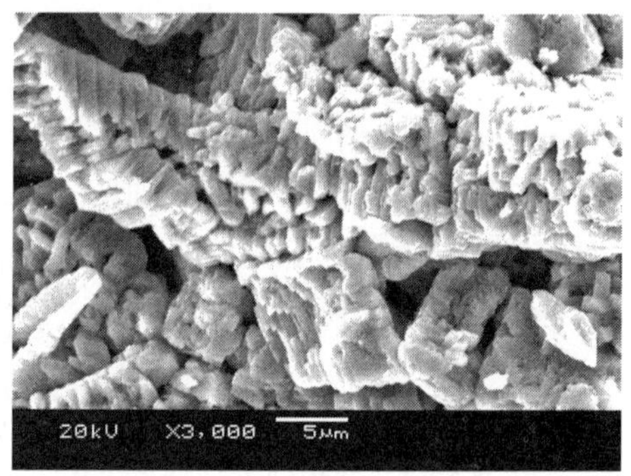

图 4.25　903K 下 NH_3 还原 V_2O_5 法制备的 V_2O_3 样品的扫描电镜照片

(3) TG 结果　在 903K 下用 NH_3 还原 V_2O_5 法制备的 V_2O_3 样品的 TG 曲线如图 4.26 所示。

4.5.1.4　实验结果的分析与讨论

从 XRD 结果可知，在 773K 和 903K 下制备的均为 V_2O_3(JCPDS 标准卡，PDF No. 34-0187)。比较实验方案中的实验参数发现，除了反应温度不同，两个反应方案的反应时间不同，其中，较低温度 773K 下反应的实验恒温时间为 2h，而较高温度 903K 下反应的实验恒温时间只有 1h；另外一个不同就是还原气体的流量略微有所不同，903K 下还原气体 NH_3 的流量略小，为 5mL・

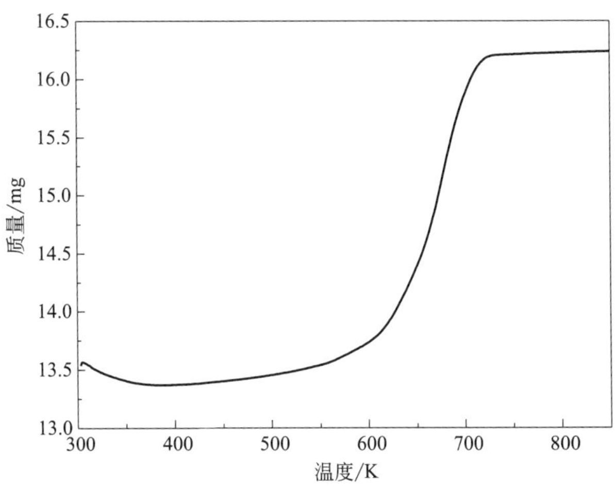

图 4.26 903K 下 NH_3 还原 V_2O_5 法制备的 V_2O_3 样品的热重分析曲线

min^{-1}，而 773K 下 NH_3 流量为 7mL·min^{-1}。再对比 XRD 谱图，903K 下生成的样品结晶更接近标准谱图。由图 4.24 可知 773K 下生成的 V_2O_3 颗粒大，尺寸大多数为几十微米。从图 4.25 可知，在 903K 下生成的 V_2O_3 为堆积的条状，尺寸为几微米到几十微米。从反应时间、反应原料气体消耗方面出发，903K 下更适宜。TG 测定结束后样品由原来的灰黑色 V_2O_3 变成了橘黄色 V_2O_5（XRD 鉴定图谱略）。从图 4.26 可知，样品在 363K 之前，有一个失重过程，这是样品失去水分的过程，说明 V_2O_3 在空气中比较容易吸水，从图还可以看出在 423K 以上，V_2O_3 开始被氧化，573K 以上氧化速度加快，723K 以上基本恒重。国家标准 YB/T 505.7—2007 中，对 V_2O_5 的测定是基于滴定法测定含钒摩尔总量，然后折算成 V_2O_5 含量，对不同价态的钒氧化物含量还无法测定，著者根据 TG 增重情况对样品纯度做了计算。因为 V_2O_3 在空气中会被慢慢氧化成 VO_2，所以设样品中含有 V_2O_3 和 VO_2 两种氧化物，根据 V_2O_3 和 VO_2 被氧化成 V_2O_5 的化学反应方程式(4.17) 和式(4.11) 中各种氧化物之间的化学计量比关系，以 TG 测定样品开始和终止恒重质量为基准，计算出样品中 V_2O_3 和 VO_2 的含量，具体计算结果如表 4.12 所示。由于 V_2O_3 在空气中容易被氧化以及 XPS 测定条件的限制，进一步测定 XPS 没有实际意义。

$$V_2O_3 + O_2 = V_2O_5 \tag{4.17}$$

表 4.12 903K 下用 NH_3 还原 V_2O_5 法制备的 V_2O_3 样品含量的计算

氧化物名称	样品	V_2O_3	VO_2	V_2O_5
摩尔质量/g·mol^{-1}		82.49	82.49	181.88
TG 测定开始阶段恒重过程样品的平均质量/mg (363～423K)	13.373	含 V_2O_3 13.346	含 VO_2 0.027	
TG 测定结束阶段恒重过程样品的平均质量/mg (723～873K)		氧化成 V_2O_5 16.195	氧化成 V_2O_5 0.030	16.225
样品中低价钒氧化物的含量/%		99.8	0.2	

4.5.2 H_2 还原 NH_4VO_3 法

（1）H_2 还原 NH_4VO_3 法制备 V_2O_3 的理论基础　从反应热力学方面出发，H_2 还原 V_2O_5 制备 V_2O_3 是可行的，但是需要延长反应时间，确保没有中间产物 VO_2 残留；从反应动力学的角度考虑，反应时间受控于反应速率，提高反应温度可以提高反应速率，从而缩短反应时间。然而提高反应温度受 V_2O_5 熔点的限制，高于 943K，V_2O_5 会熔化、结块、阻止还原气体与固体颗粒的充分接触，使还原反应无法进行完全。所以这部分研究选择 NH_4VO_3 为原料，反应过程首先分解成 V_2O_5 和 NH_3，用 H_2 及时还原分解出来的 V_2O_5，避免 V_2O_5 熔化。其中，NH_4VO_3 的分解温度是一个重要参数，偏钒酸铵及钒氧化物的物理性质见表 4.13 所示。

表 4.13 钒氧化物及其铵盐的物理性质

化合物名称	分子式	分子量	密度/g·cm^{-3}	熔点(分解温度)/K
偏钒酸铵	NH_4VO_3	116.98	2.326	473
五氧化二钒	V_2O_5	181.88	3.35	943
二氧化钒	VO_2	82.94	4.34	2240
三氧化二钒	V_2O_3	149.88	4.87	2213
一氧化钒	VO	66.94	5.76	2063

（2）H_2 还原 NH_4VO_3 法制备 V_2O_3 的实验　在理论分析与研究的基础上，设计较快的升温速度，目的在于使 NH_4VO_3 分解与 V_2O_5 的还原同步进行，避免 V_2O_5 熔化的现象发生。为了比较 H_2 还原 NH_4VO_3 法与 H_2 直接还原 V_2O_5 法的区别，本实验设计了两种方法进行平行实验的方案，用水吸收

氨气，其装置如图 4.27 所示。具体实验方法：称取 258mg 的 V_2O_5 和 500mg 的 NH_4VO_3，分别装入两个瓷舟中，上游炉管中放载 V_2O_5 的瓷舟，下游炉管中放载 NH_4VO_3 的瓷舟，升温通气制度按照表 4.14 进行。

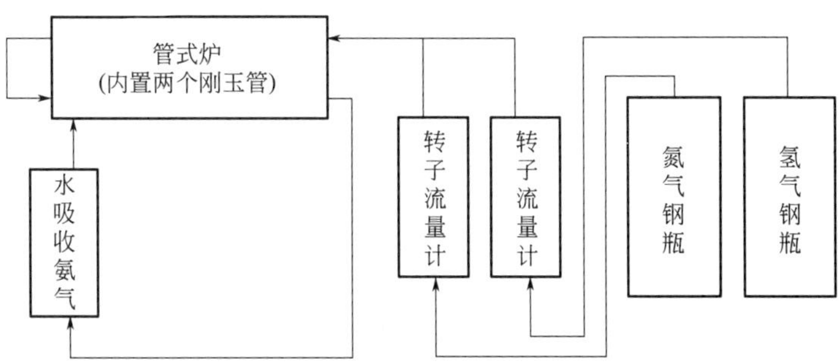

图 4.27 H_2 还原 NH_4VO_3 法制备 V_2O_3 的实验装置

表 4.14 H_2 还原 NH_4VO_3 法制备 V_2O_3 升温通气制度

温度 /K	升温速度 /K·min^{-1}	控温时间 /min	氮气流速 /mL·min^{-1}	氢气流速 /mL·min^{-1}
298～1003	26	30	195	50
1003～1003	0	60	195	50
1003～373	<0	>120	195	50

(3) H_2 还原 NH_4VO_3 法制备 V_2O_3 样品的表征　实验结束后，取出样品，NH_4VO_3 原料样变成黑色粉末，V_2O_5 原料样变成灰黑色粘在瓷舟上。取出样品分别做 XRD 和 SEM 表征，XRD 谱图如图 4.28 和图 4.29 所示，SEM 显微照片如图 4.30 所示。

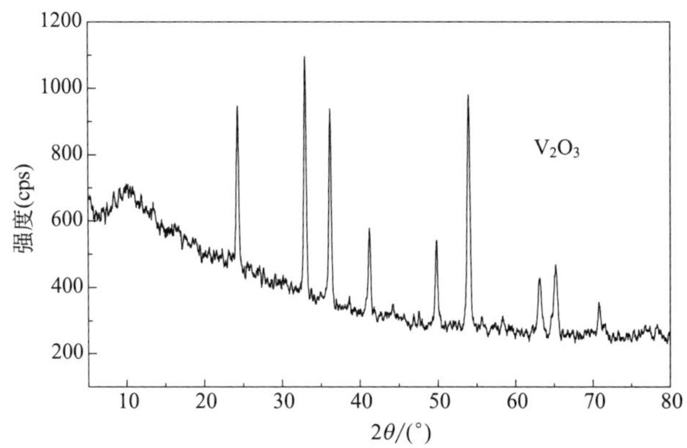

图 4.28 H_2 还原 NH_4VO_3 法制备 V_2O_3 的 XRD 谱图

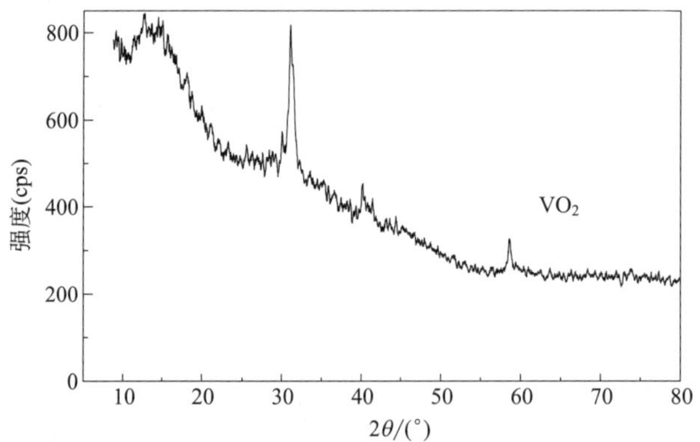

图 4.29 H_2 还原 V_2O_5 法制备的样品的 XRD 谱图

图 4.30 H_2 还原 NH_4VO_3 法制备 V_2O_3 的扫描电镜照片

(4) H_2 还原 NH_4VO_3 法制备 V_2O_3 实验结果讨论 根据图 4.28 中 XRD 数据对比数据库结果，得出 H_2 还原 NH_4VO_3 法制备的样品为 V_2O_3(JCPDS 卡，PDF No. 34-0187)。样品的外观形态和 XRD 谱图结果均说明，以较快的升温速度 $26K \cdot min^{-1}$，能够达到控制 NH_4VO_3 分解与 V_2O_5 的还原同时进行的目的，从而使得反应温度超过 V_2O_5 的熔点温度 943K，但没有产生熔化黏结的现象，既提高了反应速率，又保证了反应温度和清洁反应的要求。由图 4.29 对照数据库可知，H_2 还原 V_2O_5 法制备的样品为结晶不完全的 VO_2 (JCPDS 卡，PDF No. 43-1051)，说明 H_2 直接还原 V_2O_5 法，没有达到最终生成 V_2O_3 的目的，原因主要是 V_2O_5 结块或熔化，阻止其与还原气体 H_2 进一步接触，因此生成物是结晶不完全的 VO_2。从图 4.30 可以看出，H_2 还原 NH_4VO_3 法制备的样品 V_2O_3 为片状，分层，尺寸在几微米至几十微米之间，从显微图片还可能看出在结晶片上有小孔存在，推定为 NH_4VO_3 分解时，NH_3 逸出时留下的印迹。

制备 V_2O_3 的实验研究，是在热力学理论计算和制备 VO_2 粉体技术的基础之上进行的，实验表明，采用 NH_3 还原 V_2O_5 法和 H_2 还原 NH_4VO_3 法均能制备出 V_2O_3 微晶粉体，热重分析表明，样品纯度大于99%，V_2O_3 样品热稳定性较差，高于423K时开始出现被氧化现象，高于573K时被氧化速度加快，在573～723K范围内被迅速氧化成 V_2O_5。进行 NH_3 还原 V_2O_5 法实验时，采用了两个温度，即高于和低于842K（这个温度是制备 VO_2 的临界控制温度），结果表明两种温度下均能制备出 V_2O_3，说明这个温度对 V_2O_3 生成不构成控制，这与理论研究是一致的。

4.6 VO_2 粉体光学与电学性质的测试

4.6.1 红外光透射率的测定

将本书制备的 VO_2 与KBr晶体以1比1的比例在玛瑙研钵中进行混磨，压片，测定室温298K时的红外光透射率，然后将样品升温至353K，原位测定其红外光透射率，对升温前后的红外光透射率进行比较，并做图4.31。从图中可看出在波长大于1520nm（波数小于6568cm^{-1}）的范围内，VO_2 粉末

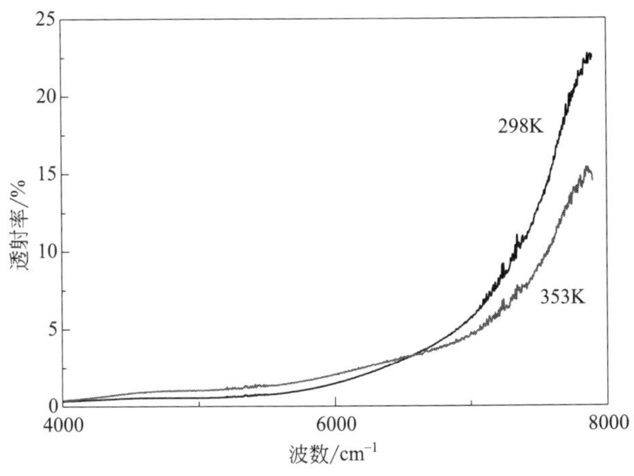

图4.31 VO_2 粉体的红外光透射率

样品在 298K 时的透射率小于 353K 时的透射率，在波长小于 1520nm（波数大于 6568cm^{-1}）的范围内，粉末样品 298K 时的透射率大于 353K 时的透射率，所以由于温度变化 VO_2 粉末对红外光的反射作用表现在近红外区，这个结果佐证了 VO_2 粉末相变的存在。

4.6.2 电导率的测定

（1）粉体电阻的测定装置　粉体的电导率由特制的固体电导率仪测定，固体电导率仪实际上是一部固体电阻测定装置，先测定样品的电阻，然后计算出其电导率，装置示意图见图 4.32。

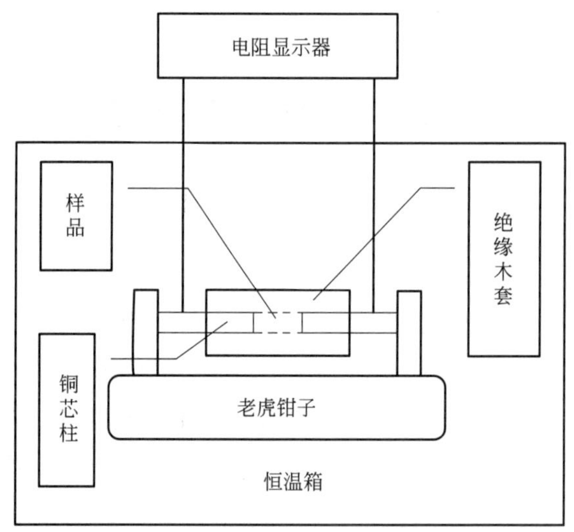

图 4.32　粉体电阻的测定装置示意图

（2）粉体电导率的计算方法　电导率由电阻率计算出，计算公式如式(4.18)和式(4.19) 所示：

$$\rho=\frac{SR}{L} \tag{4.18}$$

$$\sigma=\frac{1}{\rho} \tag{4.19}$$

式中，ρ 为电阻率 $\Omega\cdot m$；S 为样品的横截面积，m^2；R 为电阻，Ω；L 为样品的长度，m；σ 为电导率，$S\cdot m^{-1}$。

（3）电导率的测定方法与结果　取一定量的 VO_2 粉体，使绝缘木套一端插入铜芯柱，从另一端装入 VO_2 粉体，再将另一支铜芯柱插入绝缘木套中后，将其固定在老虎钳子上夹紧，将老虎钳子连同样品一起放入恒温箱中，接好连接外置电阻显示器的导线，开始测量电阻。恒温时间为 5min，开始恒温时读取一个电阻值，5min 时读取一个电阻值，取其平均值为恒定温度下的电阻值，按式(4.18) 和式(4.19) 计算出电导率，其测定与计算结果如表 4.15 所示。测量完成后，测量铜芯柱两端的距离，减去未装 VO_2 粉体时铜芯柱两端的距离，即为样品的长度（L）。将在固定温度下测定的电阻取平均值，而后再按照本节中叙述的方法计算出 VO_2 粉体的电导率，电导率随温度的变化规律如图 4.33 所示。为了比较本书制备的 VO_2 粉体、V_2O_3 粉体与原料 V_2O_5 在电导率方面的区别，著者用同样的方法对 V_2O_3 和 V_2O_5 粉体的电导率做了测定，其测定结果如表 4.16、表 4.17 和图 4.34、图 4.35 所示。

表 4.15　VO_2 粉体的电阻随温度变化的测定结果

测定条件	铜芯柱直径/mm		3.30	
	样品长度 L/mm		2.90	
温度	升温过程		降温过程	
T/K	电阻 R/Ω	电导率 σ/S·m^{-1}	电阻 R/Ω	电导率 σ/S·m^{-1}
288	516.53	0.61	472.61	0.72
293	515.055	0.61	469.88	0.72
298	413.85	0.82	360.23	0.94
303	309.35	1.10	254.13	1.34
308	238.96	1.42	128.48	2.64
313	175.32	1.94	62.20	5.45
318	134.91	2.51	38.24	8.87
323	116.26	2.92	33.79	10.04
328	80.37	4.22	29.41	11.54
333	41.65	8.15	25.95	13.07
338	27.50	12.34	22.62	15.00
343	20.47	16.57	19.71	17.21
348	17.98	18.86	17.99	18.86
353	16.99	19.96	16.99	19.96
358	16.85	20.13	16.85	20.13

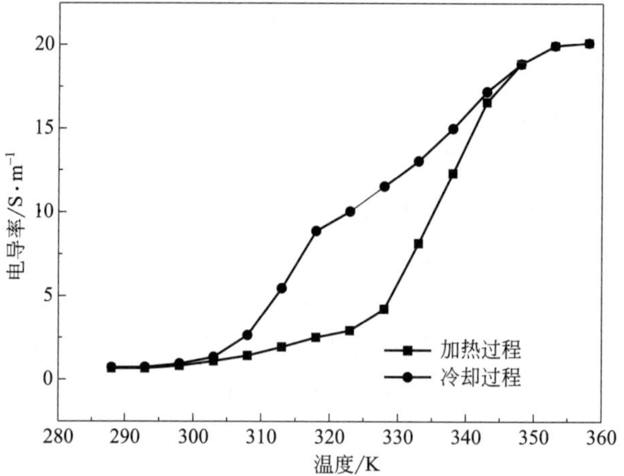

图 4.33 VO_2 粉体的电导率随温度的变化规律

表 4.16 V_2O_3 粉体的电阻随温度变化的测定结果

测定条件	铜芯柱直径/mm		3.30	
	样品长度 L/mm		2.04	
温度	升温过程		降温过程	
T/K	电阻 R/Ω	电导率 σ/S·m^{-1}	电阻 R/Ω	电导率 σ/S·m^{-1}
288	0.309	772.28	0.290	822.88
293	0.309	772.28	0.290	822.88
298	0.307	777.31	0.288	828.59
303	0.307	777.31	0.288	828.59
308	0.307	777.31	0.286	834.39
313	0.302	790.18	0.286	834.39
318	0.290	822.88	0.284	840.26
323	0.289	825.72	0.284	840.26
328	0.289	825.72	0.284	840.26
333	0.287	831.48	0.284	840.26
338	0.285	837.31	0.281	849.23
343	0.285	837.31	0.282	846.22
348	0.283	843.23	0.280	852.26
353	0.280	852.26	0.281	849.23
358	0.280	852.26	0.280	852.26

表 4.17　V_2O_5 粉体的电阻随温度变化的测定结果

测定条件	铜芯柱直径/mm		3.30	
	样品长度 L/mm		3.56	
温度	升温过程		降温过程	
T/K	电阻 R/Ω	电导率 $\sigma/S\cdot m^{-1}$	电阻 R/Ω	电导率 $\sigma/S\cdot m^{-1}$
288	51840	0.0080	20325	0.0205
293	51840	0.0080	20325	0.0205
298	51840	0.0080	20325	0.0205
303	48700	0.0086	20325	0.0205
308	46700	0.0089	20325	0.0205
313	43600	0.0096	20325	0.0205
318	41250	0.0101	20000	0.0208
323	38200	0.0109	19816	0.0210
328	35500	0.0117	19700	0.0211
333	32700	0.0127	19531	0.0213
338	30500	0.0137	19500	0.0214
343	27400	0.0152	19500	0.0214
348	24900	0.0167	19500	0.0214
353	22400	0.0186	19500	0.0214
358	19400	0.0215	19400	0.0215

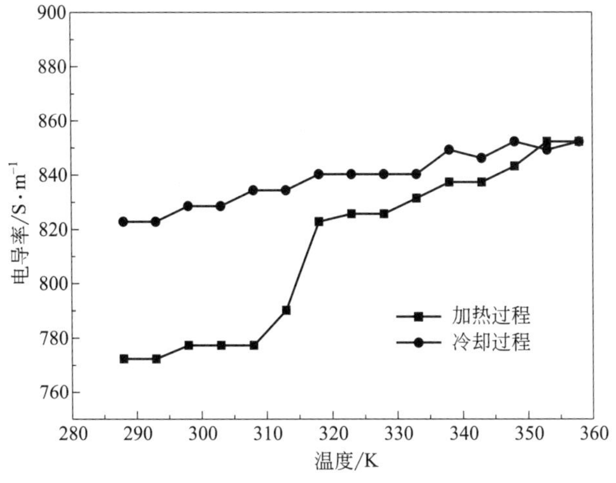

图 4.34　V_2O_3 粉体的电导率随温度的变化规律

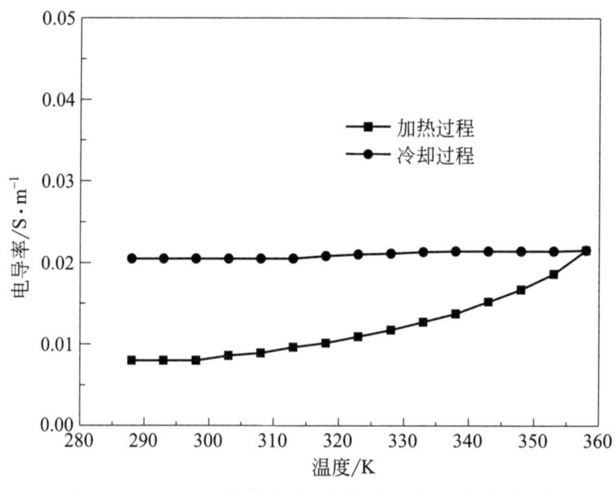

图 4.35 V_2O_5 粉体的电导率随温度的变化规律

(4) 电导率测定结果的讨论　通常用电导率的大小来区分导体、半导体和绝缘体。不同的资料上报道的电导率范围有些差别，表 4.18 列出了三个参考文献中的具体数据[9~11]。图 4.33 表明，VO_2 的电导率随温度的升高而升高，并在 328～348K 之间增加速度比较快，佐证了 VO_2 在 69℃左右有相变的特性。在降温过程中，VO_2 的电导率随温度的降低而降低，但是明显存在变化滞后的现象，形成磁滞回线形曲线。在升温过程中，VO_2 的电导率从 0.61S·m^{-1} 增加至 20.13S·m^{-1}，变化范围没有超越半导体电导率范围，这是因为我们测定的是 VO_2 粉体，其颗粒之间存在空间位置产生的电阻，无法达到 VO_2 晶体材料的电导率范围。图 4.34 表明，V_2O_3 粉体的电导率值在半导体范畴，但是它的电导率比 VO_2 升温之后的电导率还大，说明 V_2O_3 比 VO_2 导电性强，其电导率随温度的增加而增加，并且在 308～318K 之间有个突变过程，降温过程这种变化不存在。著者尚未见到关于 V_2O_3 粉体在 283～363K 范围内电导率数据的报道。温廷琏等用标准直流四探针法测定了 V_2O_3 在 100～150K 之间的电阻率为 10^4～10^5Ω·cm（即电导率在 10^{-2}～10^{-3}S·m^{-1} 范围），在 150～260K 之间电阻率保持在 20Ω·cm（即电导率为 5S·m^{-1}）量级，与本书测定的温度条件比较，其测定温度均在零下（摄氏度）范围，电导率测定值也比较低，但是其电导率值都落在半导体范畴。图 4.35 表明，V_2O_5 的电导率值分布在半导体范围内，证明 V_2O_5 是半导体材料。在升温过程中，V_2O_5 的电导率随温度的升高略有升高，变化很微小，降温过程中，电导率的值几乎不变，所以 V_2O_5 粉体的电导率随温度的变化很小并且不可逆。

表 4.18 材料类型与电导率范围

性质	电导率/S·m^{-1}		
材料	导体	绝缘体	半导体
参考文献[9]	$>10^6$	$<10^{-6}$(或 10^{-8})	$10^{-6}\sim10^5$
参考文献[10]	$10^7\sim10^8$	$10^{-13}\sim10^{-8}$	$10^{-8}\sim10^7$
参考文献[11]	$10^4\sim10^8$	$10^{-20}\sim10^{-8}$	$10^{-8}\sim10^4$

红外光谱和电导率的测试结果表明本书所制备的 VO_2 粉体在高于相变温度时对近红外光的反射率增加，电导率升高。

4.7 低价钒氧化物粉体制备中存在的问题

本章在第 2 章热力学理论研究的基础上，设计了适合工业化生产的制备 VO_2 和 V_2O_3 粉体的工艺流程，设计并成功地制备了 MnO/MnO_2 脱水脱氧柱，在实验中有效地应用了自制的脱水脱氧柱。根据反应热力学参数，结合反应动力学影响因素，采用 NH_3 还原 V_2O_5 法、热解 NH_4VO_3 法、H_2 还原 NH_4VO_3 制备了 VO_2 和 V_2O_3 粉体，应用 XRD、DSC、TG、XPS、SEM、TEM 手段对制备的样品的相结构、相变温度、相变焓、相纯度、钒的价态、晶形、晶貌、晶粒尺寸进行了分析与检测。结果表明：本研究成功地制备出了纯度大于 99%的 VO_2 和 V_2O_3 微晶粉体，粒度分布在几微米到几十微米之间；VO_2 在 600K 以下比较稳定，在 600～860K 范围内被氧化成 V_2O_5，V_2O_3 样品稳定性较差，高于 423K 时开始出现被氧化现象，高于 573K 时被氧化速度加快，在 573～723K 范围内被迅速氧化成 V_2O_5；VO_2 具有热致相变性质，相变过程是吸热的，相变温度为 342.6K，相变焓为 3.7kJ·mol^{-1}。采用红外光谱仪 FT/IR 和特制的电导率仪对所制备样品的光学与电学性质进行了测定，测定结果佐证了 VO_2 样品相变的存在。

自 1959 年 Morin 首次发现二氧化钒（VO_2）的相变特性以来，有关二氧化钒的研究一直是科学界和高科技应用领域关注的热点[12]。钒可以和氧结合形成以 V_xO_y 形式存在的多种氧化物和不同晶相，其中 M 相 VO_2 是一种热致相变材料，当温度低于 68℃时，为单斜结构的半导体 M 相；温度高于 68℃

时，为四方金红石结构的金属 R 相。伴随着相变的发生，它的光学和电学等许多性质都发生突变，包括使红外光由透射向反射的转变。因为太阳光的热量主要来源于红外光，所以利用这种相变性质制备保温隔热材料，实现对汽车、建筑物、航天器等室内温度的自动化调节，从而达到对太阳能的智能化控制与合理利用的目的是很有潜力的。这种相变性质还使 VO_2 在光电转换材料、光存储、激光保护、视窗太阳能控制等许多方面展现出了广泛的应用前景。

钒的常见氧化物主要包括 V_2O_5、VO_2、V_2O_3，其中 V_2O_5 最稳定，是工业化生产的商品化药剂，V_2O_3 最不稳定，在空气中会被慢慢氧化，VO_2 的稳定性介于两者之间，由于 VO_2 和 V_2O_3 形成的化学热力学条件相近，所以纯 VO_2 的合成比较困难，成为这方面研究者关注的焦点问题。VO_2 的合成研究分为膜体和粉体两种，几种典型的制膜技术包括 sol-gel 法、合金靶反应溅射、双靶反应共溅射、离子注入和液相沉积法等，这些方法均存在设备昂贵、工艺参数难控制等缺点。人们开始重视对 VO_2 超细粉体的制备，粉体的优势不仅在于可用来制备各种结构类型的膜从而控制膜性能，还可用于制备高分子复合材料和陶瓷材料等[13]。在 VO_2 粉体的合成研究中，主要分固相反应法和液相反应法，采用固相反应法可直接合成具备相变特性的 M 相 VO_2，但粒度通常是微米级的[14]，微米级 M 相 VO_2 必须经过后续研磨或其他处理之后才能变成纳米级[15]。液相反应法可直接合成纳米级 VO_2[16]，但是多数都是 B 相 VO_2，VO_2(B) 是介稳相，经过热处理或其他后续特殊处理之后才能转变成 VO_2(M)。关于液相法合成 M 相 VO_2 的报道比较少[17,18]，而且对其合成原料、路径与方法、合成热力学与动力学分析、合成纯度控制、粒度控制、形貌控制、相变温度控制、相变性能控制、相变机理尚无研究报道。这就意味着目前合成纳米 M 相 VO_2 纯相仍然是一项艰巨的任务，M 相 VO_2 微观形貌和晶相结构及相纯度等的可控化还有待于进一步研究。

与其他相变材料相比，M 相 VO_2 的相变温度最接近室温，在研究制备纯 M 相 VO_2 的同时，还要研究如何在保留其相变特性的同时，降低它的相变温度至室温。改变相变温度的主要方法是通过离子掺杂，掺杂 M 相 VO_2 粉体的研究主要是通过湿化学法，制备含掺杂剂的钒盐，然后热处理使钒盐分解，得到掺杂粉体[19]。掺杂不但改变了 VO_2 的相变温度，同时对相变过程中的其他性能也产生了影响，使 VO_2 相变前后的光学和电学开关性能变差。2007 年 Moore 等在 Science 杂志上报道[20]，M 相 VO_2 相变开始时，在半导体 M 相中出现尺寸大小不均一的金属 R 相混凝纳米级区域，呈孤岛状。随着温度的升高，金属混凝区逐渐扩大，渐渐变成金属连通相，整个相变过程在扫描近红外显微镜下被清晰观测记录下来。辅助光谱测试与计算发现金属相混凝纳米区域起源于晶格缺陷或杂质周围，所以晶体结构在 VO_2 的相变过程中起着至关重要的作用。

相变分为一级相变和二级相变：一级相变是指两相的化学势相等，两相化学势的一级偏微商不相等，相变时有体积变化和热量吸收或放出；二级相变是指两相的化学势及其一级偏微商均相等，但两相化学势的二级偏微商不相等，相变时体积没变化，也没有热量吸收或放出，但膨胀系数、压缩系数和热容发生变化。M/R 相 VO_2 的相变属于一级相变。强关联材料的一级相变可分为 Mott 型相变和 Peierls 型相变[21]，Mott 型是电子关联主宰的相变，不伴随结构的变化，Peierls 型是能带效应主宰的相变，伴随结构的变化，M/R 相 VO_2 的相变属于哪一种，一直处于争论中。最新研究表明，M/R 相 VO_2 相变的诱导原因，除了热致外，还有电场诱导、光诱导、电子辐射、外应力诱导等[22～25]。

总之，在纳米 M 相 VO_2 材料的研究中，存在合成过程复杂不易控制、纯度低、粒度不均匀、相变温度等性质调控性差等问题，其原因是相结构、相变机理、相变参数的变化规律和直接控制因素尚不清楚，从而使 VO_2(M) 的纳米结构缺乏可控性，相变性能缺乏可预测性。VO_2(M) 的微/纳观结构、形貌和尺寸直接影响它的相变性能[26]，而晶体生长的化学环境与条件对其结构的形成至关重要，所以 VO_2 的合成方法、路径、工艺条件和化学环境是它结构的决定因素[27]。许多研究表明，M 相 VO_2 的微/纳观结构与它的相变性能有直接的关系[28]，纳米级的比微米级的相变开关性能优越。在纳米晶/微晶材料的液相合成中，模板法、水热法、溶剂热法、流变相反应法等化学合成法起着重要的作用[29]。流变相源于流变学，流变学是研究物质流动和形变的科学。流变相是指具有流变学性质的一种存在状态，在化学上具有复杂结构或组成，在力学上显示固体和液体之间的性质，或者是既含有固体的微粒，又包含液体的物质，可以流动或缓慢流动，且宏观均匀的一种复杂体系。

参考文献

[1]　齐济，宁桂玲，刘俊龙，等. 二氧化钒粉体研究的新进展 [J]. 化工进展，2010，29

(8)：1513-1516.

[2] 齐济，牛晨. 一种液相法直接合成 M 相二氧化钒纳米颗粒的方法：中国，ZL201210074969.4 [P]. 2013-11-06.

[3] 戴遐明. 粉体的固相合成 [M]. //卢寿慈. 粉体技术手册. 北京：化学工业出版社，2004：18-35.

[4] 傅献彩，沈文霞，姚天扬，等. 物理化学（下册）[M]. 5 版. 北京：高等教育出版社，2006：191-201.

[5] Qi J，Ning G，Lin Y. Synthesis，characterization，and thermodynamic parameters of vanadium dioxide [J]. Material Research Bulletin，2008，43：2300-2307.

[6] Qi J，Ning G，Hua R，et al. A facile synthesizing method of vanadium dioxide by pyrolyzing ammonium metavanadate [J]. Materials Science Poland，2012，30（2）：151-157.

[7] Qi J，Niu C，Xu Y，et al. Comparison between Vanadium Dioxides Produced by Ammonium Metavanadate and Vanadium Pentoxide [J]. Advanced Materials Research，2011，306-307：234-237.

[8] Qi J，Ning G，Zhao Y. Synthesis and characterization of V_2O_3 microcrystal particles controlled by thermodynamic parameters [J]. Materials Science P，2010，28（2）：535-543.

[9] 季振国. 半导体物理 [M]. 杭州：浙江大学出版社，2005.

[10] 冯文修，刘玉荣，陈蒲生. 半导体物理学基础教程 [M]. 北京：国防工业出版社，2005.

[11] 蒲利春，张雪峰，江俊辉，等. 大学应用物理 [M]. 北京：科学出版社，2004.

[12] Guiton B S，Gu Q，Prieto A L，et al. Single-crystalline vanadium dioxide nanowires with rectangular cross Sections [J]. Journal of the American Chemical Society，2005，127（2）：498-499.

[13] Shi J，Zhou S，You B，et al. Preparation and thermochromic property of tungsten-doped vanadium dioxide particles [J]. Solar Energy Materials and Solar Cells，2007，91：1856-1862.

[14] Qi J，Ning G，Lin Y. Synthesis，characterization，and thermodynamic parameters of vanadium dioxide [J]. Materials Research Bulletin，2008，43：2300-2307.

[15] 宁桂玲，齐济，番文，等. 一种制备高纯二氧化钒微粒的方法：中国，ZL200510200814.0 [P]. 2008-04-30.

[16] Chen W，Mai L，Qi Y，et al. One-dimensional nanomaterials of vanadium and molybdenum oxides [J]. Journal of Physics and Chemistry of Solids，2006，67：896-902.

[17] Son J H，Wei J，Cobden D，et al. Hydrothermal synthesis of monoclinic VO_2 micro-

and nanocrystals in one step and their use in fabricating inverse opals [J]. Chemistry of Materials, 2010, 22, 3043-3050.

[18] Wu C, Zhang X, Dai J, et al. Direct hydrothermal synthesis of monoclinic VO_2 (M) single-domain nanorods on large scale displaying magnetocaloric effect [J]. Journal of materials chemistry, 2011. 21, 4509-4517.

[19] Peng Z, Jiang W, Liu H. Synthesis and electrical properties of tungsten-doped vanadium dioxide nanopowders by thermolysis [J]. Journal of Physical Chemistry C, 2007, 111: 1119-1122.

[20] Qazilbash M M, Brehm M, Chae B G, et al. Mott transition in VO_2 revealed by infrared spectroscopy and nano-imaging [J]. Science, 2007, 318 (5857): 1750-1753.

[21] Moore R G, Zhang J, Nascimento V B, et al. A surface-tailored, purely electronic, mott metal-to-insulator transition [J]. Science, 2007, 318 (5850): 615-619.

[22] Lee J S, Ortolani M, Kouba J, et al. Electric-pulse-induced local conducting area and joule heating effect in VO_2/Al_2O_3 films [J]. Infrared Physics and Technology, 2008, 51 (5): 443-445.

[23] Nakajima M, Takubo N, Hiroi Z, et al. Photoinduced metallic state in VO_2 proved by the terahertz pump-probe spectroscopy [J]. Applied Physics Letters, 2008, 92 (1): Art. No. 011907.

[24] Cheng Y, Wong T L, Ho K M, et al. The structure and growth mechanism of VO_2 nanowires [J]. Journal of Crystal Growth, 2009, 311 (6): 1571-1575.

[25] Fan W, Huang S, Cao J, et al. Superelastic metal-insulator phase transition in single-crystal VO_2 nanobeams [J]. Physical Review B, 2009, 80 (24): Art. No. 241105.

[26] Wu J, Gu Q, Guiton B S, et al. Strain-Induced self organization of metal-Insulator domains in single-crystalline VO_2 nanobeams [J]. Nano Letters, 2006, 6 (10): 2313-2317.

[27] Li G, Chao K, Peng H, et al. Low-valent vanadium oxide nanostructures with controlled crystal structures and morphologies [J]. Inorganic Chemistry, 2007, 46 (14): 5787-5790.

[28] Wu C, Feng F, Feng J, et al. Ultrafast Solid-State Transformation Pathway from New-Phased Goethite VOOH to Paramontroseite VO_2 to Rutile VO_2 (R) [J]. Journal of Physical Chemistry C, 2011, 115 (3): 791-799.

[29] Mai L, Guo W, Hu B, et al. Fabrication and properties of VO_x-based nanorods [J]. Journal of Physical Chemistry C, 2008, 112 (2): 423-429.

5 二氧化钒粉体的液相法制备与表征

全社会对生存环境和不可再生资源匮乏愈加重视，VO_2 作为相变温度最接近室温的过渡金属氧化物，由于其相变前后所特有的电学、光学、磁学等性质的变化，使其在众多领域具有广泛的应用前景[1~17]。况且随着纳米材料的兴起，为我们解决 VO_2 在实际应用中所面临的问题提供了新的思路。对于纳米 VO_2 合成领域的研究，我国在 20 世纪 80 年代后期才开始进行比较系统的研制开发。近年来，我国对 VO_2 纳米粉体的研究取得了突破性的进展。但是由于起步较晚，我国在该领域与世界先进水平还是有一定的差距。我国对于具有相变性能的 M 相 VO_2 纳米粉体的研究，还存在一些挑战。

首先，纳米 VO_2(M) 合成方法尚不成熟。VO_2 粉体的合成主要分固相反应法和液相反应法，液相反应法可直接合成纳米级 VO_2，但通常是 VO_2(B)，经过热处理或其他后续特殊处理才能转变成 VO_2(M)。固相反应法可直接合成 VO_2(M)，但粒度通常是微米级的，必须经过后续研磨或其他处理才能变成纳米级。也就是说目前要合成纳米 VO_2(M) 一般需要前后两道工艺，并且有一道是高温热处理工艺，因此造成纳米 VO_2(M) 纳观形貌、晶相结构及相纯度的控制因素较多，导致合成过程的可控性降低。因此，如何在液相条件下，采用简单易行的方法制备出具有相变性能的 VO_2(M) 纳米粉体是我们要解决的问题之一。其次，在国内外液相法直接合成 VO_2(M) 的研究中，[18~25]，钒源、还原剂、反应步骤以及辅助用剂各有不同，合成过程比较烦琐，合成机理和控制因素尚不明确。因此，在可行的合成技术上进一步研究合成机理及反应参数对产物纳米颗粒、形貌和性能的影响，是我们要解决的问题之二。再次，要使 VO_2(M) 实现更广泛的应用，降低其相变温度是一个亟待解决的问题。掺杂是一个有效的办法，但可能导致其性能的突变率降低，这不利于我们的实际应用。因此，如何制备出相变温度降低并且性能良好的

VO_2(M) 纳米粉体，是我们要解决的问题之三。

为了解决上述首要问题，著者负责的课题组在多年连续实验研究的基础上，在液相条件下设计出一种新的合成 VO_2(M) 纳米粉体的方法，已获得国家授权专利，这种方法简单易行，省时节能。

5.1 液相法合成 VO_2（M）纳米粉体工艺流程

经过大量多次实验反复，摸索出液相法合成 VO_2(M) 的一种方法，已获得国家授权专利，合成实验流程如图 5.1 所示。

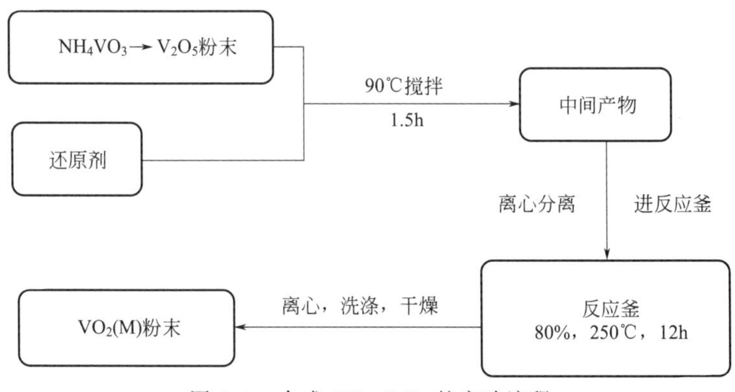

图 5.1　合成 VO_2(M) 的实验流程

5.1.1 V_2O_5 粉末的合成

将适量的偏钒酸铵成品粉末研磨后倒入陶瓷坩埚中，将坩埚放在可控温的高温马弗炉中，500℃恒温加热 2h，待试样完全冷却后，将制得的产物用玛瑙研钵研磨均匀，装袋干燥保存，即得到纯的橘黄色 V_2O_5 粉体。

5.1.2 VO_2（M）纳米粉体的合成

称取一定量制备好的 V_2O_5 粉末，放入盛有 80mL 去离子水的烧杯中，在恒温磁力搅拌器上 90℃，搅拌均匀。再称取一定量的还原剂，于 10mL 去离子水中充分溶解。用胶头滴管将制备好的盐酸肼溶液缓慢滴加到混合均匀的 V_2O_5 悬浮液中。将烧杯口用保鲜膜封好后，在 90℃下恒温搅拌反应 1.5h。

待反应结束后，将冷却后的反应液体转入 50mL 离心管中，在高速离心机中设定 $10000r \cdot min^{-1}$，离心 15min。倒出上清液，得到的淡粉色沉淀物为反应的中间体。将中间体转入 100mL 反应釜中，调节填充率 80%，反应温度 250℃，反应时间 12h。将反应产物离心分离，并用乙醇和去离子水分别洗涤 3 次后，在 60℃的恒温干燥箱中，干燥 12h，即得到蓝黑色 VO_2(M) 纳米粉体。

5.2 液相法合成 VO_2（M）实验试剂与仪器

液相法合成 VO_2(M) 所用实验试剂如表 5.1 所示，合成以及产物表征所用仪器如表 5.2 所示。

表 5.1 实验试剂

名称	分子式	分子量	纯度	厂家
偏钒酸铵	NH_4VO_3	116.98	分析纯 AR	沈阳市华东试剂厂
钨酸	H_2WO_4	249.86	优级纯 GR	阿拉丁试剂(上海)有限公司
钼酸	H_2MoO_4	162	分析纯 AR	上海源叶生物科技有限公司
无水乙醇	CH_3CH_2OH	46.07	分析纯 AR	沈阳市华东试剂厂
正丙醇	$CH_3CH_2CH_2OH$	60.10	分析纯 AR	沈阳新兴试剂厂
正丁醇	$CH_3(CH_2)_2CH_2OH$	74.12	分析纯 AR	丹东市江城化工厂
十六烷基三甲基溴化铵(CTAB)	$C_{16}H_{33}(CH_3)_3NBr$	364.47	分析纯 AR	沈阳新兴试剂厂
十二烷基苯磺酸钠(SDBS)	$C_{18}H_{29}NaO_3S$	348.48	分析纯 AR	天津市科密欧化学试剂有限公司

表 5.2 实验与表征仪器

名称	型号	厂家
电子分析天平	AL204	梅特勒-托利多仪器(上海)有限公司
超声波扫频清洗机	SB-4200TDS	宁波新芝生物股份有限公司
集热式恒温加热磁力搅拌器	DF-101S	巩义市予华仪器有限责任公司
台式高速离心机	CT14D	上海天美生化仪器工程有限公司
电热恒温鼓风干燥箱	DHG-9140A 型	上海一恒科技有限公司
电热恒温鼓风干燥箱	DHG-9073BS-Ⅲ	上海新苗医疗器械制造有限公司

续表

名称	型号	厂家
真空冷冻干燥机	LGJ-10FD	宁波新艺超声设备有限公司
箱式电阻炉	HMF1600-20	上海皓越仪器设备有限公司
高压反应釜	100mL,20atm 特制	大连通达反应釜厂
手动气体采样器	YD-100	上海豫东电子科技有限公司
氮氧化物检测管	174A	日本光明理化学工业株式会社
X 射线衍射仪	XRD-6000	日本岛津公司
扫描电子显微镜	JSM-5600LV	日本电子株式会社(JEOL)
差示扫描量热分析	DSC-60A	日本岛津公司
透射电子显微镜	JEM-2100	日本电子株式会社(JEOL)
傅里叶红外光谱仪	Equinox 55	德国布鲁克公司(BRUKER)
紫外-可见分光光度计	UV-5500 PC	上海元析仪器有限公司
X 射线光电子能谱仪	Thermo ESCALAB 250Xi	美国 Thermo Scientific 公司

5.3 VO_2(M)合成过程测试手段

液相法合成 VO_2(M) 过程测试与产物表征，采用仪器包括：紫外-可见分光光度计，X 射线衍射（XRD）仪，扫描电子显微镜（SEM），差示扫描量热（DSC）仪，透射电子显微镜（TEM），变温傅里叶红外光谱分析（FTIR）仪，X 射线光电子能谱（XPS）仪。

（1）紫外-可见分光光度计　采用紫外-可见（UV-Vis）分光光度计，对实验过程中的上清液进行全波长扫描，得到其紫外吸收光谱，扫描范围为 190～950nm。

（2）X 射线衍射（XRD）仪　采用 X 射线衍射仪测定产物晶相结构，测试条件如表 5.3 所示。

表 5.3　X 射线衍射仪测定该晶相结构的测试条件

项目名称	参数名称	XRD-6000
X 射线管	靶材	Cu
	电压/kV	40.0
	电流/mA	30.0

续表

项目名称	参数名称	XRD-6000
狭缝	发散狭缝/(°)	1.00000
	防散射狭缝/(°)	1.00000
	接收狭缝/mm	0.30000
扫描	驱动轴	θ-2θ
	扫描范围/(°)	5.000～80.000
	扫描模式	连续
	扫描速度/(°)·min^{-1}	4.0000
	扫描步长/(°)	0.0200
	预制时间/s	0.15
数据	数据总数	3751

(3) 扫描电子显微镜（SEM）　利用扫描电子显微镜测定样品的显微形貌，操作电压为5kV；放大倍数为500～20000倍。

(4) 差示扫描量热（DSC）仪　采用差示扫描量热仪（日本岛津，DSC-60A）测定相变温度和相变焓，氮气保护，具体测试条件如表5.4所示。

表5.4　差示扫描量热仪测定样品的测试条件

参数名称	参数大小
升温速率/℃·min^{-1}	5.0
保护气氛	N_2
保护气体流速/mL·min^{-1}	30
测定温度范围/℃	25～100
样品坩埚	Al
参比坩埚	Al(空)

(5) 透射电子显微镜（TEM）　利用透射电子显微镜测定样品的微观形貌，并通过选区电子衍射测定样品的晶格面间距，操作电压为200kV。

(6) 变温傅里叶红外光谱分析（FTIR）仪　利用配有MCT探测器的波谱测定仪，对样品进行原位漫反射变温傅里叶红外光谱的测定，操作分辨率为$4cm^{-1}$。

(7) X射线光电子能谱（XPS）仪　利用X射线光电子能谱仪测定样品的X射线光电子能谱，测试条件如表5.5所示。

表 5.5 X 射线光电子能谱仪测定样品的测试条件

项目名称	参数大小
激发源	单色化 AlK 1486.6eV,15kV,10.8mA
本底压强/Pa	1×10^{-8}
工作压强/Pa	7×10^{-8}
能量分辨	通能为 20eV 时,FWHM($Ag3d_{5/2}$)=0.65eV(金属标准样)
样品处理:片状样品用超高真空专用导电胶带固定在样品托上,在仪器快速进样室和样品制备室中分别逐级抽空后进入分析室测量	

5.4 VO_2(M)合成过程测试与表征结果

5.4.1 热分解 NH_4VO_3 制备 V_2O_5

分析纯 NH_4VO_3 作为常见的钒酸盐类，为白色结晶性粉末，将其装入坩埚，放入控温马弗炉中，恒温 500℃加热 2h，发生热分解反应，反应完全后生成橘黄色的 V_2O_5 粉末，并同时放出 NH_3。分析该反应过程为式(5.1)：

$$2NH_4VO_3 \longrightarrow V_2O_5 + 2NH_3\uparrow + H_2O\uparrow \tag{5.1}$$

这也是工业上常用的制备 V_2O_5 的简单有效的方法，随着反应时间和温度的不同，生成的 V_2O_5 固体粉末的颜色深浅略有变化。图 5.2 为 NH_4VO_3 热

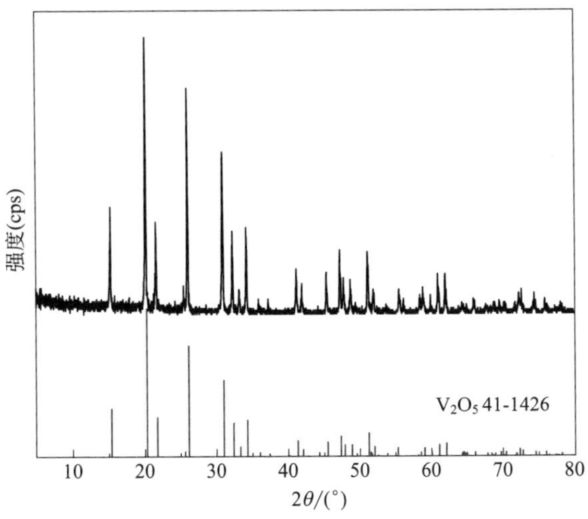

图 5.2 热分解 NH_4VO_3 制得 V_2O_5 样品的 XRD 谱图

分解制得的 V_2O_5 样品的 XRD 图谱。对照标准谱图，可以看出偏钒酸铵热分解后制得产物的衍射峰的位置均与 V_2O_5（space group：P_{mmn}，$a=11.516Å$，$b=3.5656Å$，$c=4.3727Å$，JCPDS Card：41-1426）相一致；并且没有观察到其他杂峰存在，因此可以证明在 500℃ 热分解 2h 可制得纯的 V_2O_5 固体粉末。

NH_4VO_3 热分解制得 V_2O_5 微观形貌如图 5.3 所示，从图 5.3(a) 可以看出制得的 V_2O_5 颗粒呈近似椭圆的不规则形状，从图 5.3(b) 可以看出 V_2O_5 晶体粒度大小为 20～50nm，部分颗粒由于纳米粉体的界面尺寸效应团聚在一起。V_2O_5 已经列入毒性化学品，直接购买程序比较烦琐，采用 NH_4VO_3 热分解方法定量制得 V_2O_5 方便安全，粒度为纳米级，对实验合成 VO_2 很适用。

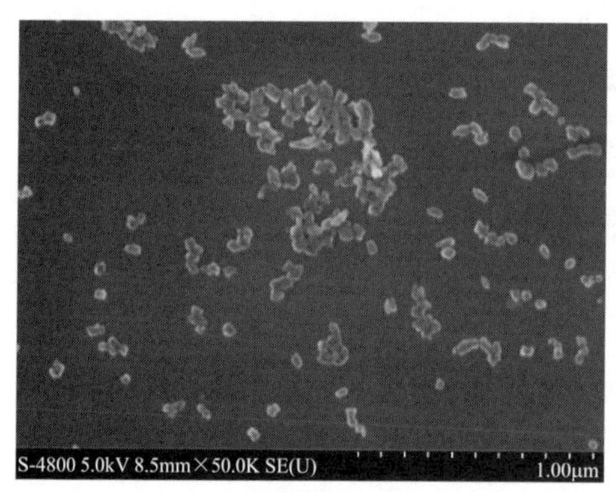

(a) 50000倍　　(b) 90000倍

图 5.3　热分解 NH_4VO_3 制得的 V_2O_5 粉末的 SEM 照片

5.4.2　液相法合成纳米 VO_2（M）

以 5.4.1 制得的 V_2O_5 粉末为原料，采用图 5.1 的实验合成流程，成功地合成出了纯的具有相变性能的 VO_2(M) 粉体，并对该产物进行了以下表征。

（1）XRD 晶相分析　图 5.4 是在液相条件下，成功合成出的 VO_2(M) 纳米粉体的 XRD 图。根据与标准图库的比对，可以看出，水热条件下生成产物的衍射峰，其峰位置和各个峰之间的相对强度，均与 VO_2(M)（$P2_1/c$，$a=5.7517Å$，$b=4.5378Å$，$c=5.3825Å$，$\beta=122.64°$，$Z=4$，JCPDS Card：43-

1051）相一致；并且没有观察到其他杂峰，可以推断该方法成功合成出了纯的具有相变性能的 VO_2(M) 粉体颗粒。

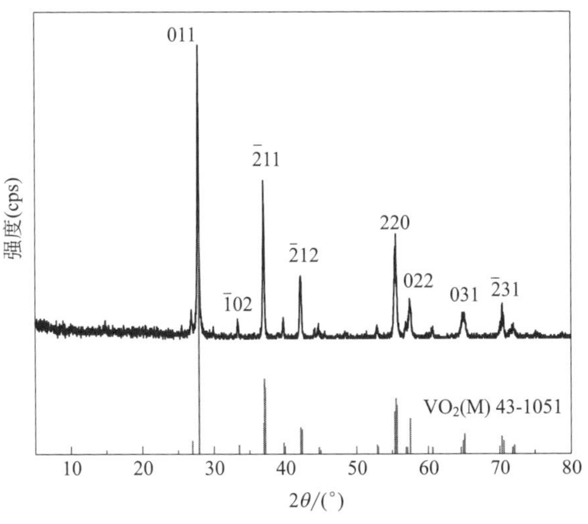

图 5.4　合成产物纳米 VO_2(M) 的 XRD 图谱

（2）SEM 和 TEM 形貌分析　图 5.5 为合成产物 VO_2(M) 的 SEM 图，从图 5.5 可以看到制备的 VO_2(M) 粉体的微观形貌和颗粒的团聚情况。图 5.5(a) 和图 5.5(b) 分别为不同放大倍数下 VO_2(M) 粉体的形貌。从图 5.5(b) 可以看出，VO_2(M) 为纳米粉体，呈现出规则的六齿形貌，在空间中以一点为中心，在同一个平面上以 60°为夹角，向六个方向延伸生长，每个方向上并非棒状，而是垂直于雪花平面的片状。从侧面观察，有一个方向的

(a) 4000倍

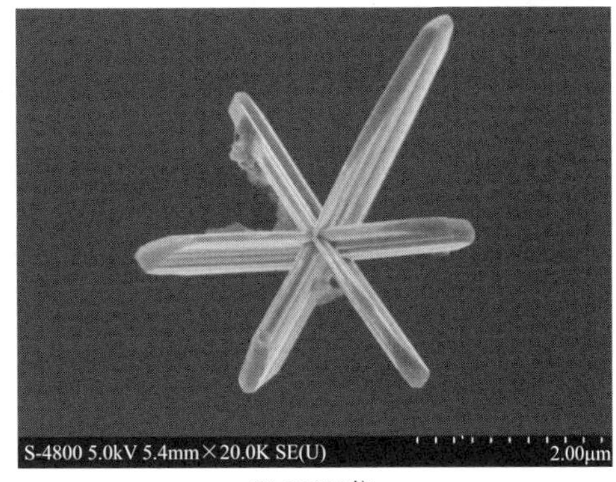

(b) 20000倍

图 5.5　VO_2(M) 纳米粉体的 SEM 照片

齿长度略长于其他的 5 个方向。构成“雪花形”的每个轮片长 1.0～5.0μm，宽 0.5～4.0μm，厚 50～200nm；由于其形貌在空间同一个平面上向 6 个方向生长，因此在该平面上所占的空间为微米级。从图 5.5(a) 上还可以看出，每个颗粒的片与片之间发生轻微的交叉堆积，其复杂的空间结构使其不易于发生严重的团聚。

图 5.6 是合成的 VO_2(M) 的 TEM(a，b)、SAED(c) 和 HRTEM(d) 照片。从电镜下可清楚看出，合成的 VO_2(M) 呈“雪花形”结构，从 HRTEM 照片中可以看到，VO_2(M) 晶体中的晶面间距为 0.2674nm 和 0.242nm，分别对应着晶体结构中的衍射强度较强的两个晶面：2θ 分别为 33.389° 和

图 5.6　合成的 VO_2(M) 两个不同放大倍数的 TEM 照片及 VO_2(M) 单个晶体的 SAED 图和 HRTEM 照片

36.979°处的衍射峰（$\bar{1}02$）和（$\bar{2}11$）。“雪花形”的 VO_2(M) 晶体主要向着晶面（$\bar{2}11$）生长，使得“雪花形”每个分支呈扁片状生长。

（3）XPS 价态分析　通过光电子能谱对制得的 VO_2(M) 粉末表面进行化学成分和元素价态的分析，图 5.7 为测试得到的 XPS 图谱。从图 5.7(a) 可以看出除了 VO_2 中的原子，还检测到 O 和 C 的峰，分别是材料表面吸附的 O_2、CO_2 和 H_2O。图 5.7(b) 中核心原子 $V2p_{3/2}$、$V2p_{1/2}$ 和 O1s 对应的中心能量

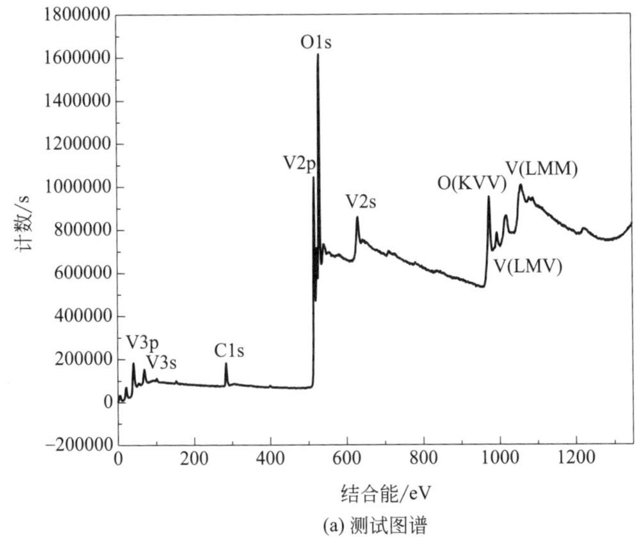

(a) 测试图谱

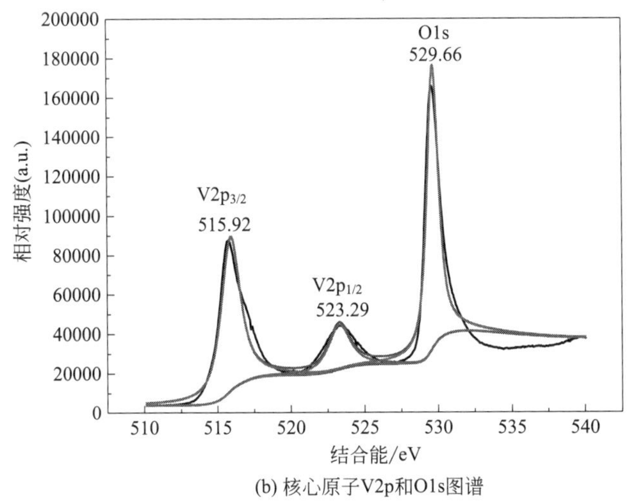

(b) 核心原子V2p和O1s图谱

图 5.7　合成的 VO_2(M) 的 XPS 图谱

分别为 515.92eV、523.29eV 和 529.66eV，参照原子的电子结合能表，得到 VO_2 的标准电子结合能分别为：515.85eV、523.40eV 和 531.2eV，由此可知：该物质中 V 以+4 价存在，可以确定该物质为 VO_2。

（4）DSC 相变温度和相变焓分析　图 5.8 为合成 VO_2(M) 纳米粉体的 DSC 曲线。作为一种特殊的热致相变材料，随着温度的升高，VO_2(M) 在温度达到相变点时，会发生晶体结构从低温单斜晶系结构（M 相）到高温更稳定的四方金红石结构（R 相）的转变，并同时吸收相应的热量。从图 5.8 可以看出，该材料在 65.46℃发生相转变，这个温度比文献中报道的 68℃略有降低，可能是由于晶体形貌、晶体颗粒大小等方面因素对相变性能产生了影响。在降温过程中，于 58.86℃发生了可逆相变，这两个过程吸收和放出的热量值分别为 $40.32J \cdot g^{-1}$ 和 $32.71J \cdot g^{-1}$。DSC 结果说明，所合成的是 VO_2(M) 纳米粉体，具有可逆相变性质。

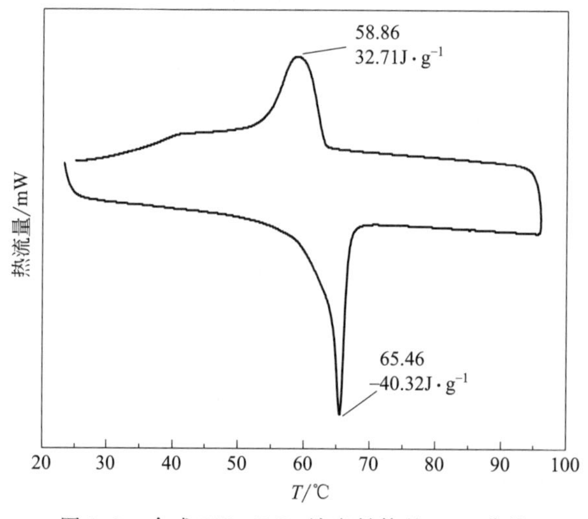

图 5.8　合成 VO_2(M) 纳米粉体的 DSC 曲线

（5）变温傅里叶红外光谱分析　VO_2(M) 作为一种功能性热相变材料，在相变温度处发生可逆相变的同时，也伴随着光学、电学和磁学等性能的转变。图 5.9 为合成 VO_2(M) 纳米粉体溴化钾压片后，在室温条件下和加热到相变温度后的 80℃下的 FTIR 图谱。著者合成的 VO_2 相变温度为 65.46℃，从图 5.9 可以看出，低于相变温度和高于相变温度下，VO_2 对红外光的透射率明显不同，说明 M 相到 R 相的转变存在，在 $4000 \sim 400cm^{-1}$ 波长范围内

(中红外)，4000～1124cm^{-1} 和 532～400cm^{-1} 范围内，VO_2 高温 R 相对红外反射率大于低温 M 相，而在 1124～532cm^{-1} 范围内发生了逆向变化，其中的原因有待于进一步研究。这一逆向变化具有应用意义。著者液相法合成的 VO_2(M) 不仅方法简单易行，合成的 VO_2(M) 材料具有红外光学相变特征，为进一步推进 VO_2 材料在环保节能领域的应用提供了基础合成方法与实验数据。

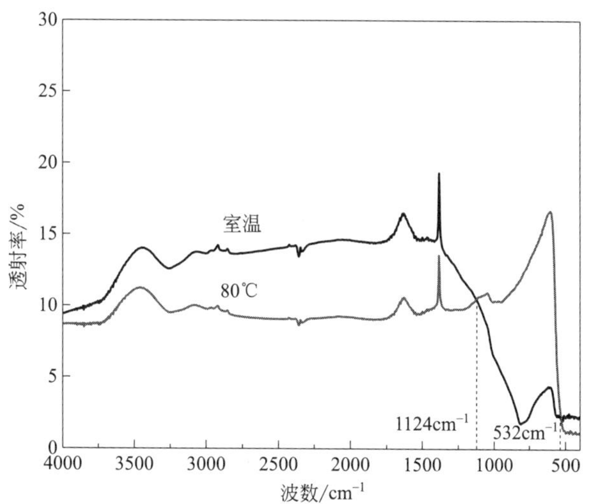

图 5.9 合成 VO_2(M) 纳米粉体在室温和 80℃下傅立叶红外光谱图

5.4.3 中间产物的表征结果

(1) 中间产物的 XRD 晶相分析 采用图 5.1 的流程制备中间产物，离心分离上清液后，得到淡粉色沉淀，经过真空干燥后进行 XRD 晶相分析。图 5.10 是在不同加热搅拌温度下制得的中间产物的 XRD 图谱。从图中可以看出，参照标准卡片 V_2O_5(space group：P_{mmn}，a=11.516Å，b=3.5656Å，c=4.3727Å，JCPDS Card：41-1426）和 $V_2O_4 \cdot 2H_2O$（JCPDS Card：13-0346)，当反应温度为 60℃时，生成的中间产物是 V_2O_5 和 $V_2O_4 \cdot 2H_2O$ 两者的混合物，说明温度为 60℃、反应时间为 1.5h 的条件下，不足以使 V_2O_5 完全被还原；当温度到达 90℃时，中间产物为单一 $V_2O_4 \cdot 2H_2O$；随着温度的升高，仍然可以得到相应的 $V_2O_4 \cdot 2H_2O$，但过高的温度导致反应体系中的水分快速蒸干，容易生成黑色胶状物，反应过程不易控制，并且增加耗能。

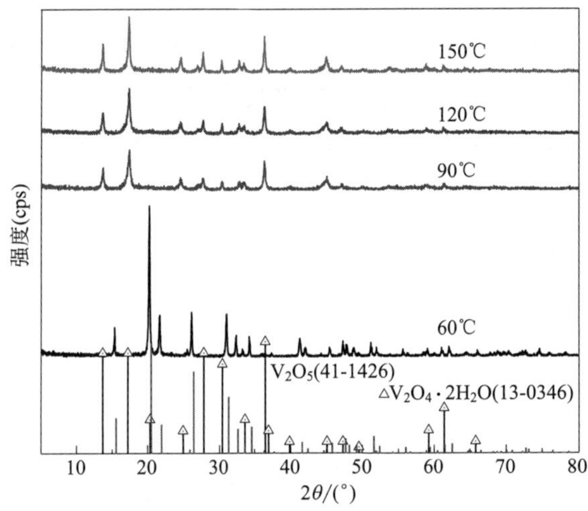

图 5.10 不同反应温度下生成中间产物的 XRD 图谱

(2) 中间产物上清液的紫外光谱分析 采用图 5.1 的流程制备中间产物，离心分离中间产物，对分离出的蓝色上清液进行紫外全波长（190.0～950.0nm）扫描，不同体积的反应体系得到的上清液测试结果如图 5.11 所示。从中可以看出，不同反应体积下得到的上清液均在 760.7nm、763.4nm 和 763.3nm 处具有较强的吸收峰，峰强度分别为 2.494、2.134 和 1.675。在

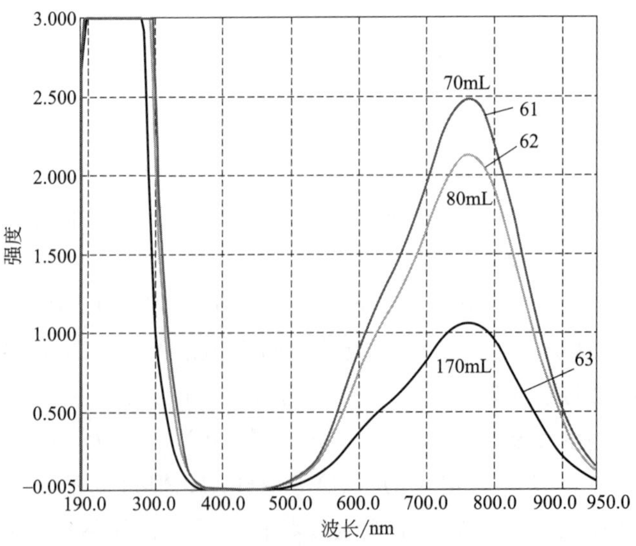

图 5.11 上清液的紫外可见光吸收光谱

酸性溶液中 VO^{2+} 在 760nm 处具有特征吸收峰，说明中间产物的上清液中钒离子是以 VO^{2+} 形式存在的，随着反应体系的稀释，其浓度呈减小的趋势。

（3）中间产物的 SEM 表征　采用图 5.1 的流程，油浴温度设为 90℃，离心分离上清液后，得到淡粉色沉淀为中间产物，真空干燥后进行 SEM 测定。由 XRD 测定结果（图 5.10）可知：中间产物为单一 $V_2O_4 \cdot 2H_2O$，其 SEM 如图 5.12 所示，由图可知 $V_2O_4 \cdot 2H_2O$ 呈不规则片状，尺度为纳米级，松散堆积微团状态。

图 5.12　中间产物 $V_2O_4 \cdot 2H_2O$ 的 SEM 图

5.5　VO_2（M）液相法合成机理

液相法合成 VO_2(M) 有两种方式：一种是直接合成 VO_2(M)[26]；另一种是先通过水热法制备 VO_2(B)，经过后续热处理得到 VO_2(M)[27]，这种方法因为步骤多，其形貌、晶形结构和相纯度均存在很多不可控因素。通过后续高于 400℃热处理得到 VO_2(M)，符合理论上 380℃稳定相 VO_2(M) 生成的条件；尽管关于液相法直接合成 VO_2(M) 也有报道[28]，但是合成机理尚不是很清楚。

5.5.1　V_2O_{13} 溶解重结晶

著者研制的液相法直接合成 VO_2，第一阶段为氧化还原反应，V_2O_5 悬浊液在液相恒温条件下，V_2O_5 固相在表面被还原剂还原成+4 价的钒离子，与之接触的溶液为酸性，在溶液中钒以蓝色的 VO^{2+} 离子存在。由于 V_2O_5 在水溶液中是微溶，造成还原过程进行得缓慢，使得部分黄色 V_2O_5 和蓝色 VO^{2+} 同时存在，宏观上表现出黄绿色；随着反应的不断进行，固体 V_2O_5 被完全还原成 VO^{2+} 离子，VO^{2+} 离子达到饱和不断从溶液中析出，产生淡粉色中间产物 $V_2O_4 \cdot 2H_2O$，同时还原剂被氧化成 N_2 放出。主要反应过程如式(5.1)～式(5.3) 所示：

$$2V_2O_5 + \text{还原剂} \longrightarrow 2V_2O_4 + N_2\uparrow + 2H_2O \tag{5.1}$$

$$V_2O_4 + 4HCl \longrightarrow 2VOCl_2 + 2H_2O \tag{5.2}$$

$$V_2O_4 + 2H_2O \longrightarrow V_2O_4 \cdot 2H_2O \tag{5.3}$$

制得的中间产物 $V_2O_4 \cdot 2H_2O$ 转入配有聚四氟乙烯内衬的反应釜中，在 250℃下进行水热反应。分别取不同的反应阶段 0.5h、1.0h、1.5h、2.0h、3.0h、4.0h 和 6.0h 的产物和上清液，进行 XRD 和紫外光谱检测。图 5.13 为不同阶段得到产物的 XRD 图谱，中间产物 $V_2O_4 \cdot 2H_2O$ 在反应釜中反应 0.5h 时，反应物的量有所减少，但主要以 $V_2O_4 \cdot 2H_2O$ 为主，有少量的 V_6O_{13}(JCPDS Card：27-1318) 衍射峰出现；随着反应的进行（1.0～2.0h），V_6O_{13} 的衍射峰占据主导的地位，说明此时反应釜中生成了大量的中间亚稳态物质 V_6O_{13}；当反应持续到 3.0h，出现了少量的 VO_2(M)（JCPDS Card：43-1051）衍射峰；当反应进行到 4.0h，V_6O_{13} 的衍射峰基本消失，VO_2(M) 的衍射峰占

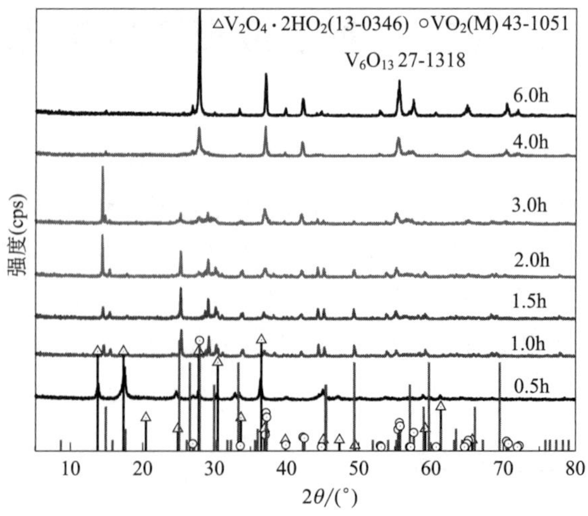

图 5.13 不同反应阶段所得产物的 XRD 图谱

主导位置；6.0h 时生成的 VO_2(M) 衍射峰位置和相对强度均与标准卡相一致。

图 5.14 为不同反应阶段所得上清液的紫外-可见吸收光谱，反应进行到 0.5h、1.0h、1.5h、2.0h 和 3.0h 得到的结果分别如图 5.14 中的 29、30、31、32 和 33 所示，在 760nm 左右均出现 VO^{2+} 离子特征吸收峰，分别在 765.7nm、767.4nm、768.3nm、764.8nm 和 765.7nm 处，峰强度分别为 0.067、0.029、0.037、0.044 和 0.047。反应进行到 0.5h，溶液中溶解了很大比例的 VO^{2+} 离子，随着反应的进行，溶液中的 VO^{2+} 离子先减少，后增加。

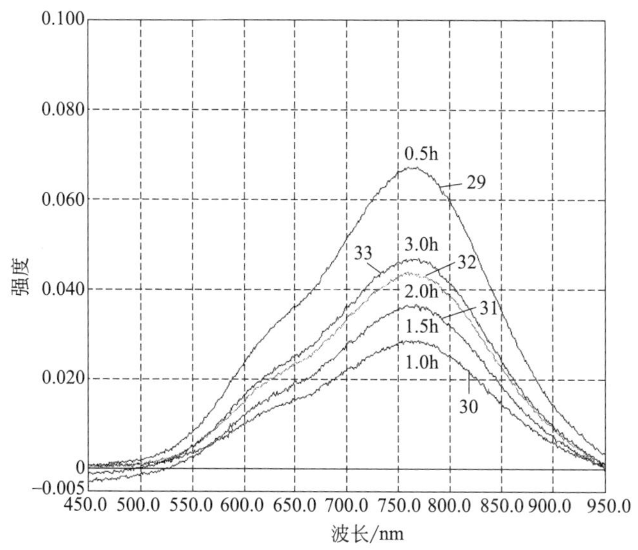

图 5.14 不同反应阶段所得上清液的紫外-可见吸收光谱

反应过程中产物的微观形貌的变化如图 5.15 所示，图中(a)～(e) 分别为反应进行到 0.5h、1.0h、1.5h、2.0h 和 3.0h 时得到的产物形貌。反应进行到 0.5h [图 5.15(a)]，$V_2O_4 \cdot 2H_2O$ 被溶解成为边界模糊的不规则的扁片状晶体，相互之间发生了团聚。1.0h 时 [图 5.15(b)]，产物有两种不同的形貌，一种是层层堆起的“十字架形”，十字长有 3～4μm，侧面观察呈片状，长宽均为 2～4μm；另一种为“橄榄球形”，这是“雪花形” VO_2(M) 的晶核，以“橄榄球”的长轴为中心，空间中以 60°的面夹角呈片状生长，长 2μm，宽 1μm，片厚为几十到几百纳米左右，这是晶体中存在 V_6O_{13} 和 VO_2(M) 两种晶体的结果。随着反应时间的延续 [图 5.15(c)]，“十字架形”的 V_6O_{13} 逐渐消失，而“橄榄球形”的 VO_2(M) 的片不断生长壮大；直到 2.0h [图 5.15(d)]，VO_2(M) 占到了主导位置，并且基本长成了“雪花形”；接着，“雪花形”VO_2(M) 有选择地向着六个方向继续生长 [图 5.15(e)]。

(a) 0.5h

(b_1) 1.0h(低倍)　(b_2) 1.0h(高倍)

(c_1) 1.5h(低倍)　(c_2) 1.5h(高倍)

(d_1) 2.0h(低倍)　(d_2) 2.0h(高倍)

(e_1) 3.0h(低倍)　(e_2) 3.0h(高倍)

图 5.15　不同反应阶段所得产物的 SEM 照片

根据图 5.13～图 5.15 的结果，推测反应过程经历了“溶解-转化-再结晶”的过程。首先，中间体物质 $V_2O_4 \cdot 2H_2O$ 在高温高压的液态剧烈沸腾的条件下溶解，产生大量的+4 价钒以 VO^{2+} 离子形式分散在水溶液中。其次，随着反应时间的延长，VO^{2+} 离子达到饱和，以亚稳态 V_6O_{13} 晶体形式析出。最后，该中间体在充足的反应时间、恒定的温度和反应压力下转化成稳定的 VO_2(M)。该过程需要大量的能量和热量，在固相条件下，往往在温度达到 400℃以上才能够实现，但由于反应釜提供了这种独特的密封环境，提高了稳定的高压环境，反应过程中始终保持着固液混合的状态，溶液的沸腾导致反应颗粒相互碰撞加剧，以及反应始终在水溶液中进行，水溶液的极化作用减少了颗粒之间的反应壁垒，使得生成 VO_2(M) 反应温度大大降低，在液相中得以形成。

5.5.2 VO_2 介稳相转变生长

VO_2(M) 稳定相的形成温度为 380℃（兰氏化学手册），文献［29］以 V_2O_5 为钒源，以 $H_2C_2O_4$ 为还原剂，在室温环境下将 V_2O_5 和 $H_2C_2O_4$ 充分搅拌混合得到分散液，然后将此溶液在水热釜中在 285℃反应 48h 得到 VO_2(M) 产物。反应经历“V_2O_5 还原→VO_2(A)→VO_2(A) 相变→VO_2(M)→VO_2(M) 生长”过程，反应 4h 形成介稳相 VO_2(A)，16h 开始相变形成 VO_2(M)，48h 相变完成形成 VO_2(M)，即通过 VO_2(A) 转变生长得到 VO_2(M)。文献［30］中的实验表明，VO_2(B) 介稳相转变成稳定相 VO_2(M) 的温度受吸附羟基的影响而降低。水热条件下 VO_2 介稳相表面很容易吸附大量的羟基，文献［29］中 VO_2(M) 形成的温度 285℃低于理论值，原因可能是受介稳相表面吸附羟基的影响，具体影响尚需进一步研究。

参考文献

［1］ Son J，Wei J，Cobden D，et al. Hydrothermal synthesis of monoclinic VO_2 micro-and nanocrystals in one step and their use in fabricating inverse opals [J]. Chem. Mater.，2010，22：3043-3050.

［2］ Ji S，ZhaoY，Zhang F，et al. Direct formation of single crystal VO_2(R) nanorods by one-step hydrothermal treatment [J]. Journal of Crystal Growth，2010，12：282-286.

［3］ Wu C，Zhang X. Direct hydrothermal synthesis of monoclinic VO_2(M) single-domain nanorods on large scale displaying magnetocaloric effect [J]. J. Mater. Chem.，2011，21 (12)：4509-4519.

［4］ Li W，Huang J，Cao L，et al. Polycrystalline VO_2(M) with well-dispersed crystalline zones for enhanced electroactivity of lithium-ion batteries [J]. Journal of Alloys and Compounds，2020，812：152122.

［5］ Wang Z，Zhang R，Chen X，et al. Nb doping effect in VO_2 studied by investigations of magnetic behavior [J]. Ceramics International，2018，44：8623-8627.

［6］ Ersundu A E，Çelikbilek Ersundu M，Doğan E，et al. A comparative investigation on thermal，structural and optical properties of W and Nb-doped VO_2-based thermochromic thin films [J]. Thin Solid Films，2020，700：137919.

［7］ Zhu M，Qia H，Li C. VO_2 thin films with low phase transition temperature grown on

ZnO/glass by applying substrate DC bias at low temperature of 250°C [J]. Applied Surface Science, 2018, 453: 23-30.

[8] Afify H H, Hassan S A, Obaida M. Influence of annealing on the optical properties of monoclinic vanadium oxide VO_2 prepared in nanoscale by hydrothermal technique [J]. Physica E: Low-dimensional Systems and Nanostructures, 2019, 114: 113610.

[9] Zhou Q, Lv W, Qiu Q, et al. Boron doped M-phase VO_2 nanoparticles with low metal-insulator phase transition temperature for smart windows [J]. Ceramics International, 2020, 46: 4786-4794.

[10] Saini M, Dehiya B S, Umar A. VO_2 (M)@CeO_2 core-shell nanospheres for thermochromic smart windows and photocatalytic applications [J]. Ceramics International, 2020, 46: 986-995.

[11] Meng Y, Sang J, Liu Z, et al. Micro-nano scale imaging and the effect of annealing on the perpendicular structure of electrical-induced VO_2 phase transition [J]. Applied Surface Science, 2019, 470: 168-176.

[12] Kato K, Lee J, Fujita A, et al. Influence of strain on latent heat of VO_2 ceramics [J]. Journal of Alloys and Compounds, 2018, 751: 241-246.

[13] Hou J, Wang Z, Ding Z. Facile synthesize VO_2 (M1) nanorods for a low-cost infrared photodetector application [J]. Solar Energy Materials and Solar Cells, 2018, 176: 142-149.

[14] Mohamed Azharudeen A, Karthiga R, Rajarajan M. Enhancement of electrochemical sensor for the determination of glucose based on mesoporous VO_2/PVA nanocomposites [J]. Surfaces and Interfaces, 2019, 16: 164-173.

[15] Aziznezhad M, Goharshadi E, Namayandeh-Jorabchi M. Surfactant-mediated prepared VO_2 (M) nanoparticles for efficient solar steam generation [J]. Solar Energy Materials & Solar Cells, 2020, 211: 110515.

[16] Qu Z, Yao L, Zhang Y, et al. Surface and interface engineering for VO_2 coatings with excellent optical performance: From theory to practice [J]. Materials Research Bulletin, 2019, 109: 195-212.

[17] Beaini R, Baloukas B, Loquai S, et al. Thermochromic VO_2-based smart radiator devices with ultralow refractive index cavities for increased performance [J]. Solar Energy Materials & Solar Cells, 2020, 205: 110260.

[18] Wang S, Li C, Tian S, et al. Facile synthesis of VO_2 (D) and its transformation to VO_2 (M) with enhanced thermochromic properties for smart windows [J]. Ceramics International, 2020, 46: 2020: 14739-14746.

[19] Liang S, Shi Q, Zhu H, et al. One-Step Hydrothermal Synthesis of W-Doped VO_2 (M)

Nanorods with a Tunable Phase-Transition Temperature for Infrared Smart Windows [J]. ACS Omega, 2016, 1: 1139-1148.

[20] Xu C, Liu G, Li M, et al. Optical switching and nanothermochromic studies of VO_2 (M) nanoparticles prepared by mild thermolysis method [J]. Materials and Design, 2020, 187: 108396.

[21] Whittaker L, Velazquez J M, Banerjee S. A VO-seeded approach for the growth of star-shaped VO_2 and V_2O_5 nanocrystals: facile synthesis, structural characterization, and elucidation of electronic structure [J]. Cryst Eng Comm, 2011, 13: 5328-5336.

[22] Yu W, Li S, Huang C. Phase evolution and crystal growth of VO_2 nanostructures under hydrothermal reactions [J]. RSC Adv, 2016, 6: 7113-7120.

[23] Dong B, Shen N, Cao C. Phase and morphology evolution of VO_2 nanoparticles using a novel hydrothermal system for thermochromic applications: the growth mechanism and effect of ammonium (NH_4^+) [J]. RSC Adv, 2016, 6: 81559-81568.

[24] Son J, Wei J, Cobden D, et al. Hydrothermal synthesis of monoclinic VO_2 micro-and nanocrystals in one step and their use in fabricating inverse opals [J]. Chem Mater, 2020, 22: 3043-3050.

[25] Saini M, Dehiyaa B S, Umarb A, et al. Phase modulation in nanocrystalline vanadium di-oxide (VO_2) nanostructures using citric acid via one pot hydrothermal method [J]. Ceramic International, 2016, 45: 18452-18461.

[26] 齐济，牛晨. 一种液相法直接合成M相二氧化钒纳米颗粒的方法：中国，ZL201210074969.4 [P]. 2013-11-06.

[27] Wang S, Li C, Tian S, et al. Facile synthesis of VO_2(D) and its transformation to VO_2(M) with enhanced thermochromic properties for smart windows [J]. Ceramics International, 2020, 46: 14739-14746.

[28] Whittaker L, Velazquez J M, Banerjee S. A VO-seeded approach for the growth of star-shaped VO_2 and V_2O_5 nanocrystals: facile synthesis, structural characterization, and elucidation of electronic structure [J]. Cryst Eng Comm, 2011, 13: 5328-5336.

[29] 嵇海宁. 二氧化钒粉体的制备与光学性能调控研究 [D]. 博士学位论文. 长沙：国防科技大学，2017.

[30] 昌理. 二氧化钒B-R、M-R相变的热-动力学研究 [D]. 硕士学位论文. 武汉：武汉理工大学，2016.

6 二氧化钒液相法合成工艺对其性能的影响

第5章在液相条件下，采用简单可行的方法合成了具有相变性能的VO_2(M)纳米粉体。为了研究反应过程中条件与参数对终产物性质的影响，改变水热反应过程的反应温度、反应时间、反应釜填充率、反应物浓度，加入有机醇类和模板剂等进行对比实验，分析这些参数变化对产物形貌和颗粒大小的影响以及对相变温度等性质的影响，对VO_2液相合成方法的优化具有意义。

6.1 反应温度

按照图5.1流程合成VO_2(M)，变化水热过程的温度，在220～250℃之间变化，变化间隔10℃，所得产物的XRD表征结果如图6.1所示。从图中可

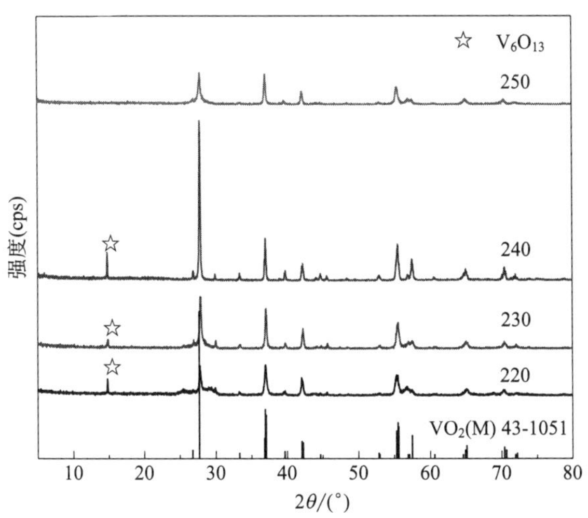

图6.1 水热法合成温度变化时产物的XRD图谱

以看出，当合成温度从 220℃升高到 250℃时，低温时有少许的 V_6O_{13} 杂峰存在，温度升到 250℃时只有 VO_2(M) 衍射峰存在，没有其他杂质峰。由此可见，钒盐经过 $NH_4VO_3 \rightarrow V_2O_5 \rightarrow V_2O_4 \cdot 2H_2O \rightarrow V_6O_{13} \rightarrow VO_2$(M) 过程，最后形成 VO_2(M) 产物，合成过程中温度是一个关键条件。

图 6.2 为水热反应温度变化条件下制得产物的 DSC 曲线，根据 DSC 测定曲线进行积分求取相变焓如表 6.1 所示。随着水热合成温度的升高，产物的纯度越来越高，同时导致相变温度和热焓值也随之升高，说明杂质 V_6O_{13} 的存在有利于相变温度的降低，但是相变性能降低。

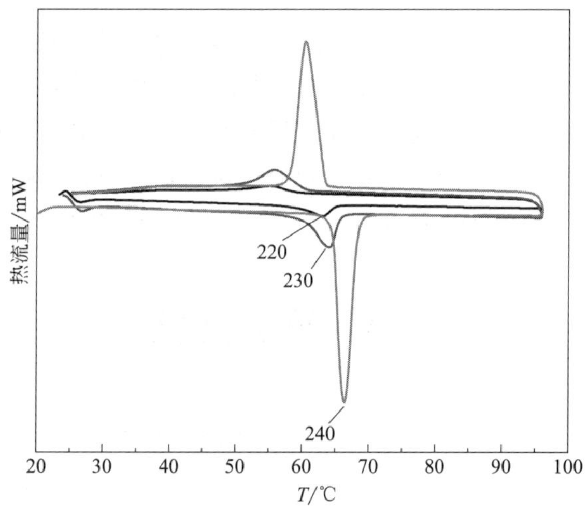

图 6.2 水热法合成温度变化时产物的 DSC 曲线

表 6.1 不同水热合成温度下所得产物的热致相变性能

合成温度/℃	吸收峰位置(M 相→R 相)/℃	吸热/J·g^{-1}	放热峰位置(R 相→M 相)/℃	放热/J·g^{-1}	热滞后区间/℃
220	63.18	−8.81	55.22	7.63	7.96
230	64.04	−21.83	55.78	19.50	8.26
240	66.34	−48.86	60.37	48.87	5.97

6.2 反应时间

图 6.3 为水热反应时间变化条件下合成产物的 XRD 图谱。从图中可以看

出，随着反应时间的延长，不会改变生成 VO_2(M) 产物的晶体结构，但是主要的衍射峰（011）和（$\bar{2}$11）的相对强度发生变化，当反应进行 12h 和 24h 时，产物的衍射峰位置和相对强度均与标准卡（JCPDS Card：43-1051）相一致，衍射强度最大的峰为（011）；当反应在 36～72h 时，衍射峰（$\bar{2}$11）的强度不断增强，甚至与峰（011）强度相当，说明水热过程中反应时间会影响晶体生长的取向。图 6.4 为水热反应时间变化条件下合成产物的 SEM 照片，图 6.4(a)～(f) 为反应时间 12h、24h、36h、48h、60h 和 72h 所得产物 SEM 图片，可见不同水热反应时间下均生成"雪花形"的 VO_2(M)，只是向六个方向的择优生长有所不同，结合上面的图 6.3 中衍射峰（011）和（$\bar{2}$11）强度的差异，晶体形貌的形状也产生差异，从图 6.4(a) 和图 6.4(b) 中可以看出，当这两个衍射峰相对强度与标准卡相当时，生成的晶体在空间六个面上的片状生长并非完全对称。反应 12h 生成的晶体中，有 1～2 个方向生长较快［见图 6.4(a)］；而反应 24h 有 3～4 个方向均生长很快［见图 6.4(b)］；随着水热反应时间的延长，衍射峰（011）强度逐渐减弱，当水热反应大于 36h 以后，衍射峰（$\bar{2}$11）强度与（011）峰相当，晶体的形貌呈现出完全对称的趋势［见图 6.4(c)］，晶体颗粒大小也不断增大。当水热反应时间达到 48～72h 以后，晶体颗粒的对称结构和继续长大的趋势没有发生变化，但颗粒形貌出现了两种，一种是颗粒较大的"雪花形"，分散性好；另一种是颗粒较小的"橄榄球形"，橄榄球形晶体颗粒的形成源于团聚，图中可以看到团聚现象［见图 6.4(d)～图 6.4(f)］。

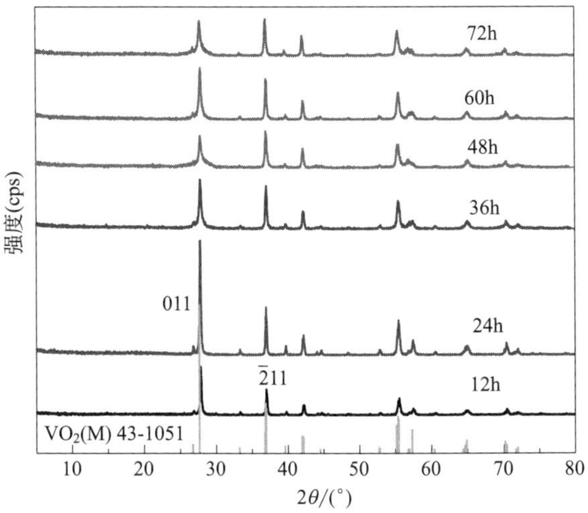

图 6.3 水热反应时间变化条件下合成产物的 XRD 图谱

(a_1) 12h

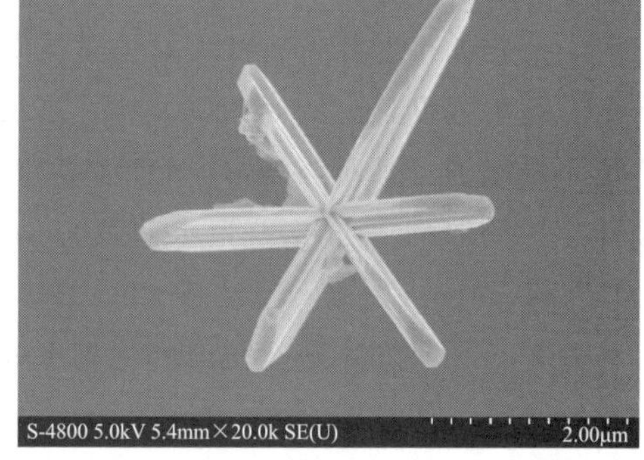

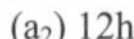
(a_2) 12h

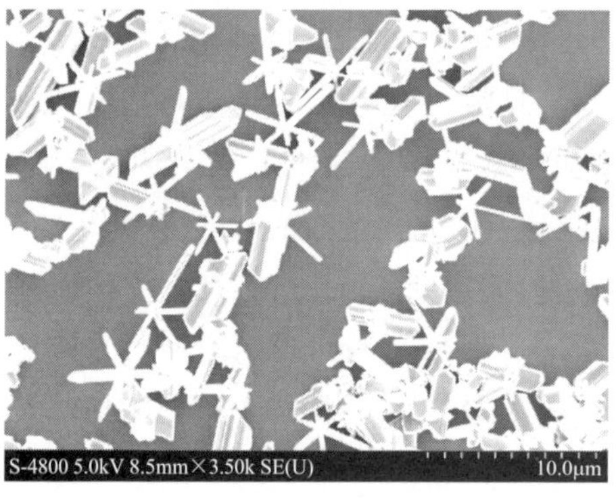

(b_1) 24h

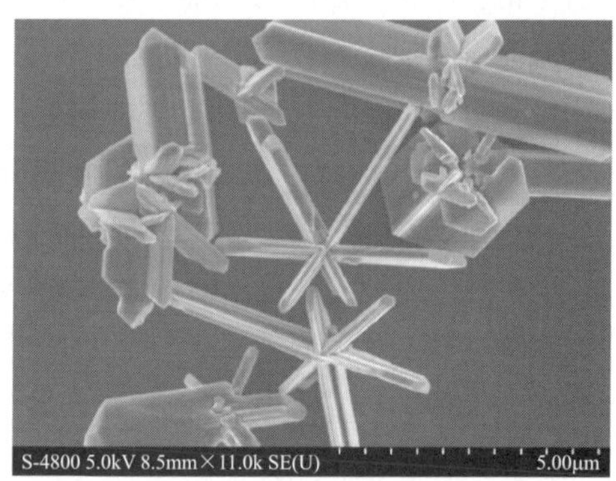

(b_2) 24h

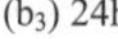
(b_3) 24h

(c_1) 36h

(c_2) 36h

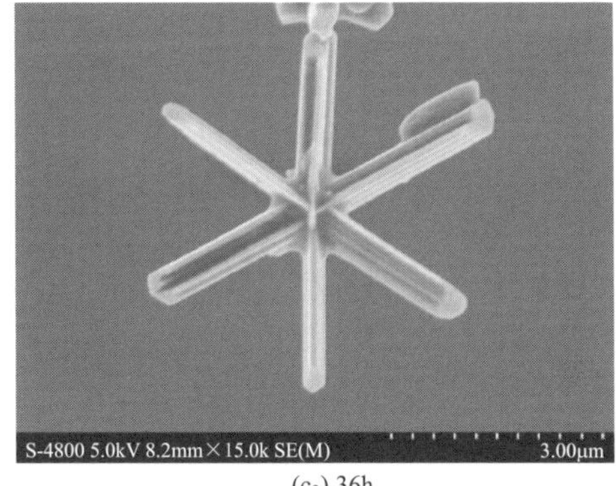

(c_3) 36h

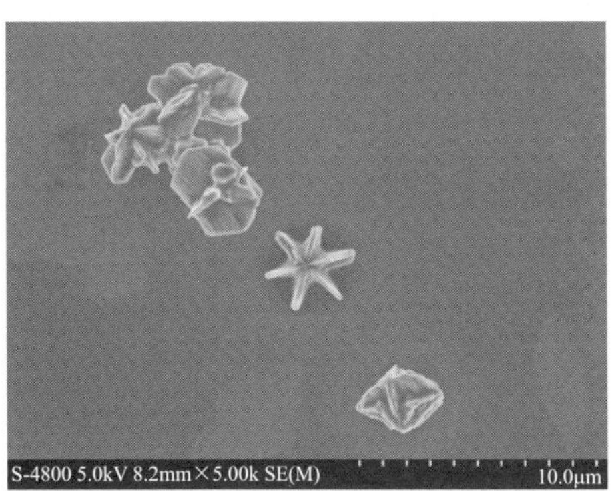

(d_1) 48h

(d_2) 48h

(d_3) 48h

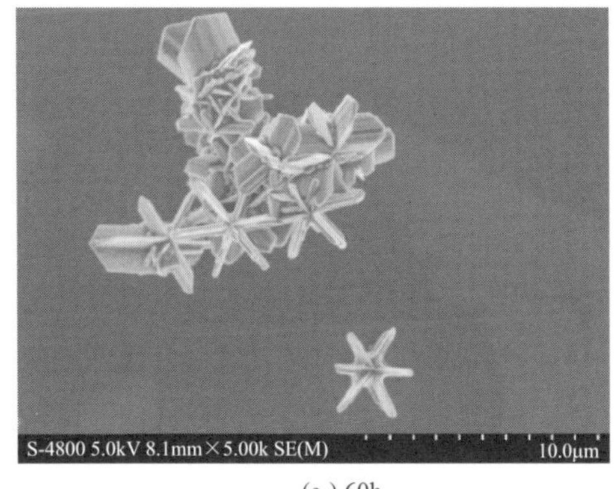

(e_1) 60h

图 6.4

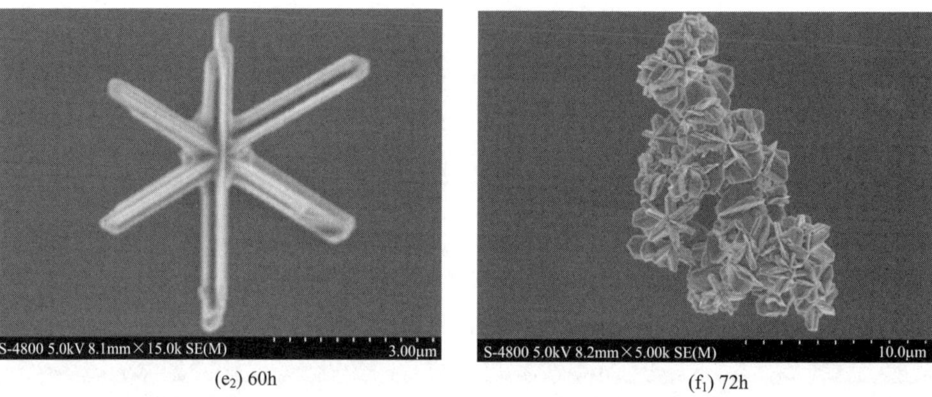

(e_2) 60h　　(f_1) 72h

(f_2) 72h

(f_3) 72h

图 6.4　水热反应时间变化条件下合成产物的 SEM 照片

(a_1)~(f_1) 低倍放大；(a_2)~(f_2) 较高倍放大；(a_3)~(f_3) 更高放大倍数

6.3　填充率

反应釜的填充率是影响反应釜压力的重要因素之一，其对产物的合成必然也会产生相应的影响。图 6.5 和图 6.6 为在不同的填充率下制得的产物 VO_2(M) 的 XRD 谱图。从图 6.5 中可以看出，当填充率为 30%和 40%时，合成的是 V_6O_{13}(JCPDS Card：27-1318)，填充率低反应釜中产生的压力就低，说明这种液相合成法生成 VO_2(M) 的条件是充填的液体必须产生足够大的压强。从图 6.6 中可以看出，在填充率达到 50%时，可以生成 VO_2(M)，随着填充率的

继续升高（60%～80%），釜内压力继续增大，保证了 VO_2(M) 的稳定生成。

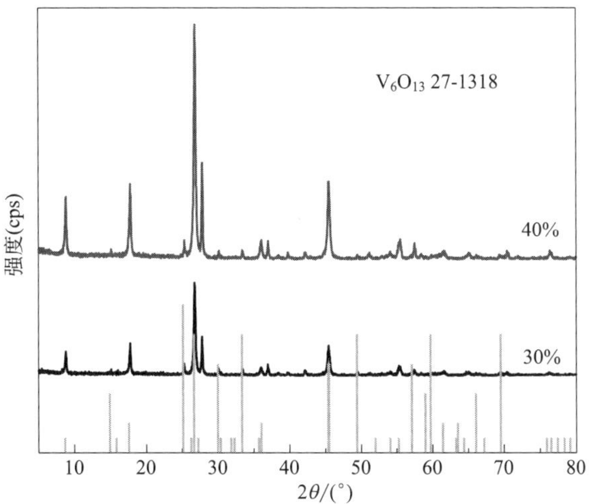

图 6.5　不同填充率下所得产物 VO_2(M) 的 XRD 图谱（填充率为 30%和 40%）

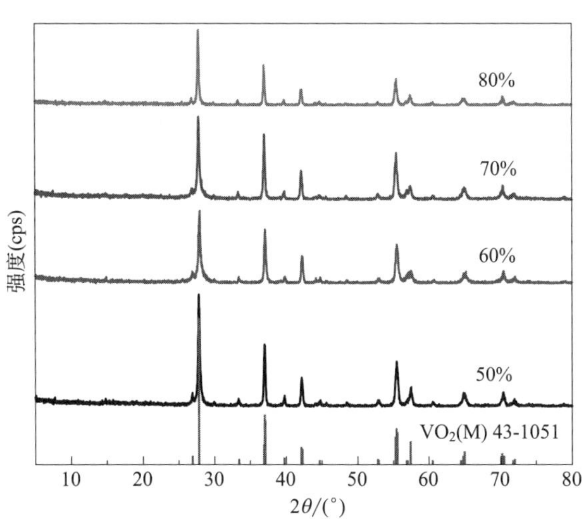

图 6.6　不同填充率下所得产物 VO_2(M) 的 XRD 图谱（填充率为 50%、60%、70%、80%）

图 6.7 是不同填充率下所得产物的 SEM 照片，其中 (a)～(f) 分别是填充率 30%～80%相应的 SEM 照片。可以看出，当填充率为 30%和 40%时，生成的是长条形的 V_6O_{13}，形状不均匀，长几微米到十几微米，宽 500nm～1μm，并且有少许的 VO_2(M) 晶核存在［见图 6.7(a)、(b)］。随着填充率的不断增大，反应体系的压强不断升高，使 VO_2(M) 晶核生长变大，晶粒的对

称性越来越好［见图 6.7(c_1)～(f_1)］。当填充率为 50％时，由图 6.6 可知 50％填充率生成的产物为单一 VO_2(M)，如图 6.7(c) 可知，VO_2(M) 晶粒呈现出“雪花形”和“板状”两种形貌，好像在板子上生出了雪花一样，雪花生长不均衡，缺乏对称性。当填充率 60％～70％时，对称性越来越好［如图 6.7(d)～(f)］。

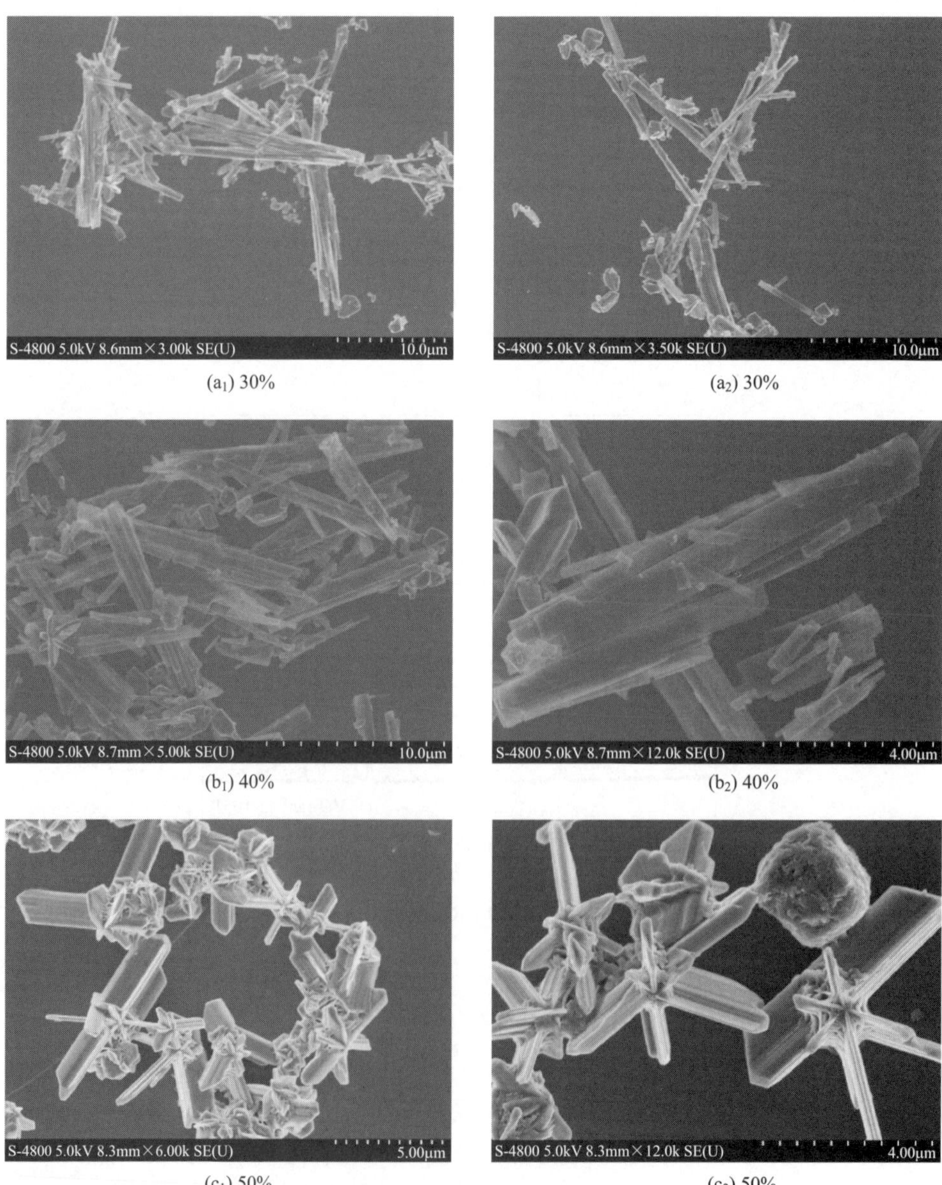

(a_1) 30%　　(a_2) 30%

(b_1) 40%　　(b_2) 40%

(c_1) 50%　　(c_2) 50%

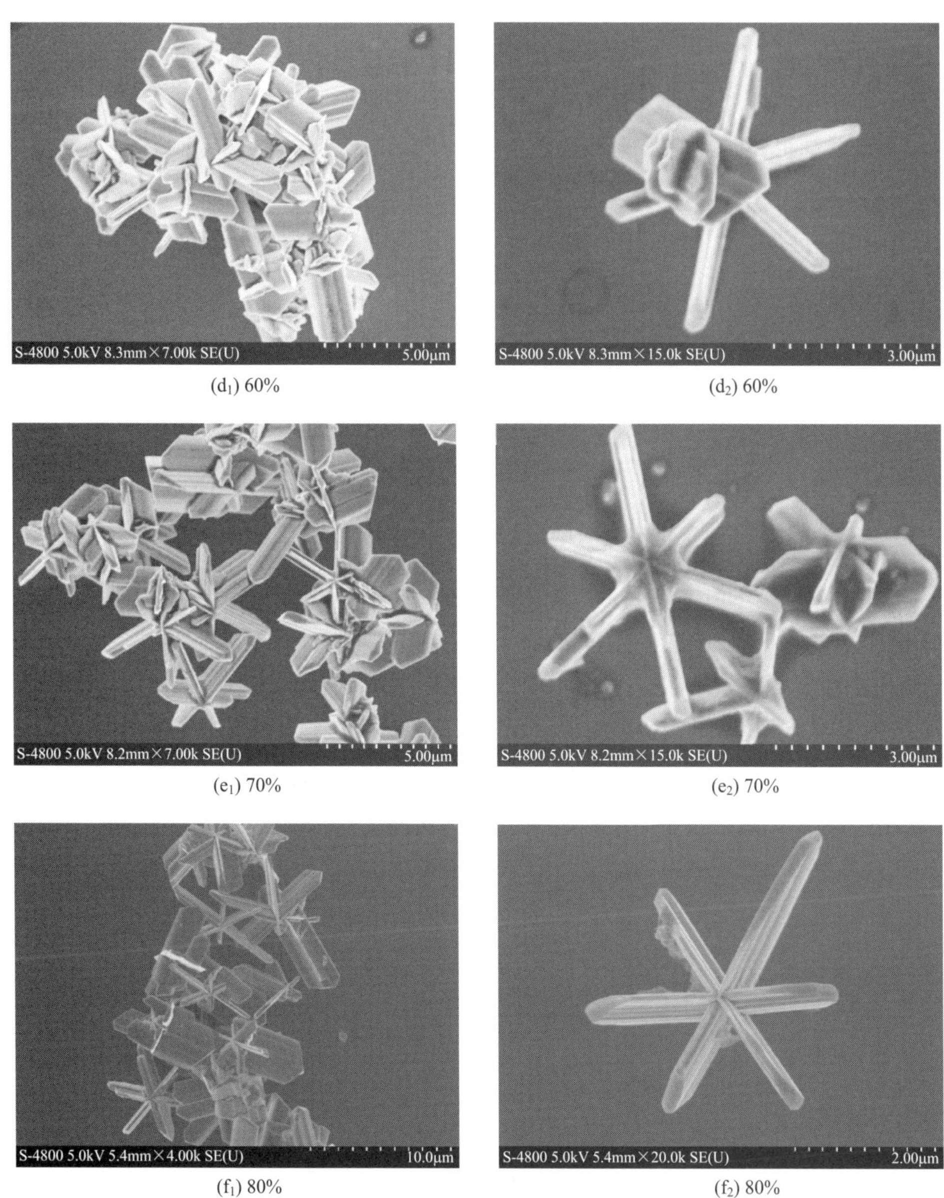

(d_1) 60%　(d_2) 60%

(e_1) 70%　(e_2) 70%

(f_1) 80%　(f_2) 80%

图 6.7　不同填充率下所得产物的 SEM 照片

图 6.8 和表 6.2 分别是不同填充率下合成产物的 DSC 曲线和热致相变性能参数。可以看出，随着反应釜填充率的升高，相变温度有增高的趋势，相变的热焓值也随之增大。填充率为 50%时，产物的 DSC 曲线有两个吸热峰，这

是由于该产物中存在两种不同的晶体形貌［见图 6.7(c)］。热滞后现象随着晶体形貌的对称性越来越好而有所缓解，这些规律与我们前面的研究结果相吻合。通过对比可以看出：填充率大于 50%，即可合成纯 VO_2(M)，但继续增大填充率对相变温度的影响不是很显著，但会使相变焓增大。

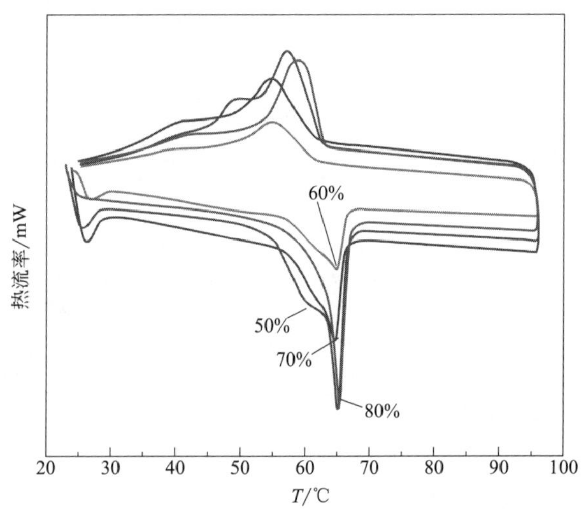

图 6.8　不同填充率下合成产物的 DSC 曲线（见彩图）

表 6.2　不同填充率下所得产物的热致相变性能

反应填充率/%	吸收峰位置(M 相→R 相)/℃	吸热/J·g^{-1}	放热峰位置(R 相→M 相)/℃	放热/J·g^{-1}	热滞后区间/℃
50	65.10	−42.43	57.15	40.81	7.95
60	64.67	−17.32	54.70	15.27	9.97
70	64.61	−25.51	54.81	24.17	9.8
80	65.46	−40.32	58.86	32.71	6.6

6.4　中间产物浓度

按照图 5.1 流程合成 VO_2(M)，液相还原反应生成前驱体，变化前驱体的量，装入反应釜进行下一步反应。水热过程中反应体系以固液混合物形式存在，因此反应物浓度的大小直接影响反应颗粒之间的相互碰撞程度，进而对合成产物造成影响。图 6.9 是在不同的中间产物浓度下制得终产物的 XRD 图谱。当中间产物的量减少至原来的 1/4 时，合成的终产物中含有 V_6O_{13}（JCPDS Card：27-1318）杂质；中间产物的量减少至原来的 1/2 时和增大到原来的 1.5 倍和 2 倍时，合成终产物均为单一的 VO_2(M)，但是衍射峰（011）和（$\bar{2}11$）的相对强度发生变化，这与产物的粒度大小和形貌的对称性有关。

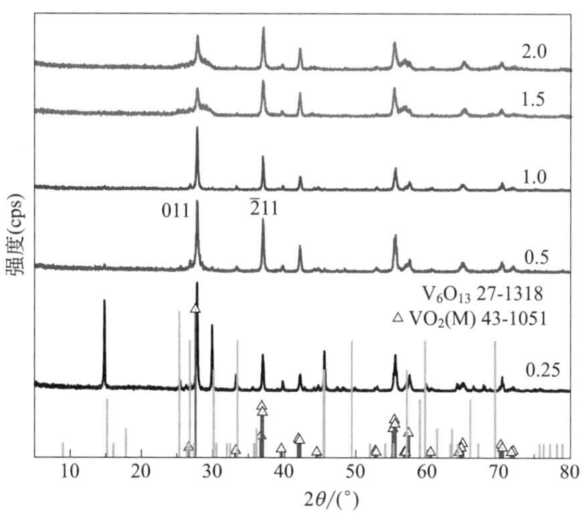

图 6.9 不同中间产物浓度下制得终产物 XRD 图谱

图 6.10 为终产物的上清液的 UV-Vis 吸收图谱。可以看出，中间产物浓度越高，所得上清液中的 VO^{2+} 离子越少，这是因为较高的反应物浓度可以促进颗粒之间的相互碰撞，有利于反应的充分进行，液相中的 VO^{2+} 离子转化成固相 VO_2(M)。

图 6.11 为制得终产物的 SEM 照片，从图 6.11(a) 可以看出，当中间产物减至原来的 1/4 时，终产物中存在大量的条状 V_6O_{13} 晶体，这与 XRD 结果相一致。中间产物减至原来的 1/2 时，生成的“雪花形” VO_2(M) 晶体的粒度较大，对称性较好［图 6.11(b)］。当中间产物增至原来的 1.5 倍和 2 倍时，终产物的粒度增大不明显，但形貌的对称性趋于更好。同时，由于产物浓度的相应增多，使得生成的“雪花形”晶体相互堆积生长，有的相互穿插在一起，有的排队生长［见图 6.11(d_2) 和 (e_1)］。

图 6.12 和表 6.3 为终产物的 DSC 曲线和相变性能参数。可见，中间产物量为原来的 1/2、1.5 倍和 2 倍时，终产物的对称性较好，相变温度降低，相变焓减少，但热滞后区间增大，内在机理有待于进一步研究。

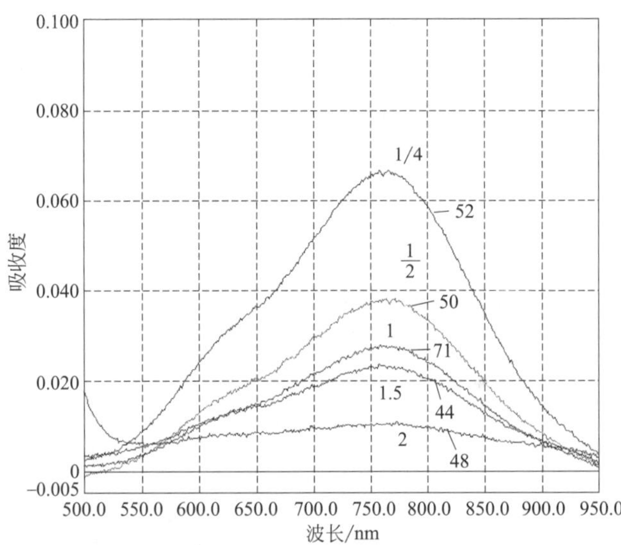

图 6.10　不同中间产物浓度$\left(\frac{1}{4}\sim 2\text{倍}\right)$下制得终产物的上清液紫外-可见光吸收图谱

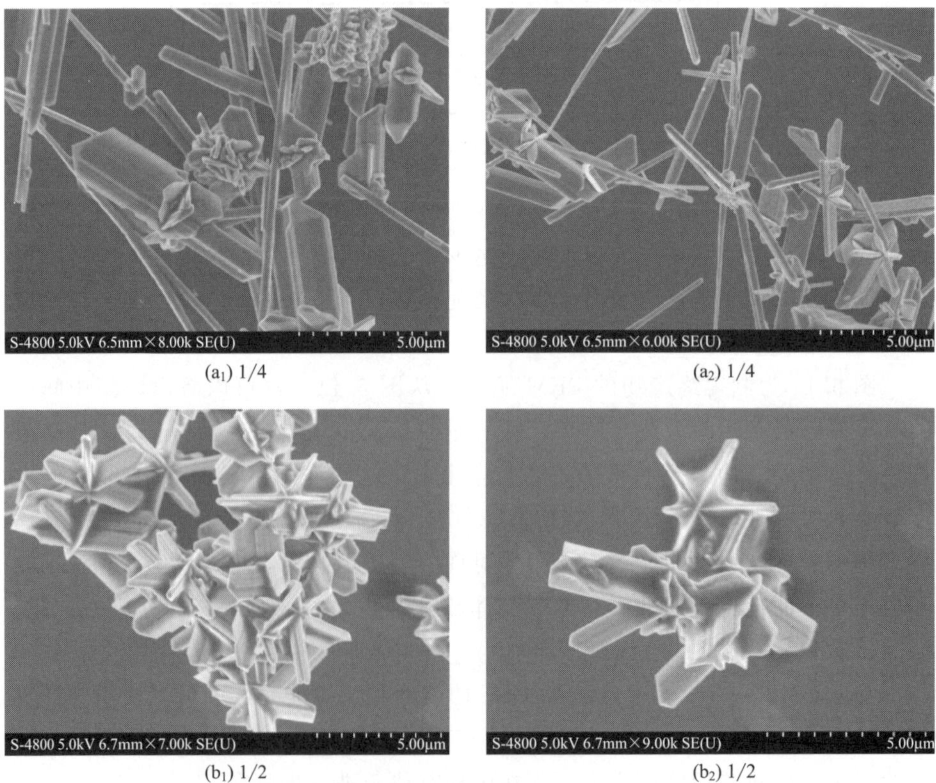

(a_1) 1/4　　(a_2) 1/4

(b_1) 1/2　　(b_2) 1/2

(c_1) 1倍

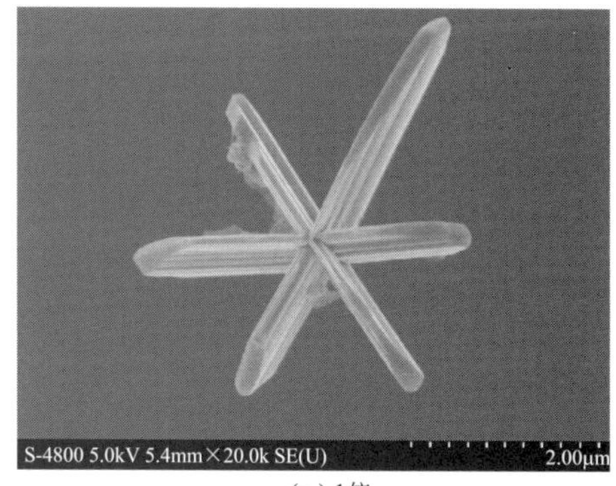

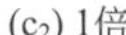

(c_2) 1倍

(d_1) 1.5倍

(d_2) 1.5倍

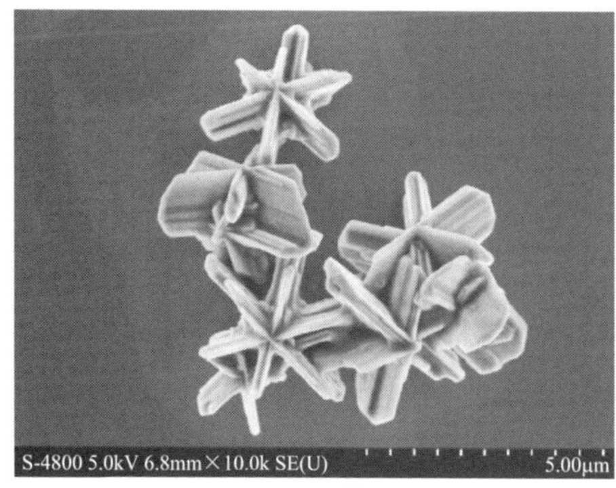

(e_1) 2倍

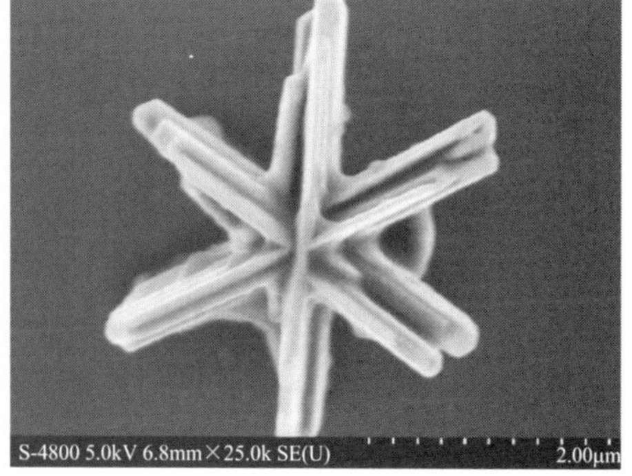

(e_2) 2倍

图 6.11　不同中间产物浓度下制得终产物 SEM 照片

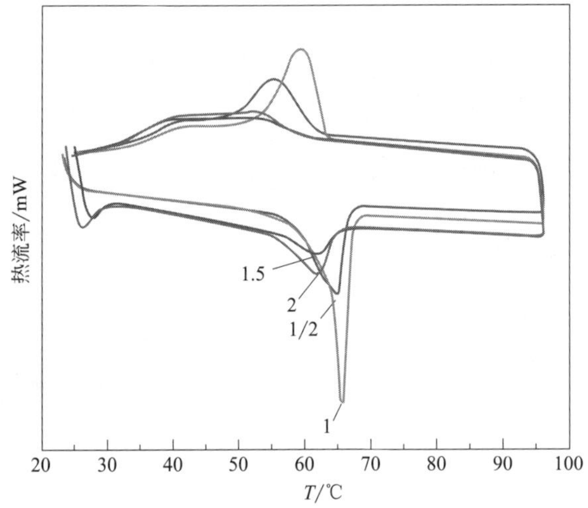

图 6.12　不同中间产物浓度下制得终产物 DSC 曲线（见彩图）

表 6.3　不同中间产物浓度下制得终产物相变性能

中间产物（相对量）	吸收峰位置（M 相→R 相）/℃	吸热/J·g^{-1}	放热峰位置（R 相→M 相）/℃	放热/J·g^{-1}	热滞后区间/℃
1/2	64.85	−22.74	55.4	20.36	9.45
标准 1	65.46	−40.32	58.86	32.71	6.6
3/2	61.73	−6.54	52.63	1.87	9.1
2	61.92	−9.00	52.10	3.72	9.82

6.5　醇类助剂

影响水热反应的另一个重要的因素就是反应过程中加入有机醇类物质，在该系统中加入有机醇类物质不仅能影响体系中的压力，其特有的链状结构还能对产物的形貌产生影响。图 6.13 为在反应釜中加入不同有机醇类所合成产物的 XRD 图谱。从图中可以看出，加入乙醇、丙醇和丁醇后，对产物 VO_2(M) 晶相没有影响，也没有观察到其他杂峰，但加入醇类后产物的结晶度较差，尤其是相对强度最高的衍射峰（011）的变化比较明显。随着加入醇类物质碳链长度的增加，结晶效果有所好转。这是由于有机醇类的加入，使得反应体系中的沸点降低，在相同温度下沸腾更加剧烈，促使生成的“雪花形” VO_2(M) 晶体发生二次断裂；同时有机醇类的链状结构起到了模板剂的作用，促使晶体沿着对称性较好的方向生长。

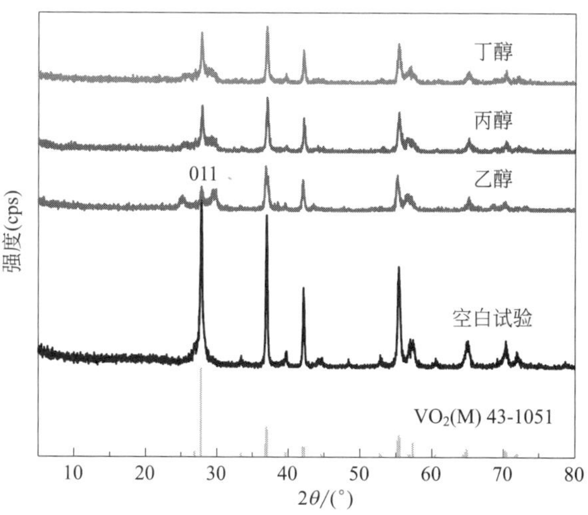

图 6.13 不同有机醇类作用下所得产物的 XRD 图谱

图 6.14 为不同的有机醇类作用下合成产物的 SEM 照片，其中，图 6.14(a)～(d) 分别为空白试验、乙醇、丙醇和丁醇作用下得到产物的 SEM 照片，有机醇类的加入，使得产物 VO_2(M) 的晶体粒度略微变小［图 6.14(a_1)～(d_1)］；没有醇类加入时，可以合成形貌和结构较好的“雪花形” VO_2(M) ［图 6.14(a_2)］；乙醇的加入使长好的 VO_2(M) 分支上出现断裂的现象［图 6.14(b_2)］；丙醇的加入使得不同方向上的生长受到一定的抑制［图 6.14(c_2)］；丁醇的加入不仅抑制一些方向的生长，还造成晶体之间并排堆积［图 6.14(d_2)］。

(a_1) 空白

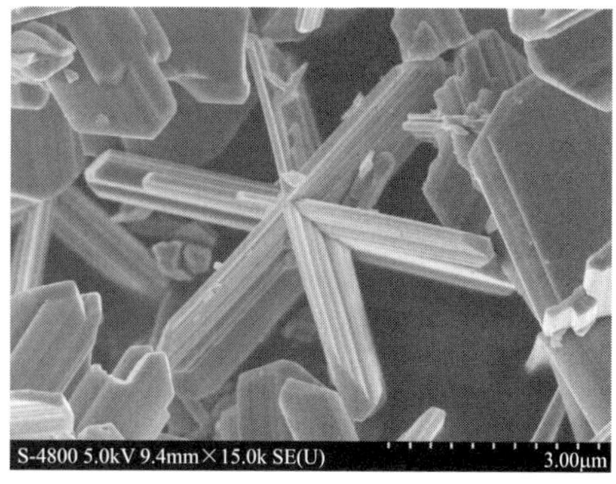

(a_2) 空白

图 6.14

(b_1) 乙醇　(b_2) 乙醇

(c_1) 丙醇　(c_2) 丙醇

(d_1) 丁醇　(d_2) 丁醇

图 6.14　不同有机醇类作用下所得产物的 SEM 照片

图 6.15 和表 6.4 为在不同醇类作用下合成产物的 DSC 曲线和相变性能参数。乙醇和丁醇的加入使产物相变温度降低，因为醇类的加入，晶体的形貌被

不同程度地破坏，晶体结构的对称性变差，晶粒内部产生应力，相对容易产生相变。值得一提的是丙醇的加入使得产物有两个不同位置的吸热峰，一个相变温度降低，另一个相变温度升高，有待进一步探究。

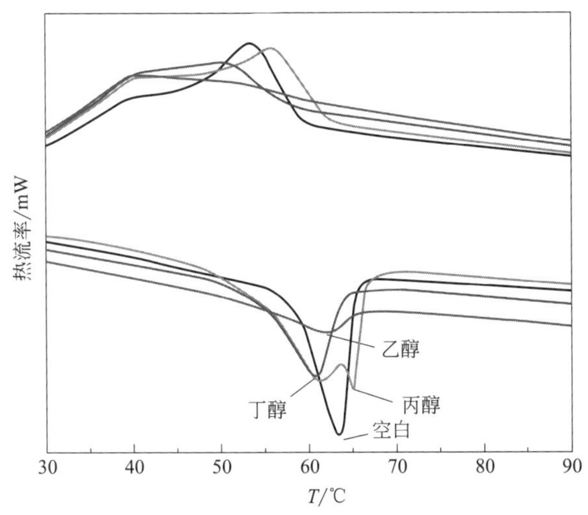

图 6.15　不同有机醇类作用下合成产物的 DSC 曲线（见彩图）

表 6.4　不同有机醇类作用下所得产物的相变性能

有机醇类	吸收峰位置（M 相→R 相）/℃	吸热/J·g^{-1}	放热峰位置（R 相→M 相）/℃	放热/J·g^{-1}	热滞后区间/℃
乙醇	61.62	−2.05	44.33	0.69	17.32
丙醇	65.09	−18.73	55.64	8.82	9.45
丁醇	60.57	−10.98	50.01	5.65	10.56
空白	63.29	−21.39	53.25	16.45	10.04

6.6　有机模板剂

水热反应通常与模板剂法结合使用，模板剂在合成过程中一般不参与化学反应，仅对晶体的形成和生长起到辅助的作用。分别采用十六烷基三甲基溴化铵（CTAB）和十二烷基苯磺酸钠（SDBS）为模板剂，其中 CTAB 为阳离子表面活性剂，SDBS 为阴离子表面活性剂，对合成的 VO_2 产物进行分析。图 6.16 为在不同的阶段加入模板剂 CTAB 所得产物的 XRD 图谱，其中

CTAB-2 是在前期的加热搅拌阶段和后期的水热反应阶段均加入 CTAB，而 CTAB-1 仅在水热反应阶段加入。从图中可以看出，不同的阶段加入 CTAB 对结果产生了质的影响，仅在后期加入 CTAB，可以得到 VO_2(M)，只是衍射峰相对强度略有变化；前后两个阶段均加入 CTAB，得到的是 VO_2(B)(JCPDS Card：31-1438)，说明在前期加入 CTAB，有可能对还原过程产生了影响，使得中间产物发生了变化，也可能是由于过多的 CTAB 有利于 B 相 VO_2 的生成，图 6.17 中的结晶效果也可以说明这一点，具体原因有待进一步研究。

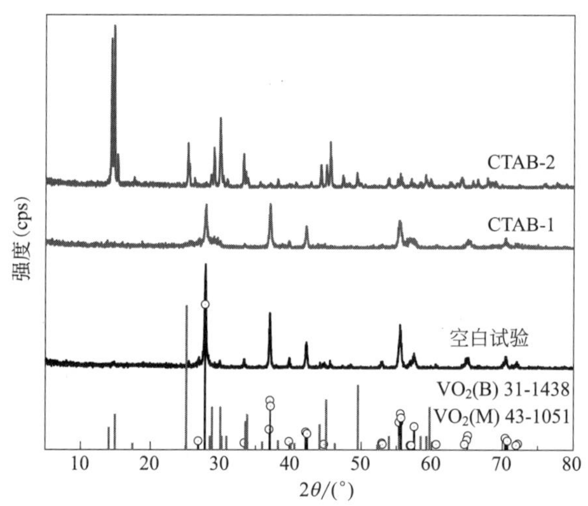

图 6.16　模板剂 CTAB 作用下所得产物的 XRD 图谱

CTAB-1—仅水热反应阶段加入模板剂；CTAB-2—搅拌阶段和水热阶段均加入模板剂

图 6.17 给出的是模板剂 CTAB 作用下所得产物的 SEM 照片，由图可见，水热反应阶段 CTAB 的加入，使得产物的晶体形貌更加完整对称地生长，并且有的面上的生长有分层的现象［图 6.17(b_2)］。前后两个阶段均加入 CTAB，则生成形貌均匀的棒状 VO_2(B)，长 200nm～1μm，宽 10～100nm［见图 6.17(c_2)］。说明 CTAB 作为一种阳离子表面活性剂，较长的碳链对晶体形貌的完整性具有保护作用，尤其对棒状结构生长具有很好的辅助作用。

图 6.18 为不同类型模板剂作用下制得产物的 XRD 图谱，阳离子表面活性剂能够合成 VO_2(M)，而阴离子表面活性剂不能生成目标产物，而是合成结晶效果不好的混合物。

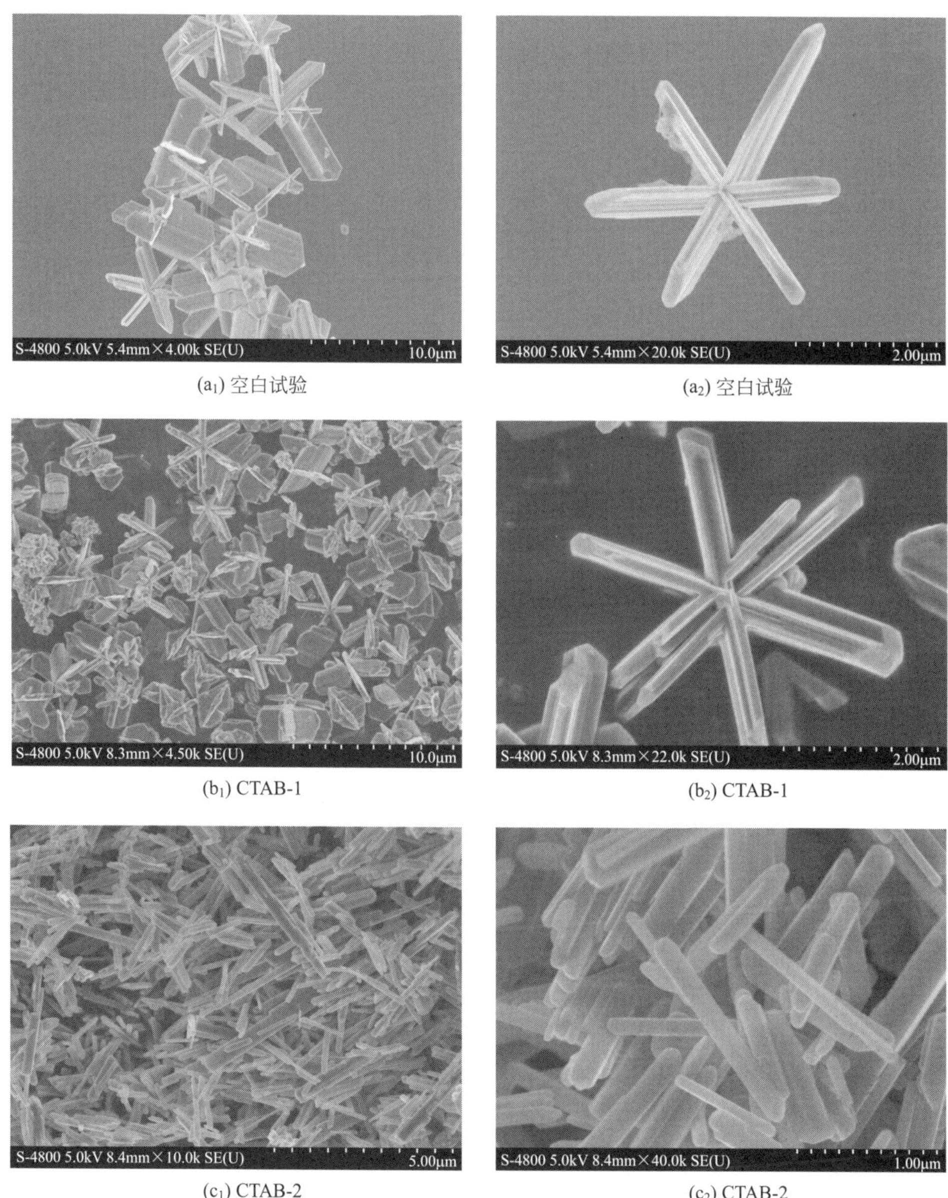

(a_1) 空白试验　(a_2) 空白试验

(b_1) CTAB-1　(b_2) CTAB-1

(c_1) CTAB-2　(c_2) CTAB-2

图 6.17　模板剂 CTAB 作用下所得产物的 SEM 照片

图 6.19 为不同模板剂作用下所得产物的 SEM 照片，CTAB 作用下生成“雪花形”和“类橄榄球形”VO_2(M) [图 6.19(a)]；而 SDBS 作用下产物是近似椭圆形的物质，团聚在一起 [图 6.19(b)]。

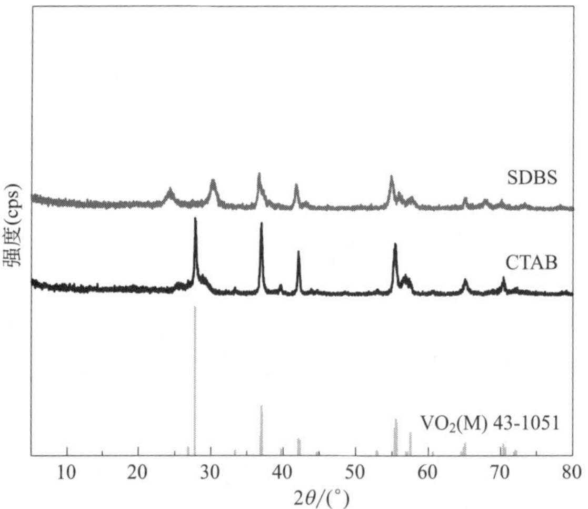

图 6.18　不同模板剂作用下所得产物的 XRD 图谱

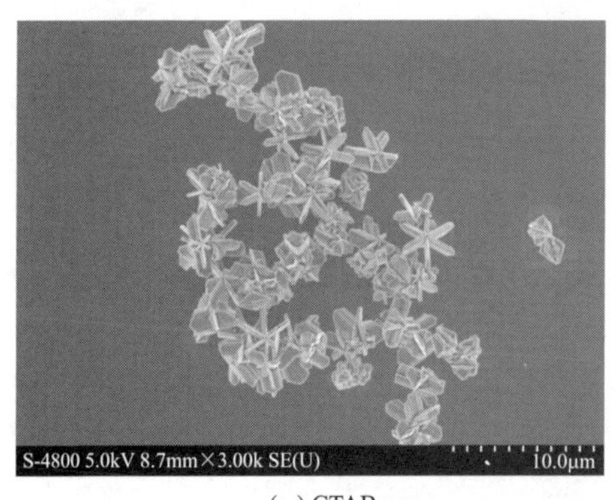

(a_1) CTAB　　(a_2) CTAB

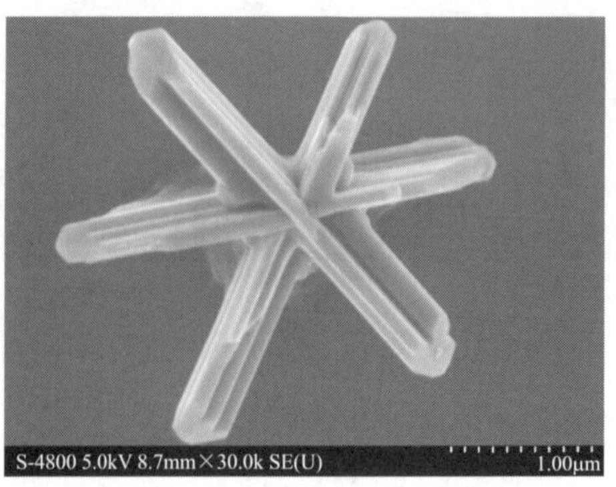

(a_3) CTAB

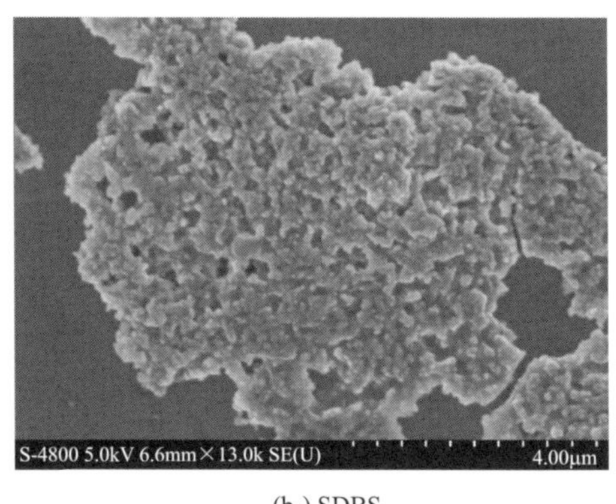

(b_1) SDBS

(b_2) SDBS

图 6.19 不同模板剂作用下所得产物的 SEM 照片

在本章的液相合成法中，阳离子表面活性剂是比较适用的模板剂，而阴离子表面活性剂不适用。分析其原因：该反应的过程钒元素先以 VO^{2+} 离子形式溶于溶液中，再重新组装成 VO_2(M)。阴离子表面活性剂可以吸附在 VO^{2+} 阳离子的周围，起到了保护作用，不利于其重新结晶析出，阻碍了反应的进行。阳离子表面活性剂促进了 VO^{2+} 离子的分散，将长链结构吸附在晶核的表面，对其沿一个方向生长起到引导作用。

图 6.20 为阳离子表面活性剂 CTAB 作用下合成产物的 DSC 曲线，CTAB 的加入可以有效地降低相变温度，同时相变焓也降低。加入 CTAB 导致晶粒对称性变好，相对粒度减小，使相变温度降低，但热滞后区间增大。

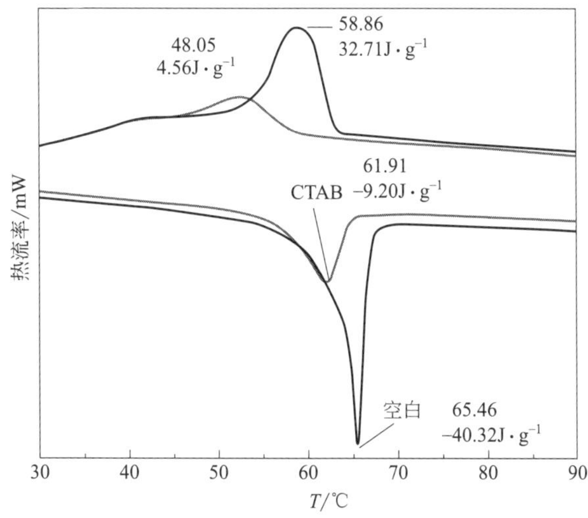

图 6.20 阳离子表面活性剂 CTAB 作用下合成产物的 DSC 曲线

6.7 掺杂离子

本章的液相合成法，设计将其用于掺杂 VO_2(M) 粉体的制备，采用两种方法相结合的工艺：先采用溶胶-凝胶法合成掺杂的 V_2O_5 粉末，然后以此为原料合成掺杂 VO_2(M)；掺杂元素选择钨和钼，掺杂源选择钨酸和钼酸，掺杂比例以掺杂原子与钒原子的摩尔比计量。

6.7.1 W 掺杂 VO_2（M）

图 6.21 为掺杂不同摩尔比例的 W 所制得产物的 XRD 图谱，当掺杂 0.4%～1.25%（原子分数）W 时，合成 W-VO_2(M) 的衍射峰位置与 VO_2(M)（JCPDS Card：43-1051）基本一致，不同掺杂比例对衍射峰的相对强度产生影响。

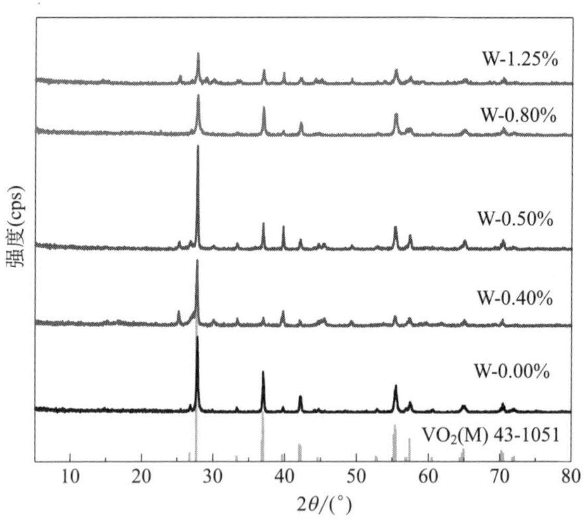

图 6.21 不同 W 掺杂量下所得产物的 XRD 图谱

图 6.22 为掺杂不同比例 W 制得产物的 SEM 照片，可以看出掺杂后形成的 W-VO_2(M) 与未掺杂的 VO_2(M) 在形貌上有很大差别。掺杂 W-0.4%形成的 W-VO_2(M) 除了可以观察到少量不完整的“雪花形”的片状外，大部分的晶体以长棒状存在，长 0.5～1μm，宽 50～100nm [图 6.22(b)]；掺杂 0.5%时，产物 W-VO_2(M) 除了个别完整的“雪花形”外，大部分晶体以粒度较小的不规则多边形颗粒存在，多数大小在 50～200nm，少数 500nm 左右

[图 6.22(c)]；掺杂 0.8%时，生成的 W-VO_2(M) 呈现出均匀的棒状结构，长 100～400nm，宽 40～100nm，并且棒与棒之间相聚成束 [图 6.22(d)]；掺杂 1.25%时，棒状结构变得又细又长，相互聚集成大片的纳米束 [图 6.22(e)]。

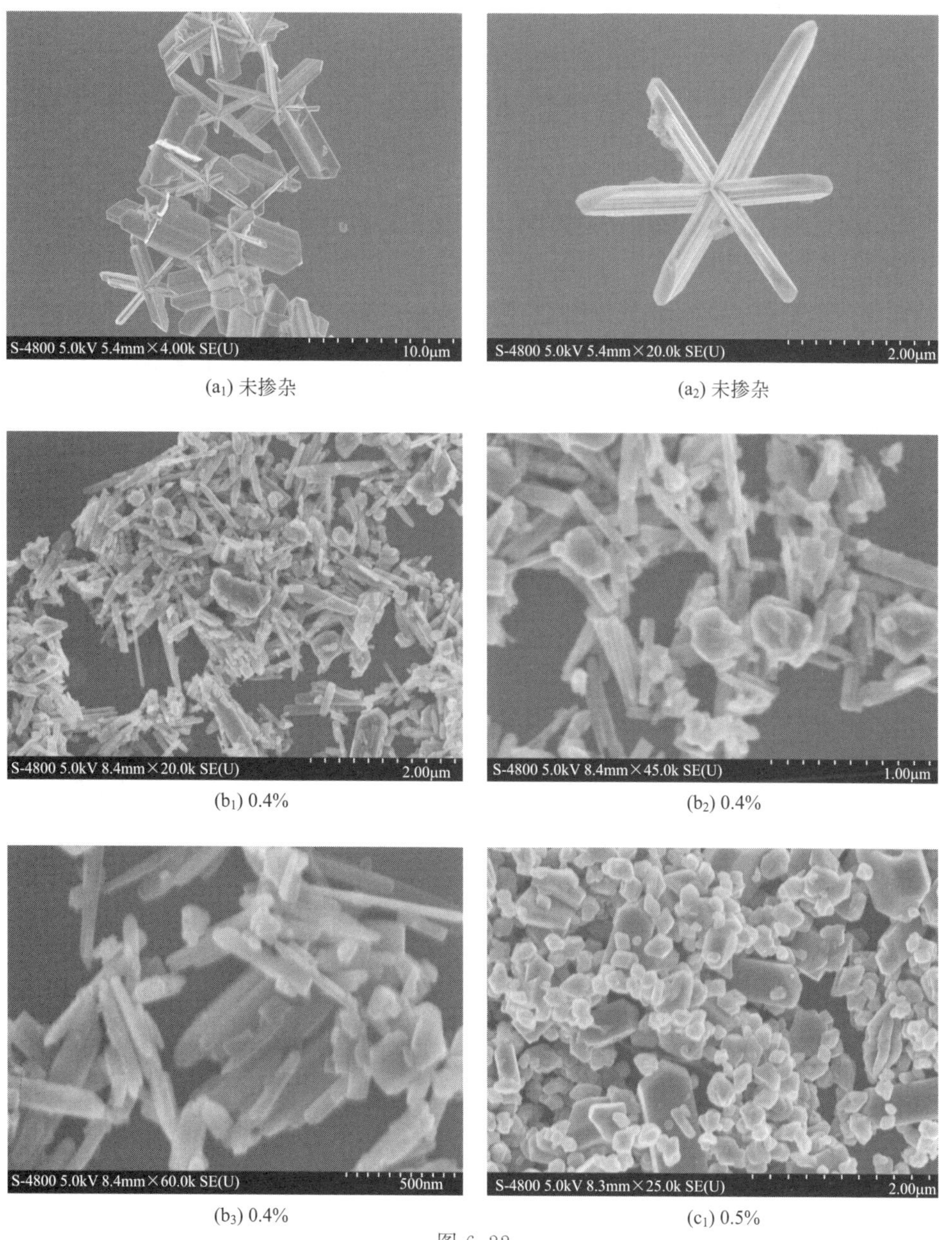

(a_1) 未掺杂　(a_2) 未掺杂

(b_1) 0.4%　(b_2) 0.4%

(b_3) 0.4%　(c_1) 0.5%

图 6.22

(c_2) 0.5%　(c_3) 0.5%

(d_1) 0.8%　(d_2) 0.8%

(e_1) 1.25%　(e_2) 1.25%

图 6.22　不同量 W 掺杂下所得产物的 SEM 照片

图 6.23 和表 6.5 为不同比例 W 掺杂制得的 W-VO_2(M) 的 DSC 曲线和相变性能参数，随着掺杂量的增加，相变温度明显降低，相变焓也减少。W

掺杂量与相变温度之间的关系如图 6.24 所示，少量的掺杂（0.4%～0.5%）对降低相变温度有很好的效果，但随着掺杂量的增大，这种关系并不是呈线性比例变化。当掺杂量为 1.25%时，相变温度降低到 48.36℃，此时的相变性能突变率已经很小，过多的掺杂尽管可以使相变温度继续降低，但同时导致电学、光学、热学和磁学性能的突变变弱，这种现象不利于其在这些领域的应用。

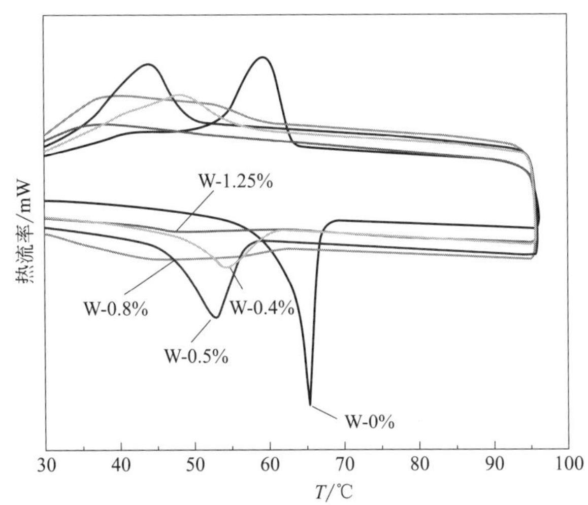

图 6.23 不同 W 掺杂量作用下合成产物的 DSC 曲线（见彩图）

表 6.5 不同 W 掺杂量所得产物的相变性能

W 掺杂量/%	吸收峰位置(M 相→R 相)/℃	吸热/J·g^{-1}	放热峰位置(R 相→M 相)/℃	放热/J·g^{-1}	热滞后区间/℃
0	65.46	−40.32	58.86	32.71	6.6
0.4	54.43	−10.15	48.10	7.90	6.33
0.5	52.84	−16.24	43.85	15.19	8.99
0.8	51.29	−12.02	39.38	5.53	11.91
1.25	48.36	−0.83	41.19	0.59	7.17

6.7.2 Mo 掺杂 VO_2（M）

图 6.25 为不同 Mo 掺杂量下制得产物的 XRD 图谱，当掺杂量低于 0.75%时，生成的 Mo-VO_2(M) 的衍射峰位置和相对强度与 VO_2(M)（JC-

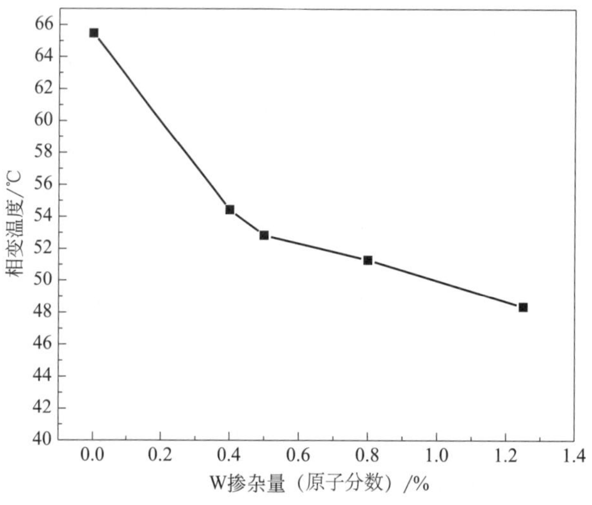

图 6.24 W 掺杂量与相变温度的关系

PODS Card：43-1051）基本一致；当掺杂量达到 0.75%时，衍射峰的相对强度发生变化，同时半峰宽增大，说明此时晶体颗粒的形貌发生了变化，颗粒粒度减小。

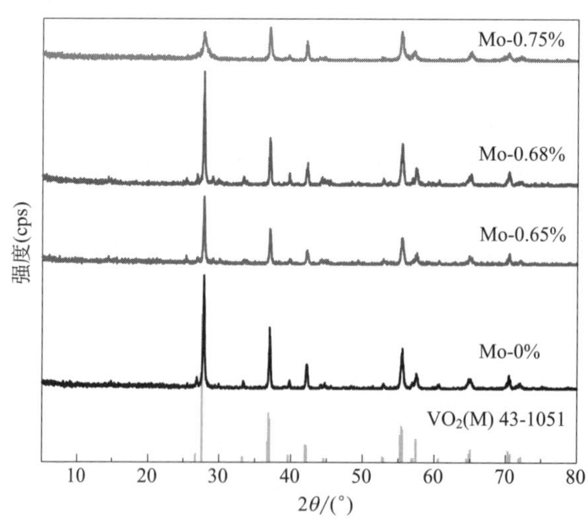

图 6.25 不同 Mo 掺杂量下所得产物的 XRD 图谱

图 6.26 为不同 Mo 掺杂量下制得产物的 SEM 照片，其中（a）是空白试验，（b）的掺杂量为 0.65%，（c）的掺杂量为 0.75%。由图可见，当掺杂量为 0.65%时，晶体中存在两种不同形貌的 Mo-VO_2（M）晶体［图 6.26(b)］：

“雪花形”和“棒形”。与空白试验相对比，此时的“雪花形”的形貌发生了变化，“雪花形”在厚度上有所增加［图 6.26(b_2)～图 6.26(b_4)］。“棒形”的大小也很均匀，长约 600nm，宽约 100nm［图 6.26(b_4)］。当掺杂量为 0.75%

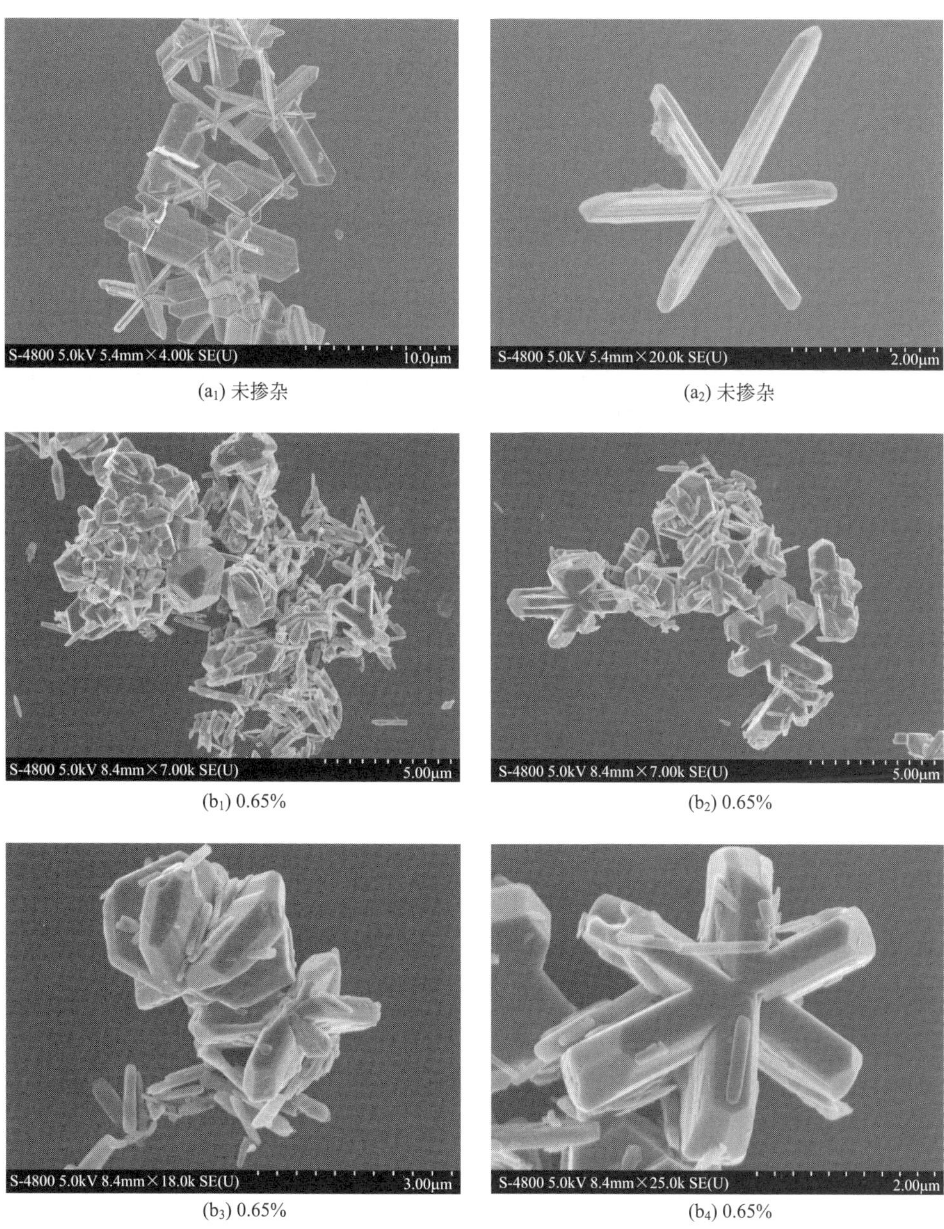

(a_1) 未掺杂　(a_2) 未掺杂

(b_1) 0.65%　(b_2) 0.65%

(b_3) 0.65%　(b_4) 0.65%

图 6.26

(c_1) 0.75%　(c_2) 0.75%　(c_3) 0.75%　(c_4) 0.75%

图 6.26　不同量 Mo 掺杂下所得产物的 SEM 照片

时，长成的颗粒是均匀的“齿轮形”［图 6.26(c)］，结构对称性很好，并且粒度大小有明显降低，形貌十分均匀，整个颗粒所占大小为 400nm，片厚仅有 80nm，这种结构粒度小，对称性好，有利于相变温度的降低［图 6.26(c_4)］。

图 6.27 和表 6.6 是不同量 Mo 掺杂作用下合成的 Mo-VO_2(M) 的 DSC 曲线和相变性能参数。随着 Mo 掺杂量的增大，相变温度明显降低。与 W 掺杂相比，在该合成体系下，Mo 掺杂比 W 掺杂的效果更好，当 Mo 掺杂 0.75% 时，相变温度就降低到 43.48℃，并且保持着相对较大的相变焓值，同时热滞后区间也大大减小。这些不仅与掺杂的金属元素有关，其特有的完整对称的纳米形貌也起了关键性的作用。图 6.28 为 Mo 掺杂量与相变温度的关系曲线，并不是呈线性比例变化，掺杂量超过 6.5%（原子分数）之后，相变温度降低比较快，继续增加 Mo 掺杂量，有望得到相变温度接近室温的 Mo-VO_2(M)，具体掺杂量与反应条件尚有待进一步研究。

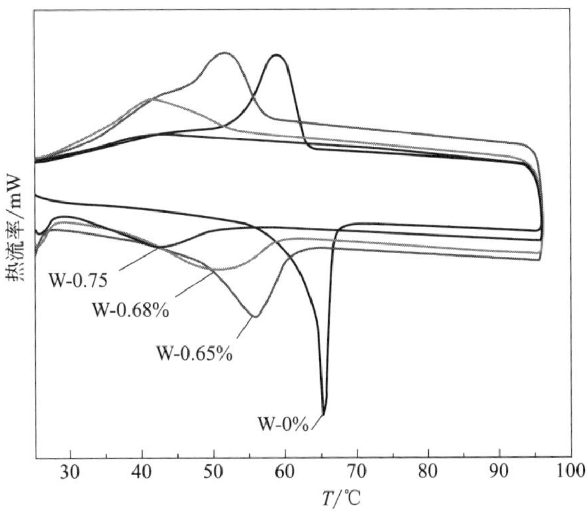

图 6.27 不同量 Mo 掺杂作用下合成产物的 DSC 曲线（见彩图）

表 6.6 不同量 Mo 掺杂作用下所得产物的热相变性能表

Mo 掺杂量/%	吸收峰位置（M 相→R 相）/℃	吸热/J·g^{-1}	放热峰位置（R 相→M 相）/℃	放热/J·g^{-1}	热滞后区间/℃
0	65.46	−40.32	58.86	32.71	6.6
0.65	55.72	−20.85	51.72	15.13	4
0.68	49.29	−13.62	41.93	16.32	7.36
0.75	43.48	−5.97	41.10	4.09	2.38

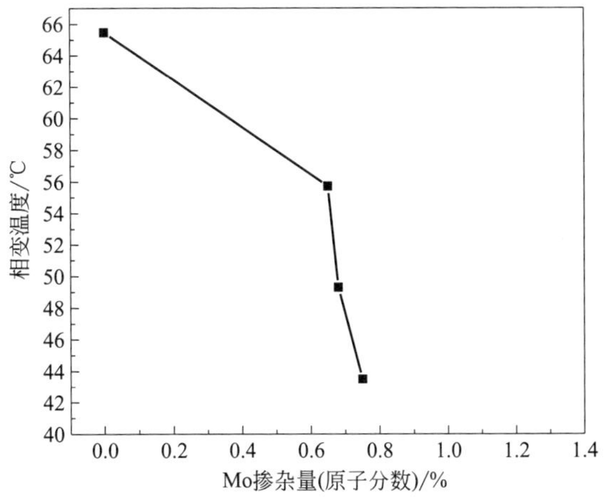

图 6.28 Mo 掺杂量与相变温度的关系

6.8 结构复合

液相合成 VO_2 粉体与其它材料进行复合，制成层状结构、核壳结构复合薄膜，从而影响 VO_2 相变温度、太阳光调控能力、热滞宽度、可见光透射率等性能。制备核壳结构的方法：在 VO_2(M) @C 和 VO_2@SiO_2 的制备中，V_2O_5 为钒源，分别以 C_2H_5OH、$H_2C_2O_4 \cdot 2H_2O$ 为还原剂，经水热反应分别得到 $V_3O_7 \cdot H_2O$ 和 VO_2(B) 粉体，将其进行后续结构复合及退火处理得到结构复合的核壳产物[1,2]。制备 VO_2 粉体复合膜结构的方法：将制备好的 VO_2 与 TiO_2(R) 和 TiO_2(A) 经液相沉积得到 TiO_2(R) /VO_2(M) /TiO_2(A) 层状复合结构[3]。在核壳结构的基础上制备层状复合结构的方法：以 V_2O_5 为钒源，$H_2C_2O_4 \cdot 2H_2O$ 为还原剂，经水热反应得到 VO_2 粉体，使用聚乙烯基吡咯烷酮（PVP）对粉体进行预处理后转入 C_2H_5OH 溶液中，随后加入水解的正硅酸乙酯（TEOS）溶液反应，离心干燥得到核壳结构的 VO_2@SiO_2 的粉体。粉体与聚氨酯（PU）混合浇铸在 PET（聚对苯二甲酸乙二醇酯）基板上经干燥得到复合 VO_2@SiO_2/PU 层状膜[4]。上述结构复合形貌对 VO_2 性能的影响如表 6.7 所示，其中可见光透射率是在 25℃和 90℃时测得的数值。

表 6.7 复合形貌对 VO_2 性能的影响

宏观 形貌	可见光 透射率/%	太阳光调制 能力/%	加热相变 温度/℃	冷却相变 温度/℃	热滞宽度 /℃
VO_2@SiO_2/PU(核壳、层状)	29.2,26.3	13.6	60.2	51.5	8.7
VO_2@SiO_2/PU(核壳、层状)	55.3,54.2	7.5	60.3	51.0	9.3
TiO_2(R)/VO_2(M)/TiO_2(A)(层状)	30.16,27.8	10.2	—	—	—
VO_2(M)@C(核壳)	—	—	72.2	59.6	12.6
VO_2	31.72,39.32	4.32	—	—	—
VO_2@SiO_2(核壳)	35.96,40.36	10.92	—	—	—

从表 6.7 中可以看出，以 VO_2 粉体为基质的 VO_2@SiO_2/PU 和 TiO_2(R)/VO_2(M)/TiO_2(A) 核壳-层状复合结构，及 VO_2@SiO_2 核壳复合结构，其太阳光调制能力都优于纯 VO_2。层状结构中 PU 具有一定隔热效果，TiO_2

的锐钛矿型和金红石型的混合相具有减反射的效果，因此可改善 VO_2 的太阳光调制能力。核壳结构的 VO_2@SiO_2 中，SiO_2 作为一种光学增透膜材料，同时提高 VO_2 抗氧化和耐酸性能。复合结构中 VO_2 的量越大，其太阳光调制能力越大，但是可见光透过率也相应降低。

参考文献

[1] Zhang Y F, Fan M J, Wu W B, et al. A novel route to fabricate belt-like VO_2(M)@C core-shell structured composite and its phase transition properties. Materials Letters, 2012, 71: 127-130.

[2] Li R, Ji S D, Li Y M, et al. Synthesis and characterization of plate-like VO_2(M)@SiO_2 nanoparticles and their application to smart window. Materials Letters, 2013, 110: 241-244.

[3] Zheng J Y, Bao S H, Jin P, et al. TiO_2(R)/VO_2(M)/TiO_2(A) multilayer film as smart window: Combination of energy-saving, antifogging and self-cleaning functions [J]. Nano Energy, 2015, 11: 136-145.

[4] Gao Y F, Wang S B, Luo H J, et al. Enhanced chemical stability of VO_2 nanoparticles by the formation of SiO_2/VO_2 core/shell structures and the application to transparent and flexible VO_2-based composite foils with excellent thermochromic properties for solar heat control [J]. Energy Environ Sci, 2012, 5: 6104-6110.

7

玻璃表面钒氧化物膜的制备与性质

VO_2 在 341K 左右产生相变，相变时从低温的对红外线透过变成高温的对红外线反射，最有潜力制成有空调功能的玻璃表面膜，本章在成功地制备了高纯度的 VO_2 微晶粉体的基础上，研制玻璃表面 VO_2 膜。选择常见普通硅酸盐玻璃为基底材料，研究玻璃表面的物理化学变化，结合钒氧化物的物理化学性质，选择玻璃表面成膜前的清洁处理方法，选择简单适宜的制膜方案，在硅酸盐玻璃表面制备 VO_2 膜，研究成膜方法与性质的变化，为 VO_2 的相变性质在玻璃中实现应用奠定基础。

7.1 玻璃表面钒氧化物膜制备方案

7.1.1 玻璃表面析碱现象

在玻璃表面制备钒氧化物复合膜，需要了解玻璃表面的物理化学性质。著者选择最常见的硅酸盐玻璃作基底材料，研究钒氧化物复合膜。玻璃表面的洁净度直接影响表面成膜的质量，所以应用合适的玻璃表面清洁方法很重要。著者实验了在恒温恒湿条件，硅酸盐玻璃表面的析碱（碱溶出）现象[1]，分析了玻璃表面析碱的影响因素，研究了析碱过程中玻璃表面产生的一系列物理化学变化，为玻璃表面清洁方法的选择奠定基础。

7.1.1.1 实验仪器与样品

样品采用新近生产的硅酸盐平板玻璃，规格为 30mm×30mm×4mm，玻璃成分（质量分数）为：SiO_2 71.152%、Al_2O_3 1.672%、CaO 7.600%、MgO

5.233%、Na_2O 13.367%、K_2O 0.668%、SO_3 0.181%、Fe_2O_3 0.096%、TiO_2 0.028%。实验仪器如表 7.1 所示。

表 7.1 实验仪器

仪器名称	型号	生产厂家
恒温恒湿培养箱	LRH-150-SH	广东省医疗器械厂
电热恒温鼓风干燥箱	DHG-9140A	上海精密仪器仪表有限公司
原子吸收分光光度计	3510	安捷伦上海分析仪器有限公司
超声波清洗仪	SK1200H	上海科导超声仪器有限公司

7.1.1.2 玻璃表面析碱实验

取切好规格的新生产的玻璃，放在 100mL 的烧杯中，加入 50mL 的超纯水浸泡 5min，再放入超声波清洗机清洗 5min。目的是除去玻璃表面上少量的浮尘。洗完后取出玻璃，再用超纯水冲洗几遍后，放入电热恒温鼓风机干燥 2min，然后用干净的棉花擦拭干净使玻璃表面干净、透明，没有水印及污点存在。将干净的玻璃放入恒温恒湿培养箱中，设定温度和湿度，仪器温控误差在±1℃以下，按下列条件恒温恒湿处理。

（1）相同温度和相同时间　温度为 322K，保持 3 天；湿度条件不同，相对湿度分别为 80%、65%、50%、35%。

（2）相同湿度和相同时间　相对湿度为 65%，保持 3 天；温度条件不同，温度分别为 322K、313K、303K 和 293K。

（3）相同温度和湿度　温度为 322K，相对湿度为 65%；天数不同，天数分别为 1 天、3 天、5 天、7 天。

7.1.1.3 玻璃表面析碱量测试与结果

按照国际玻璃协会（ICG）A_2 委员会的报告，应用原子吸收分光光度计测定析碱量。用原子吸收分光光度计测得浸出液中的 Na_2O 和 MgO 浓度后，可换算成单位面积玻璃的析碱量（S），计算公式见式(7.1)：

$$S=cV/A \tag{7.1}$$

式中，S 为单位面积析碱量（以 Na_2O 或 MgO 计），$\mu g \cdot cm^{-2}$；c 为浸出液浓度，$\mu g/mL$；V 为浸出液容积，mL；A 为实验玻璃的全表面积，cm^2。按照上述方法计算出的析碱量与变化因素之间的关系如图 7.1～图 7.3 所示。

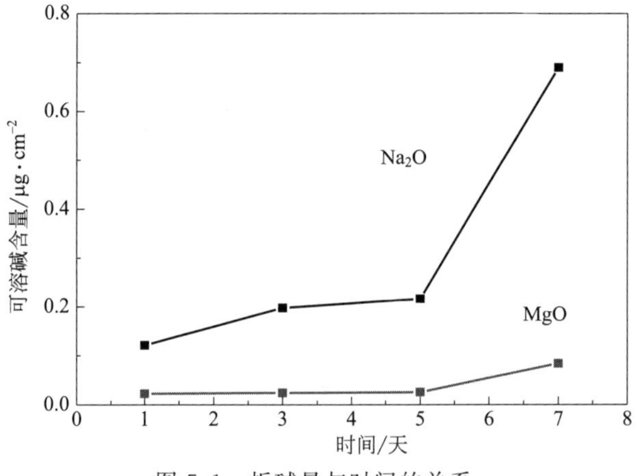

图 7.1　析碱量与时间的关系

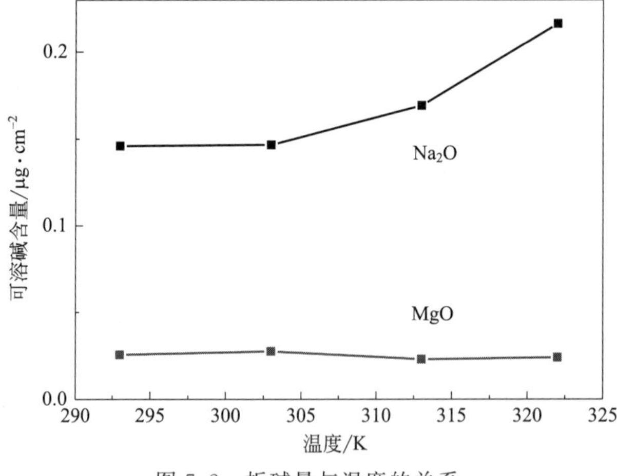

图 7.2　析碱量与温度的关系

7.1.1.4　玻璃表面析碱的影响因素分析

（1）时间对玻璃表面析碱的影响　从图 7.1 可看出，恒温恒湿 5 天内，随着时间的延长玻璃样品的析钠量略有增多，析镁量基本没有变化，说明温度在 322K 相对湿度为 65%下，玻璃存放 5 天以内，不会产生明显的析碱。5 天以后，析碱量明显增加。

（2）温度对玻璃表面析碱的影响　由图 7.2 可见，当温度大于 303K 时，析钠量迅速增加，析镁量略有减少。

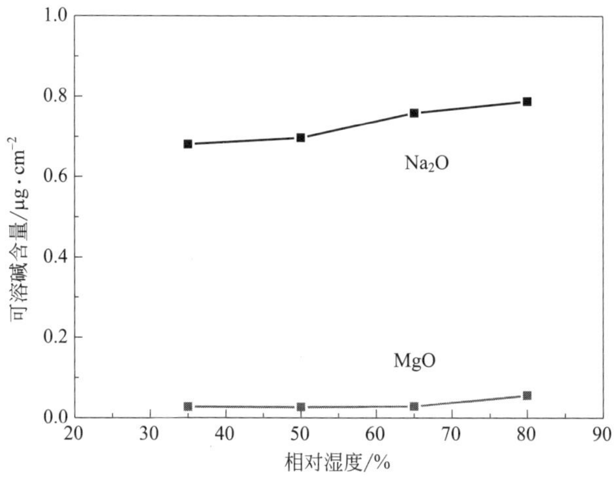

图 7.3 析碱量与相对湿度的关系

（3）湿度对玻璃表面析碱的影响　从图 7.3 可以看出随着湿度的升高玻璃样品的析钠量增多，相对湿度小于 50％时析碱量基本没有变化，在相对湿度 50％～65％之间，析钠量有明显增加，但析镁量没有明显变化；在相对湿度大于 65％时，析钠量增加幅度变小，析镁量有明显增加。说明当相对湿度大于 65％时，析钠量与析镁量相互影响，镁的析出对钠的析出有一定的抑制作用。

7.1.1.5 玻璃表面的物理化学变化

由于平板玻璃表面存在不饱和键（断键），即—Si—，—Si—O 这些断键与空气中的水分作用，吸附 OH 基，在玻璃表面形成孤立羟基和由氢键键合的闭合羟基，而这些羟基之间还会结合为各种羟基团，这叫表面化学反应，或化学吸附。化学吸附一般为单分子层，通过此单分子层，再进行物理吸附水分子，在玻璃表面形成一层水膜，玻璃表面碱离子和吸附水膜中的 H^+ 进行离子交换，如式(7.2) 和式(7.3) 所示，造成表面脱碱，形成高硅层或称水化层，此过程由碱离子 Na^+、Mg^{2+} 与 H^+ 扩散过程来控制。由于 Na^+ 离子被 H^+ 代替，使玻璃结构变得疏松；由于 H_2O 分子破坏了玻璃网络，造成断裂，也有利于扩散，所以水膜的存在会使扩散变快，加速碱的析出。但从图 7.3 中可看出，当相对湿度大于 65％时，镁开始析出，而钠的析出量增加幅度却变小。这是因为，一方面在水膜下面玻璃表面的一定厚度中，由于 Na^+ 与 H^+ 交换的进行，Na^+ 含量会降低，其他组分 Mg^{2+} 等离子的含量相对上升，这些二价

阳离子对 Na^+ 的“抑制效应”（阻挡作用）加强[2]，因而使 H^+-Na^+ 离子交换速度减缓，同时由于玻璃表面 Mg^{2+} 的含量相对上升，所以 Mg^{2+} 析出量增加。

$$-\overset{|}{\underset{|}{Si}}-O-Na^+ + H_2O \longrightarrow -\overset{|}{\underset{|}{Si}}-O-H + NaOH \tag{7.2}$$

$$-\overset{|}{\underset{|}{Si}}-O-Mg^{2+} + H_2O \longrightarrow -\overset{|}{\underset{|}{Si}}-O-H + Mg(OH)_2 \tag{7.3}$$

7.1.2 玻璃表面制膜方案及清洁方法

7.1.2.1 玻璃表面钒氧化物复合膜的制备方案

综合比较钒氧化物的物理化学性质，其中 V_2O_5 最常见、最稳定、最容易获得，并且容易制成胶体，而 VO_2 不溶于水，稳定性不及 V_2O_5，因此选择 V_2O_5 为起始物，用无机溶胶-凝胶法在玻璃表面制备氧化钒膜，步骤如下：

① 制备 V_2O_5 溶胶；

② 利用溶胶-凝胶法在玻璃表面制备 V_2O_5 膜；

③ 采用本研究制备 VO_2 粉体的技术将 V_2O_5 膜层还原成 VO_2 膜。

7.1.2.2 玻璃表面的清洁处理方法

根据硅酸盐玻璃表面物理化学性质和表面析碱的研究，在玻璃表面制备钒氧化物膜之前需对玻璃表面进行清洁处理，去除玻璃表面的析碱层及尘污，以保证制膜过程的顺利进行和膜层的质量。玻璃表面的清洁方法较多，包括洗涤剂洗涤，碱或酸处理，有机溶剂浸洗，加热处理，火焰加热，有机化合物蒸气脱脂，紫外线辐照处理，辉光放电处理，离子轰击处理，干冰清洗，除霉清洗，综合清洁处理等。目前尚没有通用的清洁处理方法，根据本研究选择的玻璃样品是新近生产的，污染程度比较低，综合考虑玻璃表面析碱研究的结果，玻璃表面制膜前采用下述方法进行清洁处理。

（1）75%酒精浸泡 1h；

（2）用去离子水反复清洗玻璃表面；

（3）将玻璃片放入氨水（17%）：H_2O_2(30%)：H_2O=5：2：1 溶液中煮沸 30min；

（4）用去离子水反复清洗玻璃表面；

（5）红外干燥。

7.2 玻璃表面钒氧化物膜的制备

7.2.1 实验试剂与仪器

实验试剂与仪器如表 7.2 和表 7.3 所示。

表 7.2 实验试剂

试剂名称	纯度	生产厂家
五氧化二钒	分析纯(≥99.0%)	天津市博迪化工有限公司
硅酸盐玻璃	规格 50mm×18mm×2mm	大连旭硝子浮法玻璃公司
氨水	浓度 17%	天津市博迪化工有限公司
双氧水	浓度 30%	沈阳市试剂五厂
无水乙醇	分析纯(≥99.5%)	沈阳市试剂五厂
氮气	普通纯(99.99%)	大连市气体站
氨气	高级纯(99.999%)	大连保税区科利德化工有限公司

表 7.3 实验与分析仪器

仪器名称	型号	生产厂家
高温箱形电阻炉	SX-8-16	沈阳长城工业电炉厂
电热恒温鼓风干燥箱	DHG-9140A	上海一恒科技有限公司
电子天平	HM-200	日本 A&D Campany Limited
分析天平	TG328B	上海精科天平
紫外-可见分光光度计	UV-2450	日本岛津
X 射线衍射仪	XRD-6000	日本岛津
扫描电子显微镜	JSM-5600LV	日本电子 JEOL
扫描探针显微镜	CSPM 5000	本原纳料技术公司
数码相机	Nikon E4600	日本 Nikon Corp.
台式匀胶机	KW-4A	中国科学院微电子中心研究部
超声波清洗器	KQ-100E	昆山市超声仪器有限公司
刚玉坩埚	30mL	大开洋帆化工商品经销处提供
管式炉	SK2-2.5-13TS	沈阳市工业电炉厂
傅立叶红外变换光谱仪	FT/IR-460 Plus	日本分光株式会社
控温磁力搅拌器	98-2	江苏医疗仪器厂

7.2.2 溶胶的制备

（1）熔融 V_2O_5 水中淬冷法　称取 15g 分析纯含量为 99%的 V_2O_5 粉末放在刚玉坩埚中加热至 1000℃完全熔化恒温 15min，将熔融液体迅速倒入 500mL 的蒸馏水中，同时用磁力搅拌器搅拌，形成黄褐色 V_2O_5 混合液，将该混合液过滤，滤出不溶物，在空气中放置 10 天左右，至溶液为褐色黏稠状为止，即为溶胶。

（2）双氧水冰点溶解 V_2O_5 制胶法　以分析纯含量为 99%的 V_2O_5 为溶质，双氧水 H_2O_2(30%）为溶剂，按 V_2O_5：H_2O_2 = 1g：50mL 比例配制。溶胶制备过程如下：取适量的冰块制成冰水混合物，保持温度为 0℃，制成冰水浴，冰水浴中置入盛有 H_2O_2 溶剂的容器，在磁力搅拌的条件下，向 H_2O_2 中缓慢加入少量 V_2O_5 粉末，溶液即呈黄褐色，不停搅拌，每 0.5min 再加入少量 V_2O_5 粉末，溶液颜色逐渐变深直至呈红褐色溶液，搅拌 30min 后无沉淀，即得溶胶。

7.2.3 玻璃表面 V_2O_5 膜的制备与还原

采用旋转涂膜法：将玻璃片固定在匀胶机上，向玻璃表面滴加溶胶，由于实验用的是普通玻璃基片，中高速旋涂玻璃片会脱机，因此选择低速旋涂（<2000r/min）的条件。每次涂胶后，空气中自然干燥，再进行下一次的旋涂，反复进多次。

将涂膜玻璃片放入管式炉中，膜面朝上，通入氮气和氨气，流量比控制在（35～40）：1 范围内，炉温控制在 773～833K 之间，保持 2h，气氛条件不变的条件下自然降温至 373K 以下，取出样品以备测试。

7.3 玻璃表面钒氧化物膜的性质

7.3.1 数码相机、SEM 及 AFM 照片

① 为了方便讨论，本研究将双氧水冰点溶解 V_2O_5 制胶法简称为低温制胶法，将熔融 V_2O_5 水中淬冷法简称为高温制胶法。用数码相机拍摄玻璃表面

膜的外观形貌，如图 7.4 所示，可见两种方法制备的膜均呈微黄色。还原处理之后呈蓝色，如图 7.5 所示。

(a) 低温制胶法

(b) 高温制胶法

图 7.4 玻璃表面 V_2O_5 溶胶-凝胶膜照片（见彩图）

(a) 低温制胶法

(b) 高温制胶法

图 7.5 玻璃表面 VO_2 膜的照片（见彩图）

② 在扫描电子显微镜下观察玻璃表面复合 VO_2 膜样品的膜面微观形貌，如图 7.6 所示，其膜层截面如图 7.7 所示。

(a) 低温制胶法

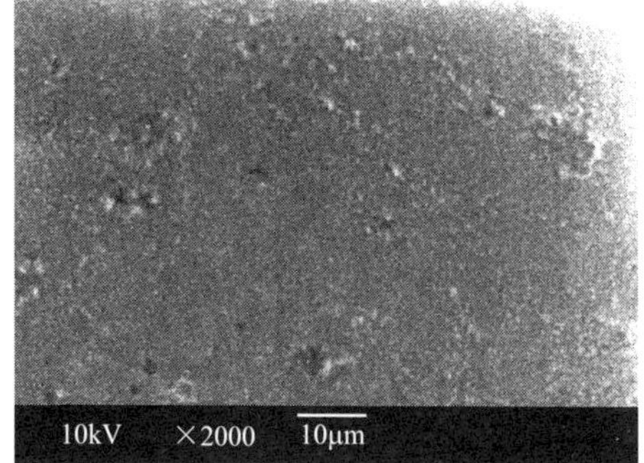

(b) 高温制胶法

图 7.6 玻璃表面 VO_2 膜的 SEM 照片

(a) 低温制胶法 (b) 高温制胶法

图 7.7 玻璃表面 VO_2 膜层截面 SEM 照片

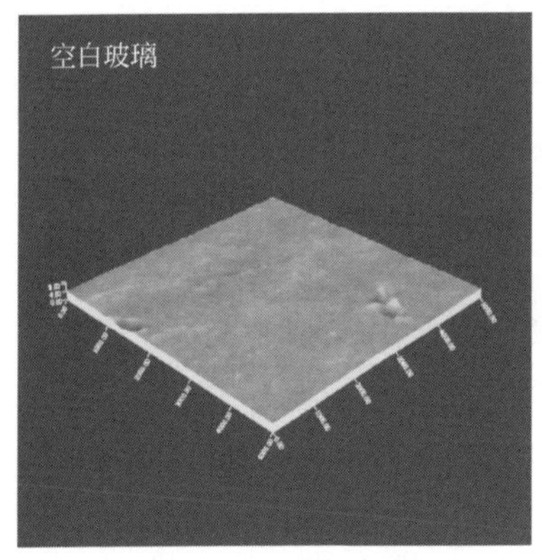

图 7.8 空白玻璃表面 AFM 照片（见彩图）

③ 应用扫描探针显微镜测试玻璃表面复合 VO_2 膜样品，结果如图 7.8、图 7.9 所示，扫描区域为 5μm×5μm，粒度分析报告表明，低温制胶成膜：颗粒平均高度为 13.9nm，粒径分布在 30～410nm；高温制胶成膜：颗粒平均高度为 23.83nm，粒径分布在 20～620nm。

7.3.2 紫外-可见光和红外光透射性质

① 采用日本岛津公司提供的样品温度控制装置，控制样品的温度，分别在 293K

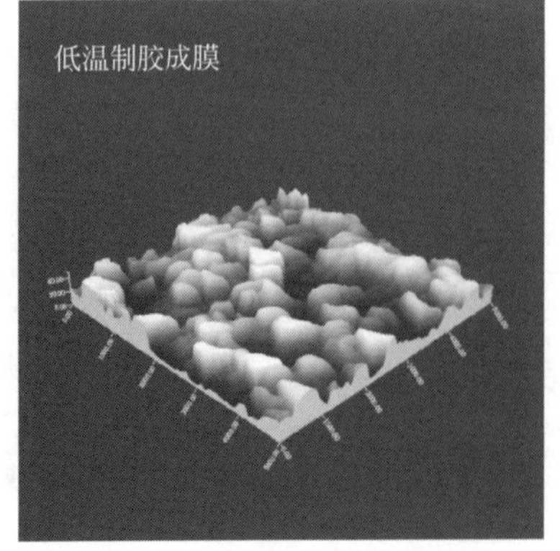

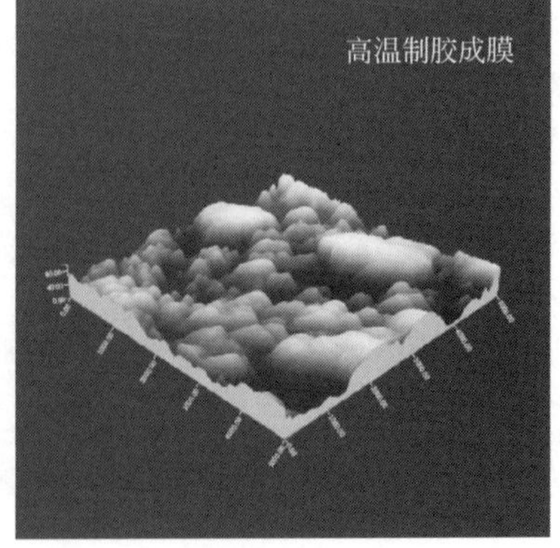

图 7.9 玻璃表面 VO_2 膜的 AFM 照片（见彩图）

和 343K 测定玻璃表面复合 VO_2 膜样品的紫外-可见光透射规律，见图 7.10 和图 7.11。

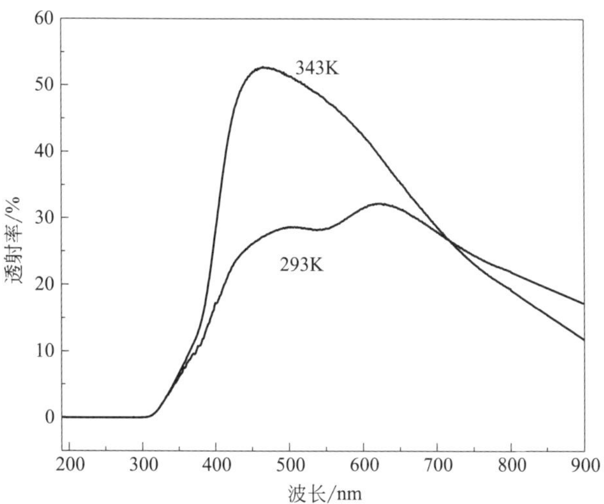

图 7.10　低温制胶法 VO_2 膜的紫外-可见光透射谱图

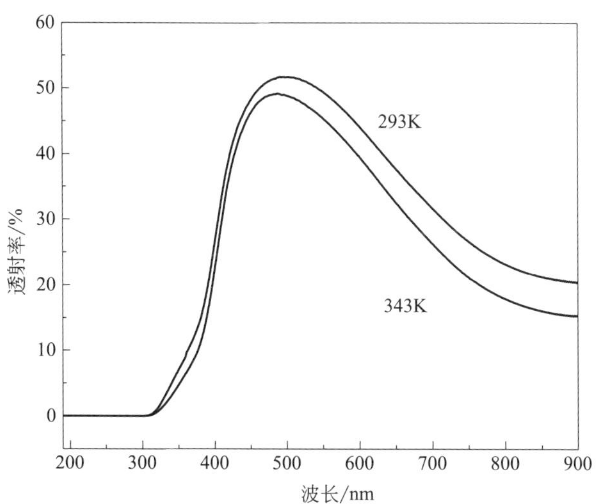

图 7.11　高温制胶法 VO_2 膜的紫外-可见光透射谱图

② 应用日本 JASCO 的 FT/IR-460Plus 红外光谱仪，采用样品室内加热保温装置，外部温控装置自动调节的方法控制样品的温度，分别在 293K 和大于 343K 测定玻璃表面复合 VO_2 膜样品的红外光透射规律，如图 7.12 和图 7.13

所示。

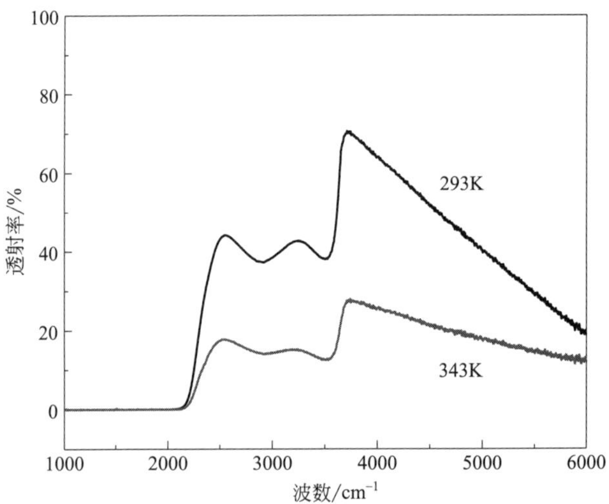

图 7.12　低温制胶法 VO_2 膜的红外光透射谱图

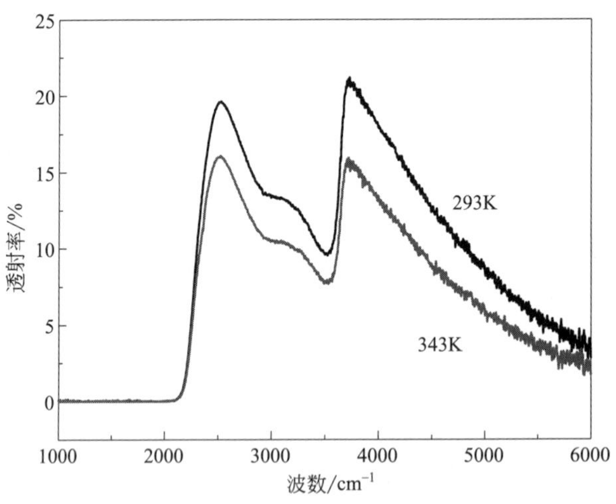

图 7.13　高温制胶法 VO_2 膜的红外光透射谱图

7.3.3　XRD 晶相测定

应用日本岛津 XRD-6000X 射线衍射仪，测定玻璃表面复合 VO_2 膜样品的 X 射线衍射谱图，结果如图 7.14～图 7.16 所示[3]。

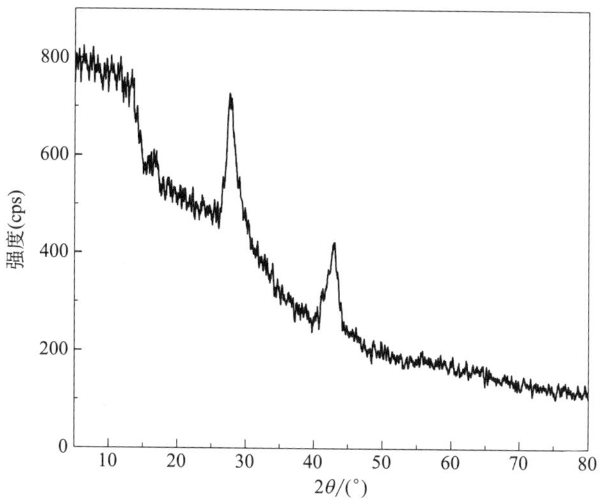

图 7.14 低温制胶法 VO_2 膜的 X 射线衍射谱图

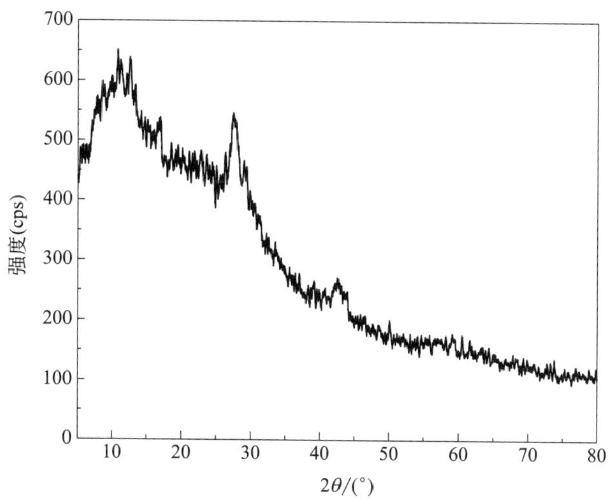

图 7.15 高温制胶法 VO_2 膜的 X 射线衍射谱图

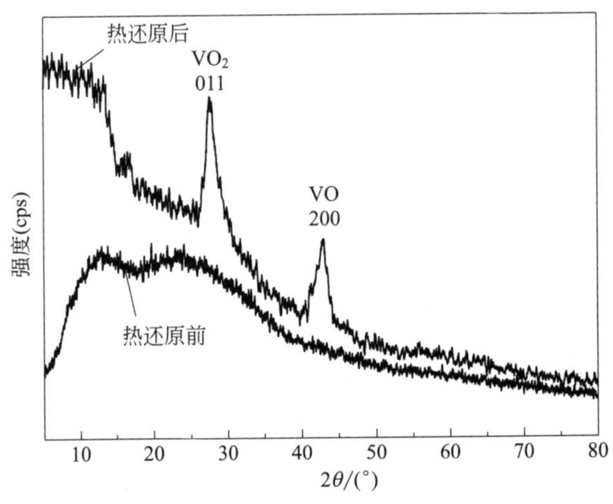

图 7.16　低温制胶法 VO_2 膜的 X 射线衍射谱比较

7.4　玻璃表面钒氧化物膜制备中的问题

本章分别采用熔融 V_2O_5 水中淬冷和双氧水冰点溶解 V_2O_5 制胶法在硅酸盐玻璃表面制备 V_2O_5 凝胶膜，借鉴本研究的制备 VO_2 粉体的方法对 V_2O_5 膜进行还原处理，然后对膜的性质进行测试。从测试结果图 7.4～图 7.15 可以比较出两种方法所得到玻璃表面复合膜的异同点，著者将对比分析结果列于表 7.4。通过表 7.4 的分析比较可知，双氧水冰点溶解 V_2O_5 法制备的膜综合性质优于熔融 V_2O_5 水中淬冷法所制备的膜。值得注意的是，它在可见光区高于相变温度时有增透作用，在红外区有增反射作用，这是一个很有应用价值的性质，还有待于进一步研究，分析其原因，可能与相变的同时膜体颜色发生变化有关。

表 7.4　玻璃表面复合氧化钒膜的性质

氧化钒膜的性质	玻璃表面复合氧化钒膜的特征	
	低温制胶法	高温制胶法
V_2O_5 膜颜色	微黄色	微黄色
VO_2 膜颜色	淡蓝色	蓝色

续表

氧化钒膜的性质	玻璃表面复合氧化钒膜的特征	
	低温制胶法	高温制胶法
VO_2 膜厚度	35μm	35～40μm
VO_2 膜 SEM 照片	均匀无缺陷	有微米级孔洞
VO_2 膜 AFM 照片	颗粒平均高度 13.9nm，粒径分布在 30～410nm 之间	颗粒平均高度 23.83nm，粒径分布在 20～620nm 之间
紫外-可见光谱	温度 343K 与 293K 比较：在可见光区，透射率增加，在 438～521nm 之间透射率大于 50%，在近红外区，透射率减小	温度 343K 与 293K 比较：在可见光和近红外区，透射率均减小
红外光谱	在波数为 2200～6000cm^{-1}（相当于 4545～1666nm）范围内，温度高于 343K 时样品的透射率比 293K 时减小，减小幅度小于 43%	在波数为 2200～6000cm^{-1}（相当于 4545～1666nm）范围内，温度高于 343K 时，样品透射率比 293K 时减小，减小幅度小于 6%
X 射线衍射谱	VO_2 晶体的特征峰（$2\theta=28°$）和 VO 晶体的特征峰（$2\theta=42°$）比较明显	VO_2 晶体的特征峰（$2\theta=28°$）和 VO 晶体的特征峰（$2\theta=42°$）不够显著

本章研究了普通硅酸盐玻璃表面析碱等物理化学变化，在此基础上选择用无机溶胶-凝胶方法在玻璃表面制备钒氧化物膜，并选择以普通硅酸盐平板玻璃为基底材料，以 V_2O_5 为起始物质，确定了相适应的玻璃表面清洁方法，分别采用熔融 V_2O_5 水中淬冷和双氧水冰点溶解 V_2O_5 制胶法制备 V_2O_5 溶胶，在硅酸盐玻璃表面制备 V_2O_5 凝胶膜，采用第 4 章研究的 VO_2 粉体的制备技术对 V_2O_5 膜进行还原处理，通过紫外-可见光谱、红外光谱、SEM、XRD 和 AFM 测试手段，对膜的性质进行了测试，结果表明：采用低温制胶法制备的膜综合性质优于高温制胶法所制备的膜，所制备的玻璃表面膜呈淡蓝色，具有 VO_2 晶相特征，膜面微观结构比较均匀，升高温度至 343K 时，在可见光区透射率增加，在红外区透射率减小，即在超过相变温度时，增加采光率的同时有降低采热率的特性，但是变化幅度较小。

参考文献

[1]　齐济，古丽斯坦，王承遇，等. 硅酸盐玻璃表面析碱的研究 [J]. 玻璃与搪瓷. 2006,

34 (3): 9-13.

[2] 西北轻工业学院.玻璃工艺学 [M].北京: 中国轻工业出版社, 1997.

[3] Qi J, Ning G, Qi X, et al. Structure and optical properties of VO_2 film derived from a low temperature sol-gel and facile thermal process [J]. Optoelectronics and Advanced Materials-RC, 2010, 4 (2): 194-196.

8 含钒玻璃的制备与性质

在玻璃表面制备 VO_2 膜，可以使玻璃的光学性质随温度的变化有所改变，那么如果在玻璃主体中掺杂钒的氧化物，玻璃的性质会产生哪些变化是一个有吸引力的问题，这是本章的研究内容，因为 V_2O_5 的制备工艺已成熟，在钒的氧化物中最稳定，所以选择 V_2O_5 制备掺杂玻璃，硼酸盐玻璃熔点比较低，形成玻璃的范围比较宽，因此选择硼酸盐玻璃为基础玻璃。极化率性质是玻璃非线性等特殊光学性质的主宰因素，其测定比较困难；玻璃的光学碱性是玻璃光学性质的直接反应，目前对玻璃光学碱性与玻璃其他光学性质关系的研究较多，但是有关玻璃光学碱性探测剂的研究较少；玻璃的密度是玻璃结构的宏观反应，最容易测得，它与玻璃光学透过性质和极化率性质之间的关系尚未发现有研究报道。基于上述前提，本章通过制备微量和常量 V_2O_5 掺杂硼酸盐玻璃，研究 V_2O_5 作为玻璃光学碱性探测剂的可能性，研究 V_2O_5 掺杂玻璃的光学透过性质与密度的关系，通过前人实验测试的相关数据研究 V_2O_5 掺杂及相关玻璃中极化率性质与密度的变化规律，为进一步开发新功能钒氧化物玻璃材料提供规律与方法。

8.1 V_2O_5 微量掺杂对玻璃光学碱性的指示作用

玻璃的酸碱性直接影响它的光学性质，所以一直研究不断，最著名的是英国的 Duffy，他于 1971 年将探针离子 Tl^{3+}、Bi^{3+}、Pb^{2+} 加入玻璃原料中制成玻璃，然后测定玻璃的紫外吸收截止波长，发现随着玻璃的酸碱氧化物成分的改变，玻璃的紫外吸收截止波长移动，并且成一定的规律。后来的研究引用 Duffy 的结果居多，尚无用其他离子代替 Tl^{3+}、Bi^{3+}、Pb^{2+} 的研究。本节将微量 V_2O_5 引入硼酸盐二元玻璃中，研究 V^{5+} 对玻璃酸碱性的指示作用，并比较它与 Bi^{3+}、Pb^{2+}、Ce^{4+}、Fe^{3+} 对玻璃酸碱性指示作用的异同点，研究 V^{5+} 作为玻璃酸碱指示探针离子的可能性。

8.1.1 实验试剂与仪器

这部分实验中所用的试剂包括：五氧化二钒、硝酸铅、二氧化铈、三氧化二铁、三氧化二铋、硼酸、碳酸钠，这些试剂均为分析纯，生产厂家为天津市博迪化工有限公司。实验中所用的仪器如表 8.1 所示。

表 8.1 实验仪器

仪器名称	仪器型号	制造厂家
电子天平	HM-200	日本 A&D Campany Limited
电热恒温干燥箱	01-204B9	天津市中环实验电炉有限公司
箱式电阻炉	SX_2-2.5-12	上海实验电炉厂
紫外-可见光谱仪	UV-2450	日本岛津

8.1.2 玻璃样品的制备

选用低熔点的二元硼酸盐玻璃（Na_2O-B_2O_3）为基础玻璃，通过原料 V_2O_5、$Pb(NO_3)_2$、CeO_2、Fe_2O_3、Bi_2O_3 分别引入 0.022%（摩尔分数）的 V^{5+}、Pb^{2+}、Ce^{4+}、Fe^{3+}、Bi^{3+}，具体配料组成如表 8.2 所示。按照表中配料组成称取原料后，用玛瑙研钵混磨均匀，装入刚玉坩埚，放入高温箱形电阻炉中，升温至 1273K，恒温 20min，将玻璃注入石墨模具中，压紧模具盖，然后将模具和样品一起放入 473K 的恒温箱中保温退火 1h。关闭恒温箱加热电源，待自然冷却至室温，将样品取出，装入自封塑料袋中，放入干燥器中，以备测试。

表 8.2 制备 Na_2O-B_2O_3 玻璃的组成和配料

项目	玻璃成分(摩尔分数)/%		探针离子(摩尔分数)/%	配料组成/g	
玻璃组成物质	B_2O_3	Na_2O		H_3BO_3	$NaCO_3$
摩尔质量/g·mol^{-1}	69.62	61.98		61.83	105.99
玻璃成分(摩尔分数)/%	67	33	0.022	7.0316	2.9684
	70	30		7.3135	2.6865
	75	25		7.7778	2.2222
	80	20		8.2354	1.7646

续表

项目	玻璃成分(摩尔分数)/%		探针离子(摩尔分数)/%	配料组成/g	
玻璃成分(摩尔分数)/%	85	15	0.022	8.6862	1.3138
	90	10		9.1305	0.8695
	95	5		9.5684	0.4316
探针离子化合物	V_2O_5	$Pb(NO_3)_2$	CeO_2	Fe_2O_3	Bi_2O_3
摩尔质量/$g \cdot mol^{-1}$	181.88	331.21	172.12	159.69	465.96
引入量/g	0.0200	0.0729	0.0379	0.0176	0.0513

8.1.3 紫外吸收性质的测试结果与讨论

将样品固定在紫外吸收仪样品槽位置处，用空气作参比，扫描波长范围设定在190～800nm之间，测定紫外-可见吸收光谱，结果如图8.1～图8.6所示，其中，图8.1是空白玻璃。

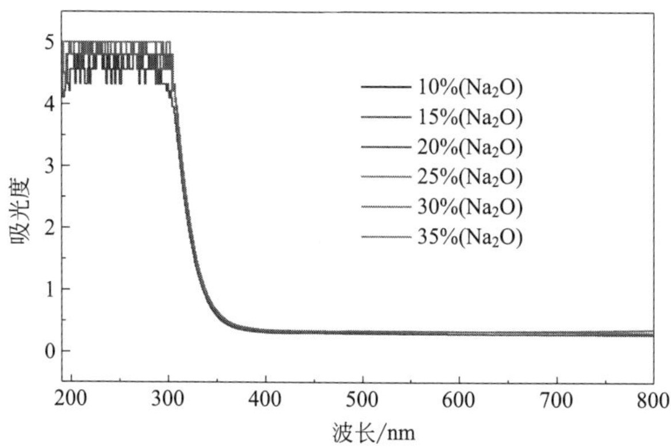

图8.1 二元Na_2O-B_2O_3玻璃的紫外吸收谱图（见彩图）

从图8.1可以看出，空白样品的紫外-可见光谱基本不随玻璃成分的变化而变化，说明光谱性质不随玻璃的酸碱性变化而变化；图8.6表明Ce^{4+}对玻璃的酸碱性基本没有分辨能力；图8.3～图8.5表明，Fe^{3+}与Bi^{3+}、Pb^{2+}在低碱含量（碱含量以摩尔分数表示）$Na_2O<20\%$时通过紫外光谱能分辨出玻璃的酸碱性，但在较高碱含量$Na_2O>20\%$时分辨能力差；图8.2说明V^{5+}在

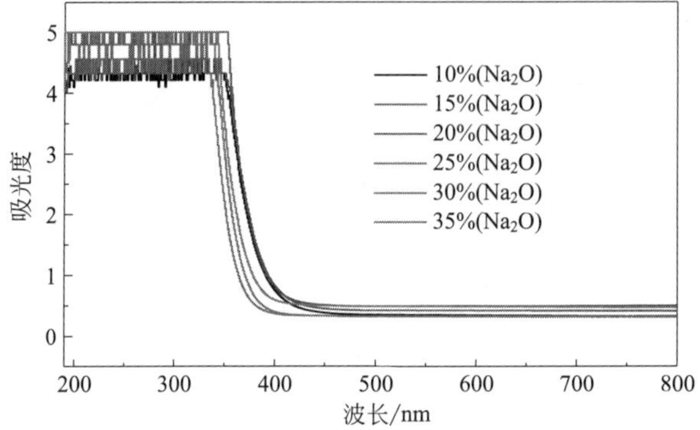

图 8.2 引入 V_2O_5 的二元 Na_2O-B_2O_3 玻璃的紫外吸收谱图（见彩图）

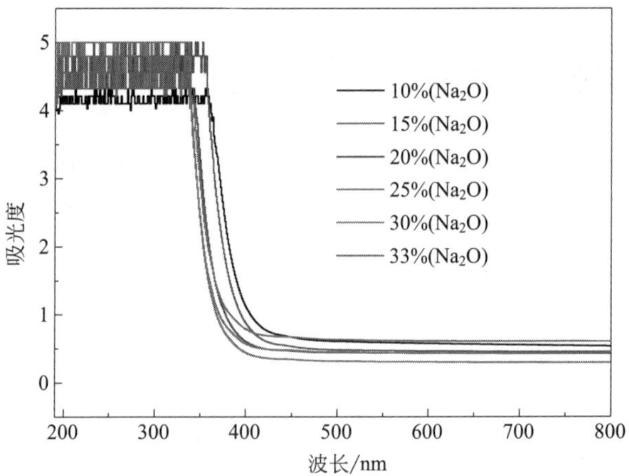

图 8.3 引入 Fe_2O_3 的二元 Na_2O-B_2O_3 玻璃的紫外吸收谱图（见彩图）

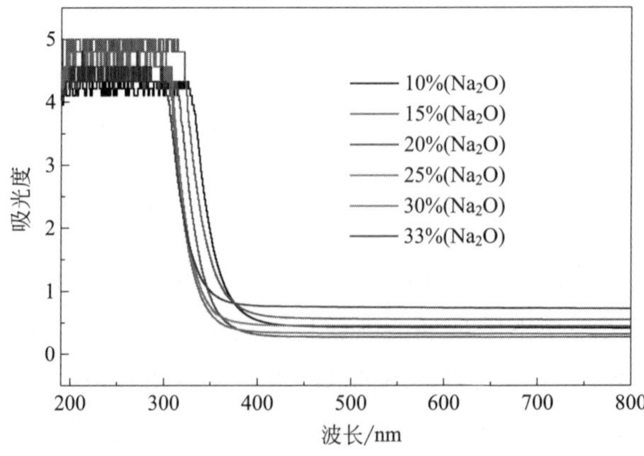

图 8.4 引入 Bi_2O_3 的二元 Na_2O-B_2O_3 玻璃的紫外吸收谱图（见彩图）

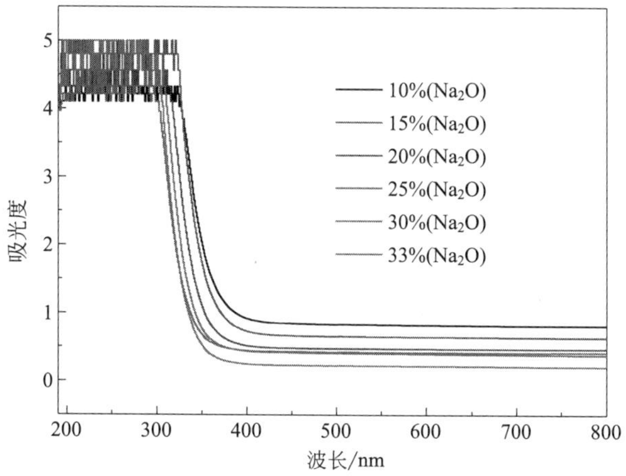

图 8.5 引入 PbO 的二元 Na_2O-B_2O_3 玻璃的紫外吸收谱图（见彩图）

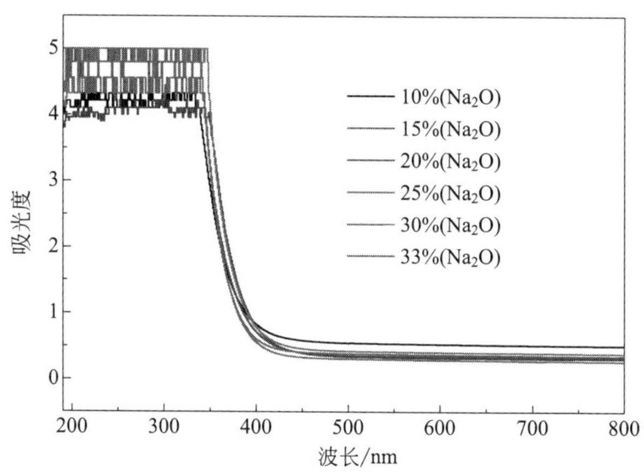

图 8.6 引入 CeO_2 的二元 Na_2O-B_2O_3 玻璃的紫外吸收谱图（见彩图）

高碱含量 Na_2O＞20％时，分辨能力较强，能够弥补传统玻璃光学碱度探测离子 Bi^{3+}、Pb^{2+} 在这个范围内指示能力差的欠缺。

通过实验制备二元硼酸盐玻璃，Na_2O 含量范围为 5％～33％，分别引入微量（摩尔分数 0.022％）V^{5+}、Fe^{3+}、Bi^{3+}、Pb^{2+} 和 Ce^{4+} 离子，进行紫外-可见光谱测试与分析，结果表明：在 Na_2O 摩尔分数＞20％时，钒对玻璃光学碱性的分辨能力较强，而在这个范围 Bi^{3+}、Pb^{2+}、Fe^{3+} 分辨能力不佳；在所研究的玻璃组成范围内，Ce^{4+} 对玻璃光学碱性没有分辨能力。V_2O_5 作为引入玻璃光学碱性的探针离子，能够弥补 Bi^{3+}、Pb^{2+} 在指示范围方面的缺陷，V_2O_5 作为指示玻璃光学碱性的探测剂是有潜力和优势的。

8.2 V_2O_5 常量掺杂中玻璃光学性质与密度的关系

8.2.1 实验试剂与仪器

这部分实验所使用的试剂包括分析纯试剂：五氧化二钒、硼酸、无水碳酸钠、三氧化二铝和无水乙醇，生产家为天津市博迪化工有限公司，所用仪器列于表 8.3 中。

表 8.3 实验仪器

仪器名称	型号	生产厂家
高温箱形电阻炉	SX-8-16	沈阳长城工业电炉厂
电热恒温鼓风干燥箱	DHG-9140A	上海一恒科技有限公司
电子天平	HM-200	日本 A&D Campany Limited
分析天平	TG328B	上海精科天平
紫外-可见分光光度计	UV-2450	日本岛津公司
数码相机	Nikon E4600	日本尼康公司
超声波清洗器	KQ-100E	昆山市超声仪器有限公司
刚玉坩埚	30mL	大开洋帆化工商品经销处提供
石墨模具	模槽 30mm×30mm×3mm	大连旭硝子浮法玻璃公司提供

8.2.2 玻璃样品的制备

（1）玻璃成分的确定　玻璃的化学组成是决定玻璃物理化学性质的主要因素，这一部分的研究是在前人研究玻璃组成范围的基础上，考虑实验室现有的仪器条件，确定了实验研究的玻璃系统为三元硼酸盐玻璃。由于本研究目的是研究玻璃的密度与玻璃光学透过性质之间的规律，所以玻璃样品的透明性是最基本的要求。由于 V_2O_5 的引入超过一定量时，会使玻璃着色，并随着引入量的增加玻璃的颜色加深，因此引入量不宜太高。经过反复多次预研实验，确定出玻璃的摩尔组成范围为 $(70\text{-}x)B_2O_3\text{-}30Na_2O\text{-}xV_2O_5$，其中 $x=1\%\sim10\%$（摩尔分数），下面样品的编号与 x 值一致。

（2）玻璃样品的熔制　根据熔制坩埚的容量、玻璃模槽尺寸、预研中所熔制玻璃的密度、熔制时间、熔制温度、配合料可挥发分的量以及防止配合料在熔制过程中溢料的原则，确定制备含钒硼酸盐玻璃配合料的总量为10g，根据V_2O_5的不同含量，预计可制备玻璃5.7～6.3g。根据配合料总量和玻璃的组成计算所需要原料药品的量，称量之后逐一放入玻璃研钵内，通过研磨混合均匀。将混合均匀的配合料装入刚玉坩埚中，将坩埚置入高温箱形电阻炉中，炉膛底砖上垫三氧化二铝粉，以防因溢料造成坩埚粘砖现象。升温速率控制在$7.5K \cdot min^{-1}$左右。熔制硼酸盐玻璃时，待温度达到1293K，恒温20min。将熔化好的玻璃料液注入温度为473K的石墨模具中，压盖制成尺寸约为30mm×30mm×3mm的玻璃样品，在473K下退火1h，冷却至室温后，将样品装入塑封袋中，放入干燥器中保存以备密度和光学性质的测试。

8.2.3 玻璃样品密度和紫外吸收性质的测试方法

常温下测试密度的方法有三种：一是阿基米德原理法；二是比重瓶法；三是悬浮法（重液法）。根据实验室可实现的测定条件与样品的完整性要求，本研究采用第一种方法测定含钒玻璃的密度。阿基米德原理法是利用浮力准确测量出玻璃试样的体积，并用天平称试样的精确质量，通过一系列计算而得出含钒硼酸盐玻璃的密度。

对样品进行研磨，抛光处理成表面光学均匀，厚度均为2.0mm的玻璃样品用来测定紫外-可见光透过性质。测定条件为：不采用样品池和参比池，固定玻璃样品使其表面垂直于光通路，不另外置入参比样品，直接采用样品室内的空气做参比。在293K下采用UV-2450分光光度计测定样品的紫外-可见光光谱[1]。

8.2.4 测试结果与讨论

（1）玻璃样品的密度　密度测定结果如表8.4所示。

表8.4　玻璃样品的密度

样品编号	密度/$g \cdot cm^{-3}$
1	2.3257
2	2.3289
3	2.3320

续表

样品编号	密度/g·cm^{-3}
4	2.3381
5	2.3418
6	2.3466
7	2.3505
8	2.3561
9	2.3618
10	2.3670

（2）玻璃样品的紫外-可见光吸收光谱　玻璃样品的紫外-可见光透过如图 8.7 所示。

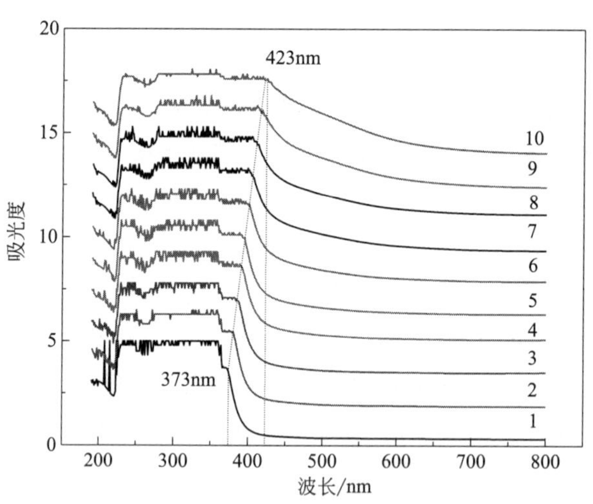

图 8.7　$(70-x)B_2O_3$-$30Na_2O$-xV_2O_5 玻璃的紫外-可见光吸收光谱（见彩图）

为了使图谱清晰展示，便于分析和比较，2 号至 10 号样品的纵坐标（吸光度）分别加上 1.5、3.0、4.5、…、13.5。并注明 1 号和 10 号样品谱图转折处的波长值，即从对紫外光的吸收向对可见光的透过的转变处（“肩膀”处，称为紫外吸收截止波长），用连线连接紫外吸收截止点，标示出其变化过程的规律性。

（3）玻璃的密度与光学性质的关系　从表 8.4 可知随着样品中 V_2O_5 含量的增加，样品的密度增加。从图 8.7 可看出，随样品中 V_2O_5 含量的增加，玻璃的紫外吸收截止波长向长波方向移动，从 373nm 红移至 423nm。玻璃从光学吸收向光学透过转变的波长范围产生变化，由 1 号样品 50nm 左右变成 10 号样品的 300nm 左右。这说明随样品中 V_2O_5 引入量的增加，玻璃的光学碱性增加，所以与光学碱性相关的玻璃的所有光学性质均会发生变化。这里的 V_2O_5 含量是通过配合料计算出来的，它会受玻璃配合料的称取、玻璃的熔制等过程的影响而产生一定的误差，并且玻璃中的 B_2O_3 含量随 V_2O_5 的增加而减少，所以玻璃组成与光学性质的定量关系涉及的变量较多，不易获得。相对而言，玻璃的密度是对最终玻璃样品测定的结果，它反映了玻璃内部结构的一种状态，这种状态会对玻璃的光学性质产生影响。因此玻璃的密度与玻璃紫外吸收截止波长之间的关系是一个很值得讨论的问题，玻璃样品的密度与玻璃紫外吸收截止波长的关系如图 8.8 所示。

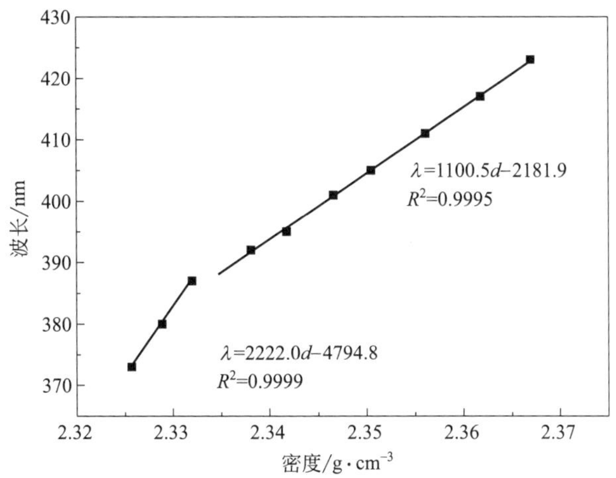

图 8.8　玻璃样品的密度与玻璃紫外吸收截止波长

由图 8.8 可见，当紫外截止吸收波长小于 390nm 时，紫外截止吸收波长随玻璃密度的增加呈线性增加，并且增加的速度较快；而当紫外截止吸收波长大于 390nm，进入可见光区时，两者也成线性增加关系，但是增加速度相对比较小。换言之，玻璃的紫外截止吸收波长随玻璃的密度的增加而线性增加，但是，在紫外区和在可见光区服从不同的线性规律。根据测定数据拟合出规律方程，列于式(8.1) 和式(8.2)。

$$\lambda=2222.0d-4794.8 \tag{8.1}$$

$$\lambda=1100.5d-2181.9 \tag{8.2}$$

式中，λ 为玻璃对紫外光产生吸收的截止吸收波长，nm；d 为玻璃的密

度 $g \cdot cm^{-3}$。当 $\lambda \leqslant 390nm$，式(8.1) 适用，当 $\lambda > 390nm$，式(8.2) 适用。

通过制备 V_2O_5 常量掺杂玻璃 (70-x) B_2O_3-30Na_2O-xV_2O_5，其中 $x=$ 1%～10%（摩尔分数），测定玻璃密度和紫外吸收光谱，分析玻璃组成、玻璃密度与吸收光谱之间的定性与定量关系，发现了玻璃密度与紫外截止吸收波长之间的线性关系。这种定量规律的发现为玻璃光学材料的研究开辟了一条新途径，即可以通过简单易测的性质密度获得其他复杂难测的性能参数。这一发现对本课题的继续研究也起到了启发作用。众所周知，密度是一个易测定的物理量，而电子极化率是主宰材料光学功能的一个重要参数，玻璃密度与极化率之间是否也存在定性和定量的关系，这个问题变成了一个很有吸引力的课题。

8.3 二元含 V_2O_5 及相关玻璃中极化率性质与密度的关系

前人对含 V_2O_5 玻璃材料的研究较少，目前能查到二元含 V_2O_5 磷酸盐玻璃和锗酸盐玻璃有关光学性质的一些数据，这些研究数据是通过对玻璃密度、折射率等性质进行实验测定，然后通过一定的计算得出来的。玻璃的密度是玻璃的一个最基本的物理性质，它与玻璃组成和玻璃生产工艺过程均有直接关系，并且玻璃的密度是一个极其容易测定的参数，在这个前提下，著者对玻璃的密度展开了研究。研究其与玻璃中离子的电子极化率的关系，因为材料结构中的离子的电子极化率是决定材料光学性质的主宰因素。玻璃材料中，最常见的是氧化物玻璃，氧化物玻璃中，硅酸盐、硼酸盐、磷酸盐玻璃最常见，并且前人对这三种不同组成的玻璃的密度和折射率等性质均有实验测定数据。著者在前人大量实验的基础上，研究上述三种玻璃及其他相关玻璃的密度与电子极化率以及三阶非线性极化率的变化规律，并比较二元含 V_2O_5 玻璃与其他玻璃的异同点，为含 V_2O_5 玻璃材料在光学功能方面的应用研究奠定基础。

8.3.1 氧离子极化率与玻璃密度的关系

8.3.1.1 玻璃中氧离子极化率与密度关系的理论基础

氧化物是玻璃不可或缺的组成部分，氧化物中的氧离子在不同的化学环境下，表现出不同的极化率。大多数离子有比较固定的极化率，在各种不同的化合物中表现出可加性原则。例如，Ba^{2+} 的电子极化率为 0.47($Å^3$)，在不同的化合物中基本不变。Cl^- 也一样，其极化率为 3.66($Å^3$)，在其不同金属氯化物中它的极化率相同。然而，对于氧离子则不同，它的电子极化率变化较大，如其在氧化钡中，O^{2-} 的极化率为 3.70($Å^3$)，在 SiO_2 中 O^{2-} 的极化率却为 1.41($Å^3$)，目前还没有其他离子表现出如此大的极化率变化范围。而氧离子的这种性质与材料的许多物理化学性质有关，如光电效应、铁电效应、介电性质、离子折射率、光学碱性等。因此在研究晶体和玻璃用于光电材料时，氧离子的极化率的估算很重要。氧离子的存在不仅仅有桥氧和非桥氧之分，而且还带不同程度的负电荷，这与玻璃的组成有关系。其所带的负电不是一成不变的，它会随着与它相联或相邻原子的运动，或相关的金属离子的性质而变化。从上述影响氧离子极化率的因素可知，定量和定性地估算出氧离子的极化率是比较困难的。为了解释玻璃中的非线性等光学现象，前人的研究集中在氧离子的极化率、阳离子的极化率、离子间交互作用参数、光学碱性、折射率和电负性之间的基本关系[2,3]。玻璃的密度和氧离子的极化率之间的关系尚无人研究。玻璃的密度是一个非常重要而且极易测定的物理性质。氧离子的极化率对玻璃密度的依赖关系是一个极具吸引力的研究课题，因为掌握了它们之间的规律就意味着可以采用简单有效的方法改变玻璃的密度，从而有目的地调整光电子玻璃材料的性质。

8.3.1.2 玻璃中氧离子极化率的计算方法

通过 Lorentz-Lorenz 方程［式(8.3)］计算出摩尔折射率（R_m），摩尔电子极化率（α_m）通过式(8.4) 计算

$$R_m=\left[\frac{(n_o^2-1)}{(n_o^2+2)}\right]V_m \tag{8.3}$$

式中，V_m 为摩尔体积；n_o 为折射率。

$$\alpha_m=\left(\frac{3}{4\pi N}\right)R_m \tag{8.4}$$

式中，N 为阿伏伽德罗常数。

对于具有化学组成式 $xA_pO_q(1-x)B_rO_s$ 的二元玻璃，用式(8.5) 计算摩尔电子极化率（α_m），用式(8.6) 计算氧离子的极化率 $\alpha_{O^{2-}}(n_o)$。

$$\alpha_m=N_{O^{2-}}\alpha_{O^{2-}}(n_0)+\sum\alpha_{cat} \tag{8.5}$$

$$\alpha_{O^{2-}}(n_o)=\left[\frac{R_m}{2.52}-\sum\alpha_{cat}\right]/N_{O^{2-}} \tag{8.6}$$

式中，$\sum\alpha_{cat}$ 为摩尔阳离子极化率，等于 $xp\alpha_A+(1-x)r\alpha_B$；$N_{O^{2-}}$ 为化学组成式中氧离子的数量，等于 $xq+(1-x)s$。式(8.3)～式(8.6) 已经被玻璃领域的前辈 Duffy 和 Dimitrov 等在研究中应用[4]。

8.3.1.3 二元玻璃中氧离子极化率与密度的关系

经过大量的数理统计计算与分析，著者发现，在一定的玻璃系统中，含有一价和二价金属氧化物的玻璃中，氧离子极化率与密度呈一定的变化趋势，含有三价以上金属氧化物的玻璃中氧离子的极化率随密度的变化规律不仅与玻璃系统有关，还与金属氧化物种类有关[5]。

(1) 二元玻璃中氧离子极化率与密度关系的共性　这一部分研究共考察了 104 种玻璃成分，其中包括：7 个二元硅酸盐玻璃系统，分别含有 Li_2O、Na_2O、K_2O、Rb_2O、Cs_2O、CaO 和 PbO，计 33 种玻璃成分；7 个二元硼酸盐玻璃系统，分别含有 Li_2O、Na_2O、K_2O、Ag_2O、PbO、CdO 和 BaO，计 34 种玻璃成分；6 个二元磷酸盐玻璃系统，分别含有 Li_2O、Na_2O、SrO、ZnO、CdO 和 PbO，计 37 种玻璃成分。发现氧离子的极化率随密度的增加呈现出增加趋势，如图 8.9 所示。

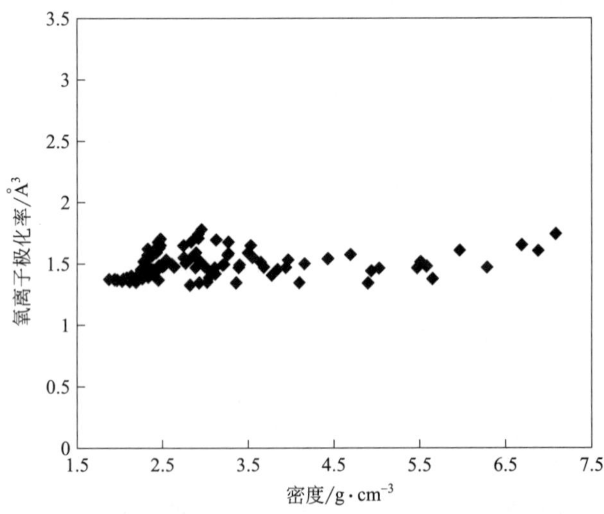

图 8.9　含一价和二价金属氧化物的二元玻璃中氧离子极化率和玻璃密度的变化趋势

(2) 含 V_2O_5 二元玻璃中氧离子极化率与密度关系的特殊性　含 V_2O_5 的

二元玻璃中，锗酸盐玻璃与磷酸盐玻璃中氧离子极化率与玻璃密度的关系呈现出不同的变化规律，如图 8.10 所示。初步分析与玻璃系统有关，所以绘出含一价金属氧化物的二元锗酸盐玻璃中氧离子极化率与密度的关系图 8.11。从图 8.10 和图 8.11 中可以看出，锗酸盐玻璃呈现出与其他玻璃系统（硅酸盐、硼酸盐和磷酸盐）不同的变化趋势，即随玻璃密度的增加而减小。为了比较，著者绘出含三价金属氧化物的 Sb_2O_3-GeO_2、Bi_2O_3-GeO_2 和 V_2O_5-GeO_2 玻璃中氧离子极化率随密度的变化图 8.12。发现前两个玻璃系统氧离子极化率随密度的增加而增大，而 V_2O_5-GeO_2 玻璃中氧离子极化率随密度增加而减小，如果玻璃系统决定了氧离子极化率随密度的变化趋势，又无法解释在同样的锗酸盐玻璃系统中 Sb_2O_3-GeO_2 和 Bi_2O_3-GeO_2 玻璃呈现与 V_2O_5-GeO_2 玻璃不同的变化规律。为了进一步分析其原因，著者考查了所研究玻璃的摩尔组成和密度的关系，发现含一价、二价金属氧化物和五氧化二钒的锗酸盐二元玻璃的密度随金属氧化物摩尔分数增加而减小，其他玻璃的密度均随金属氧化物摩尔分数的增加而增大。因为玻璃中氧离子的极化率直接受阳离子的电场的影响，所以引入的金属氧化物的摩尔分数增加会增大氧离子的极化率。因此玻璃中氧离子极化率随金属氧化物摩尔分数的增加而增加，当玻璃的密度随金属氧化物摩尔分数的增加而增加时，玻璃中氧离子的极化率即随玻璃的密度增大而增大，当玻璃的密度随金属氧化物摩尔分数的增加而减小时，玻璃中氧离子的极化率即随玻璃的密度增大而减小。从图 8.13 可知，在二元磷酸盐玻璃中，

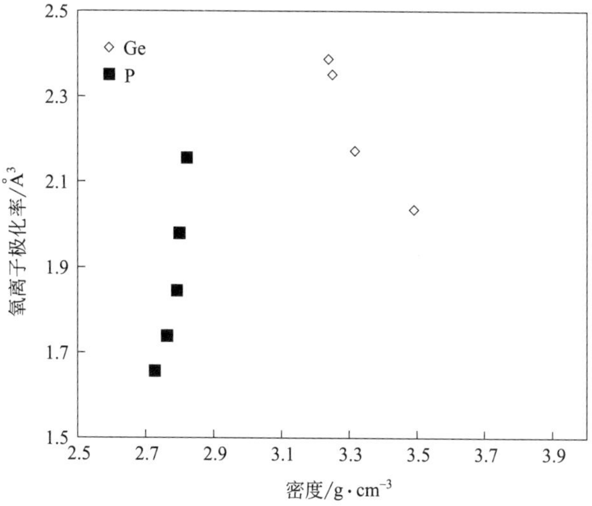

图 8.10 V_2O_5-P_2O_5 和 V_2O_5-GeO_2 玻璃中氧离子极化率和玻璃密度的变化趋势

含 V_2O_5 的玻璃与含其他高价离子的玻璃的氧离子极化率随密度的变化趋势一致，但是变化幅度比其他玻璃大 8～30 倍。V_2O_5 二元玻璃的这种特殊性是由钒的高价态决定的，钒是五价的，这种高价态的阳离子的引入，与引入同样摩尔分数的其他金属离子比较，将对氧离子产生更强的电场效应，又因为随着 V_2O_5 引入摩尔分数的增加，玻璃的密度增加，因此含 V_2O_5 的玻璃与含其他三价金属离子氧化物的玻璃比较，其氧离子极化率随密度的增加幅度更大。

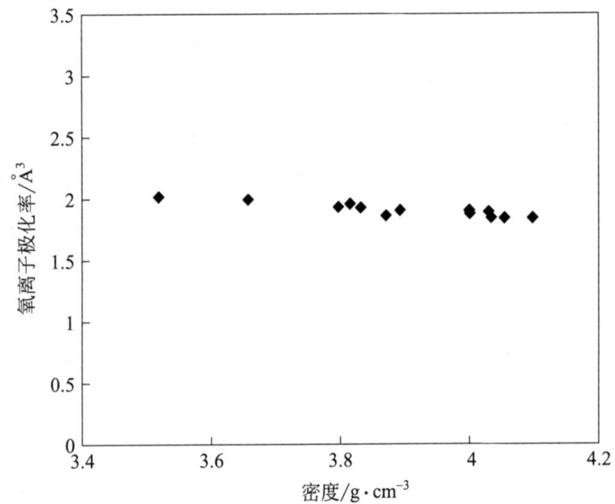

图 8.11　含 Li_2O、Na_2O、K_2O 二元锗酸盐玻璃中氧离子极化率与玻璃密度的关系

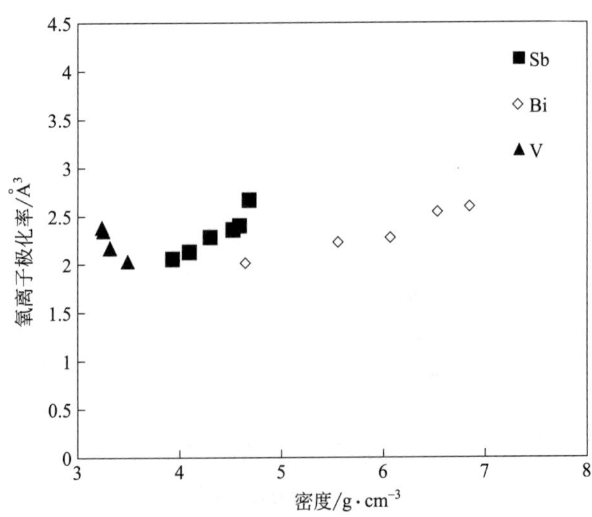

图 8.12　Sb_2O_3-GeO_2、Bi_2O_3-GeO_2 和 V_2O_5-GeO_2 玻璃中氧离子极化率与密度的关系

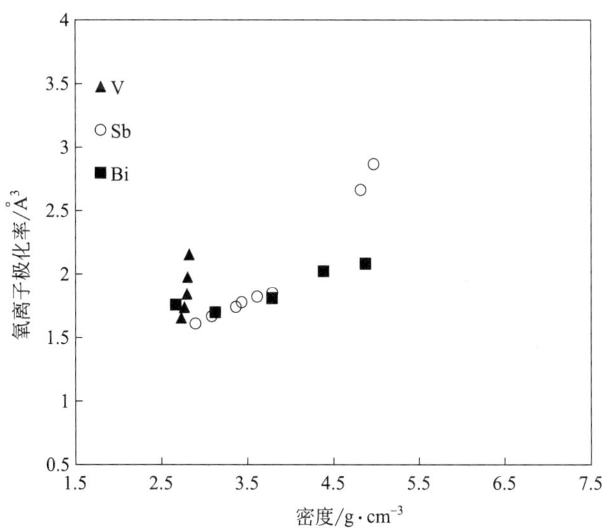

图 8.13 Bi_2O_3-P_2O_5、Sb_2O_3-P_2O_5 和 V_2O_5-P_2O_5 玻璃中氧离子极化率与密度关系

8.3.2 摩尔极化率与玻璃密度的关系

前小节研究了部分玻璃中氧离子极化率随玻璃密度变化的趋势，但是没有得出定量的规律。鉴于目前尚没有关于摩尔极化率 α_m、摩尔体积 V_m 和玻璃密度 d 之间定量关系的研究，著者研究了摩尔极化率（所谓摩尔极化率就是玻璃中平均 1mol 组成中所有氧离子极化率和阳离子极化率之和）、摩尔体积和密度的关系，包括二元硅酸盐玻璃、二元硼酸盐玻璃和二元磷酸盐玻璃，总计 25 个玻璃系统，138 种玻璃组成，研究其平均摩尔极化率与玻璃密度的定量关系式，比较 V_2O_5 二元玻璃与其他玻璃的异同，为钒氧化物玻璃的进一步研究提供理论基础。

8.3.2.1 摩尔极化率、摩尔体积与玻璃密度之间关系的新发现

（1）摩尔极化率、摩尔体积与玻璃密度的关系的拟合方法　在前人大量的研究数据的基础上，做最小二乘线性回归拟合，拟合出单位体积的电子极化率（α_m/V_m）与玻璃的密度（d）呈线性关系，线性相关方程的通式如式(8.7) 所示[6]。

$$\frac{\alpha_m}{V_m}=ad+b \tag{8.7}$$

式中，α_m 为摩尔极化率，Å^3；V_m 为摩尔体积，cm^3；d 为玻璃的密度，Å^3/cm^3；a 和 b 分别为方程的斜率和截距。

（2）含一价和二价金属离子氧化物二元玻璃中摩尔极化率和密度的关系

图 8.14 为二元玻璃中单位体积极化率（α_m/V_m）与密度的关系。图中包括含 Li_2O、Na_2O、K_2O、Rb_2O、Cs_2O 和 PbO 的硅酸盐玻璃，含 Li_2O、Na_2O、K_2O、Ag_2O、PbO、CdO 和 BaO 的硼酸盐玻璃，含 Li_2O、Na_2O、SrO、ZnO、CdO 和 PbO 的磷酸盐玻璃。

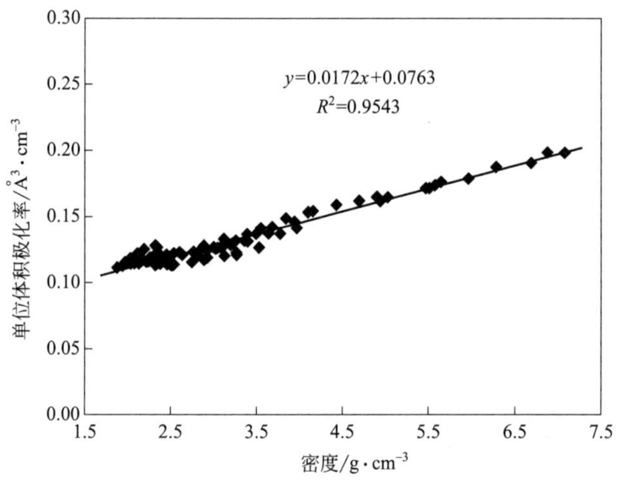

图 8.14　二元玻璃中单位体积极化率和密度的关系

（3）含 Sb_2O_3、Bi_2O_3 和 V_2O_5 二元玻璃中摩尔极化率和密度的关系

图 8.15～图 8.17 分别为含 Sb_2O_3、Bi_2O_3 和 V_2O_5 的硅酸盐、硼酸盐、磷酸盐二元玻璃中单位体积极化率（α_m/V_m）随玻璃密度的变化规律。

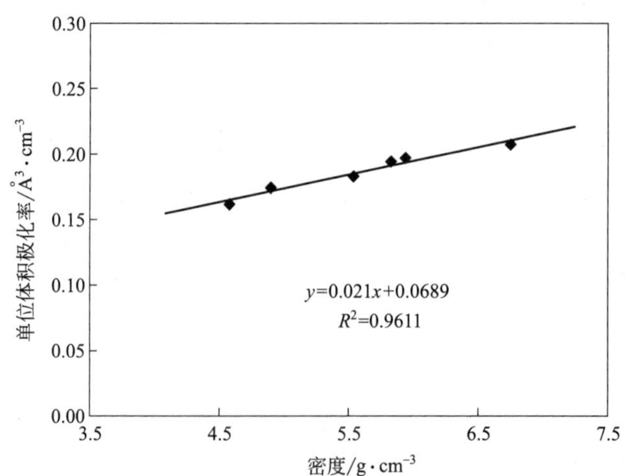

图 8.15　Bi_2O_3-SiO_2 玻璃中单位体积极化率和玻璃密度的关系

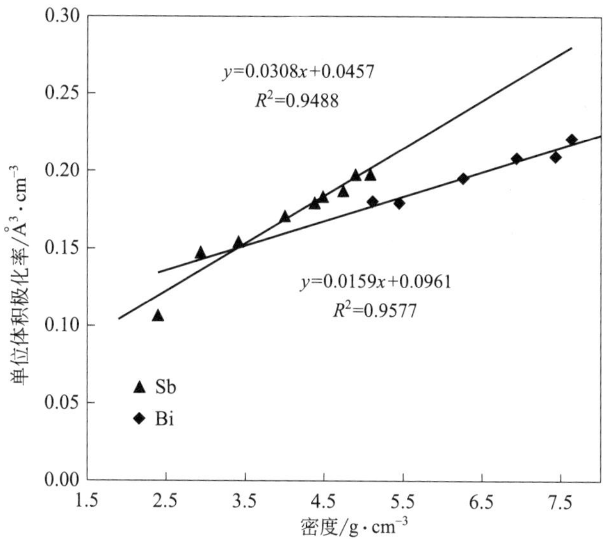

图 8.16 Bi_2O_3-B_2O_3 和 Sb_2O_3-B_2O_3 玻璃中单位体积极化率和玻璃密度的关系

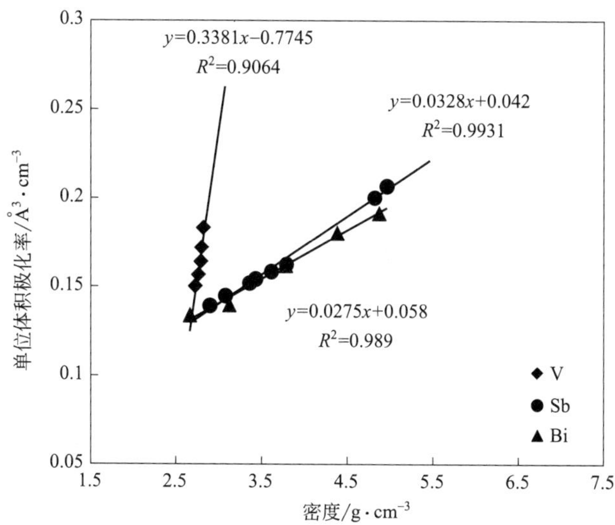

图 8.17 V_2O_5-P_2O_5、Sb_2O_3-P_2O_5 和 Bi_2O_3-P_2O_5 玻璃中单位体积极化率和玻璃密度关系

8.3.2.2 摩尔极化率、摩尔体积与玻璃密度关系的讨论

(1) 含一价和二价金属离子氧化物的二元玻璃 从图 8.14 可知，在含一价和二价金属离子氧化物的硅酸盐、硼酸盐和磷酸盐二元玻璃（共计 19 个玻璃系统，99 种玻璃组成）中，单位体积的离子极化率 α_m/V_m 随玻璃的密度的增加呈线性增加，线性相关度较大，相关系数为 $R^2=0.9543$。相关系数

(R^2)是用来衡量最小二乘拟合的有效性的，R^2 越接近于 1，拟合的有效性越高。玻璃是无定形非晶态固体，在这种无定形材料中，定量计算一般均为经验公式，与实际测定值的相关度一般都比较低。比较而言，本文研究中的这种最小二乘拟合有效性是较高的。研究玻璃密度的范围也较宽，在 1.883～7.084g/cm^3 之间，相应地 α_m/V_m 的变化范围在 0.10～0.20Å^3/cm^3 之间。

(2) 含 Sb_2O_3、Bi_2O_3 和 V_2O_5 的二元玻璃　图 8.15～图 8.17 表明，在含 Sb_2O_3、Bi_2O_3 和 V_2O_5 的二元硅酸盐、硼酸盐和磷酸盐玻璃中，单位体积离子极化率 α_m/V_m 均随玻璃密度的增加而呈线性增大。图 8.17 表明，V_2O_5-P_2O_5 玻璃的单位体积极化率随密度的线性增加的速度最大，大约是 Sb_2O_3-P_2O_5 和 Bi_2O_3-P_2O_5 玻璃的 10 倍左右，在寻求具有高的离子极化率，从而具有优越的光学性能的材料研究中，含 V_2O_5 的玻璃是很有潜力的。

(3) 摩尔极化率、摩尔体积与玻璃密度的关系方程　从图 8.14 可知，含一价和二价金属氧化物的二元硅酸盐、硼酸盐和磷酸盐玻璃中单位体积的离子极化率和玻璃的密度符合一个通用的直线方程，斜率 $a=0.0172$，截距 $b=0.0763$。对于含 V_2O_5、Bi_2O_3 和 Sb_2O_3 硅酸盐、硼酸盐和磷酸盐二元玻璃，方程中的系数 a 和 b 与玻璃系统和金属氧化物种类均有关，具体数值在图 8.14～图 8.17 中均有标注。所研究的 25 个玻璃系统，138 种玻璃组成中，单位体积离子极化率 α_m/V_m 与玻璃的密度均呈直线关系，而且线性相关系数较高，均在 0.9～1 之间，具体线性方程和相关系数统计列于表 8.5。

表 8.5　二元玻璃中摩尔极化率、摩尔体积和玻璃密度的关系

玻璃系统	$\alpha_m/V_m=ad+b$		
	a	b	$R^2$④
$M_2O(MO)$-$B_2O_3$① $M_2O(MO)$-$SiO_2$② $M_2O(MO)$-$P_2O_5$③	0.0172	0.0763	0.9543
Bi_2O_3-B_2O_3	0.0159	0.0961	0.9577
Sb_2O_3-B_2O_3	0.0308	0.0457	0.9488
Bi_2O_3-SiO_2	0.0210	0.0689	0.9611
Bi_2O_3-P_2O_5	0.0275	0.0580	0.9890
Sb_2O_3-P_2O_5	0.0328	0.0420	0.9931
V_2O_5-P_2O_5	0.3381	−0.7745	0.9064

① $M_2O(MO)$-B_2O_3 为含 Li_2O、Na_2O、K_2O、Ag_2O、PbO、CdO 和 BaO 二元硼酸盐玻璃。

② $M_2O(MO)$-SiO_2 为含 Li_2O、Na_2O、K_2O、Rb_2O、Cs_2O 和 PbO 的二元硅酸盐玻璃。

③ $M_2O(MO)$-P_2O_5 为含 Li_2O、Na_2O、SrO、ZnO、CdO 和 PbO 的二元磷酸盐玻璃。

④ R^2 为方程 $\alpha_m/V_m=ad+b$ 的线性回归方程的相关系数。

(4) 摩尔极化率、摩尔体积与玻璃密度的关系方程的意义 从式(8.7),可以推出式(8.8)

$$\alpha_m = aV_m d + bV_m = aW_m + bV_m \tag{8.8}$$

式中,$d=\frac{W_m}{V_m}$,W_m 为摩尔质量。

式(8.8) 表明,摩尔极化率随摩尔质量和摩尔体积的增加而增加。式(8.8) 的导出,为摩尔极化率的计算开辟了一种新的计算方法,只要知道玻璃的化学组成和玻璃的密度,即能计算出摩尔极化率。即通过玻璃的化学摩尔组成计算摩尔质量 (W_m),通过玻璃的密度计算摩尔体积 $V_m = W_m/d$,从而可求出摩尔极化率。这种方法对实验研究之前科学地预测摩尔极化率以及相关的光学性质很有意义。

本章通过在二元硼酸盐玻璃 B_2O_3-Na_2O 中引入微量 V_2O_5,研究了 V_2O_5 对硼酸盐玻璃光学碱性的指示作用。结果表明,Na_2O-B_2O_3 玻璃中微量掺杂 V_2O_5 对玻璃的光学碱性有指示作用。当 Na_2O 含量大于 20%时,V_2O_5 对玻璃光学碱性的指示能力优于传统使用的 PbO 和 Bi_2O_3。通过制备硼酸盐三元玻璃 B_2O_3-Na_2O-V_2O_5,研究了该玻璃系统的玻璃组成、光学透过性质与密度的定性和定量关系,结果发现了 Na_2O-B_2O_3-V_2O_5 玻璃的紫外截止吸收波长随玻璃密度的增加线性增加,在大于 390nm 的可见光区和小于 390nm 的紫外光区服从不同的线性方程。以前人对二元玻璃的实验数据为基础,进行数理统计、分析和研究,总结出了 V_2O_5 锗酸盐玻璃中氧离子极化率性质随玻璃密度的变化趋势及其特殊性;对 V_2O_5-P_2O_5 等二元玻璃中氧离子极化率、摩尔极化率进行了研究,统计分析出了硅酸盐玻璃、硼酸盐玻璃、磷酸盐玻璃中摩尔极化率与密度的定量关系式,为进一步研究具有光学功能的钒氧化物玻璃材料奠定了理论基础。

参考文献

[1] 齐济,赵彬,王世敏,等. B_2O_3-Na_2O-V_2O_5 玻璃紫外吸收截止波长和密度关系的研究 [J]. 大连民族学院学报,2014,16 (1):1-4.

[2] Honma T,Benino Y,Komatsu T,et al. Correlation among electronic polarisability,optical basicity,interaction parameter and XPS spectra of Bi_2O_3-B_2O_3 glasses [J].

Physics and Chemistry of Glasses, 2002, 43 (1): 32-40.

[3] Reddy R R, Ahammed Y N, Azeem P A, et al. Electronic polarizability and optical basicity properties of oxide glasses through average electronegativity [J]. Journal of Non-Crystalline Solids, 2001, 286 (3): 169-180.

[4] Honma T, Sato R, Benino Y, et al. Electronic polarizability, optical basicity and XPS spectra of Sb_2O_3-B_2O_3 glasses [J]. Journal of Non-Crystalline Solids, 2000, 272 (1): 1-13.

[5] Qi J, Xue D F, Ratajczak H, et al. Electronic polarizability of the oxide ion and density of binary silicate, borate and phosphate oxide glasses [J]. Physica B, 2004, 349: 265-269.

[6] Qi J, Ning G, Sun T. Relationships between molar polarisability, molar volume and density of binary silicate, borate and phosphate glasses [J]. Physics and Chemistry of Glasses, 2007, 48 (6): 354-356.

9
钒氧化物的应用

钒虽然具有多种氧化物，但工业上大量使用的钒氧化物主要包括 V_2O_5、VO_2 和 V_2O_3。

V_2O_5 最稳定，是工业上用量最大的重要钒氧化物，工业上使用的五氧化二钒的生产，通常是由含钒矿石、钒渣、含钒油渣和煤灰等原料中提取，制取粉状或片状五氧化二钒，用它做原料可进一步制取钒合金，如钒铁合金、钒铝合金等。除此之外，五氧化二钒还可以用作催化剂，在化学工业中，用作有机和无机氧化反应的催化剂，如它是硫酸、橡胶合成等化工反应的特效催化剂。

V_2O_3 最不稳定，具有金属-非金属转变的性质，具有两个相变点，相变温度范围分别为：150～170K 和 350～540K，其中，低温相变特性优越，电阻突变可达 6～7 个数量级，还伴随着晶格和反铁磁性的变化，低温为单斜反铁磁性半导体结构，低温相变性能使其在低温装置中，具有广阔的应用前景。工业上三氧化二钒是通过用氢气、一氧化碳、氨气、天然气、煤气等还原五氧化二钒或钒酸铵来制取。三氧化二钒一般用于生产高钒铁的原料，用于玻璃和陶瓷中的染色剂；二氧化硫氧化生成三氧化硫，乙醇氧化生成乙醛中的催化剂。另外，还应用于植物接种，阻止紫外线透过玻璃，显影剂等。

VO_2 稳定性介于 V_2O_5 和 V_2O_3 之间。1959 年 Morin 发现了 VO_2 具有相变性能，在 341K 产生一级相变，从低温半导体相转变成高温金属相，晶相从单斜变成四方结构，从红外高透过率变成低红外透过率，从高电阻率变成低电阻率。二氧化钒的相变温度约为 68℃，最接近室温，这一性质使它在节能窗、光储存、热敏开关、激光防护、红外成像仿真等方面具有广泛的应用前景。二氧化钒引起了广泛的关注和大量的研究，研究发现 VO_2 具有许多相，如 M 相、B 相、A 相、C 相、R 相等，上述所提及的相变，是由 M 相至 R 相的相变，VO_2 制备技术和性能研究仍在继续。

9.1 工业催化剂

以氧化钒为主体的氧化催化剂，在所有无机和有机化合物的氧化反应中几乎都有效，可以称其为万能催化剂。在烯烃氧化、氧化脱氢和氨氧化方面虽不常用，但在二氧化硫之类的无机化合物的氧化以及烷烃、芳香烃、醇、醛等的氧化反应中广为使用，而且最有成效。部分氧化钒催化剂所用的助剂、载体、活化方法如表 9.1 所示[1]。

表 9.1 氧化钒催化剂的应用

氧化反应	主要助剂	载体	活化方法	备注
二氧化硫氧化 $SO_2 \rightarrow SO_3$	碱金属硫酸盐为主，如 K_2SO_4	硅藻土 硅胶 氟镁石	在含 SO_2 的空气中 300～700℃ 焙烧	中温型 S101，耐砷型 S106 和 S107，低温型 S108，宽温型 S109
苯氧化 苯 + O_2 → 顺丁烯二酸酐	P，Mo，W，碱金属，K_2SO_4，Ag，Sr，Ni，Co	硅藻土 TiO_2，α-氧化铝，浮石，硅胶，玻璃，SiC	在空气中 200～600℃ 焙烧	很少单独用 V 催化剂，多以 Mo 为助剂
萘氧化 萘 + O_2 → 邻苯二甲酸酐	P，Ti，Zr，K_2SO_4，Fe，K_2SnO_4，$Fe_2(SO_4)_3$，Ag	α-氧化铝，浮石，硅胶，玻璃，SiC	在空气中 350～450℃ 焙烧	基本不使用 Mo 助剂，流化床反应器基本使用硅胶载体
邻二甲苯氧化 邻二甲苯（CH_3，CH_3）+ O_2 → 邻苯二甲酸酐	P，Ti，Zr，Cr，碱金属硫酸盐，碱金属，Mo，Te，Sb	钢铝石，硅胶，氧化铝，浮石，硅藻土，石膏	在空气中 400～550℃ 焙烧	与各种助剂共同使用，很少单独用 V 催化剂
芳香烃氨氧化芳香腈 芳香烃→芳香腈	P，Mo，Sn，Cr，Sb，Fe，K，As，Ni，Co，Mn，Se，W，Te，Cu	α-氧化铝，硅藻土，TiO_2，SiC，海绵铝，硅胶	在空气中 350～500℃ 焙烧	多以 Sb 为助剂

续表

氧化反应	主要助剂	载体	活化方法	备注
丁烯氧化 $CH_3CH{=}CHCH_3+O_2 \longrightarrow$ 顺丁烯二酸酐（HC—C(=O)—O—C(=O)—CH，HC═CH）	P，Co，Zn，Fe，碱金属，Cr	α-氧化铝，浮石，TiO_2，氧化硅-氧化铝，硅藻土，硅胶	在空气中400～500℃焙烧	多以P为助剂，并不用载体
丙醛氧化 $CH_2{=}CHCHO+O_2 \longrightarrow CH_2{=}CHCO_2H$	Mo，W，Sb，Mn，P，As，Al	硅藻土，海绵铝，硅胶	在空气中或空气和还原性气体中400～450℃焙烧	V不单独用，用Mo时，Mo量大于V

工业催化剂以硅质材料为载体，如硅胶、硅藻土等。硅藻土的主要成分为SiO_2，杂质有Fe_2O_3、Al_2O_3、CaO、MgO等，因产地不同而不同。硅胶一般选用粗孔产品。实践表明，载体的性质对催化剂的活性有很大影响，因此，在催化剂的组成基本确定以后，催化剂的制备方法和载体的选择很重要。一般在氧化反应中，细孔多的、表面积大的催化剂活性高，但选择性低；与此相反，活性低的却选择性高，所以一般选择活性和选择性均适宜的载体。借助高温条件，使金属或金属氧化物熔融成为均匀分布的混合物，以形成合金固溶体，甚至形成氧化物固溶体，冷却后粉碎或再进行其他处理来制备催化剂的过程称为熔融法。由熔融法制得的氧化钒催化剂可以不用载体，不用载体的熔融催化剂表面积最小，只有$0.5m^2/g$左右。

氧化钒催化剂的制备方法大致相同，将偏钒酸铵或五氧化二钒溶于水，或是加热熔融，浸渍在载体上。当以偏钒酸铵为原料时，可将它直接溶于水，或加入草酸等增加其溶解度，将制成的水溶液加到载体中。当以五氧化二钒为原料时，制成熔融的无载体催化剂，或是溶附在载体上，或是采用在硫酸中用二氧化硫气体制成硫酸氧钒的溶液，与载体和助催化剂相混合的方法。氧化钒催化剂制备的最后一道工序是活化。钒的价态很丰富，钒和氧可以以任意价态形成氧化物，因此，活化时的空气量、有无还原性物质、升温速度、焙烧时间等条件的变化，不仅对孔分布和表面积起决定作用，而且影响氧化钒的价态，使其保持相对应的结晶形态。

氧化钒催化剂，按含钼与否及含量多少分为三种：一是只含氧化钒，不含氧化钼的催化剂；二是含氧化钼，但其含量较氧化钒少的催化剂；三是含氧化钼多于氧化钒的催化剂。

9.1.1 单一氧化钒催化剂

单一氧化钒催化剂指的是，作为主催化剂的氧化物只有氧化钒，它用于二氧化硫氧化，SO_2 氧化反应是化学工业中最早使用固体催化剂的一个反应，反应本身很简单，但是催化机理很复杂。现在工业上使用的钒催化剂，主要由 V_2O_5 主催化剂、碱金属硫酸盐助催化剂及硅质载体组成，以 V_2O_5-K_2SO_4 催化剂为其代表，其中，V_2O_5 含量为总重量的 7%左右，这些成分组成了一个相互联系、不可缺少的统一体。该系列氧化剂是氧化钒催化剂的基本形式，加之二氧化硫氧化反应比较简单，便于进行基础研究，所以引起了广泛的关注和大量的基础研究。

已经研究过的助催化剂有碱金属、Mg、Ca、Ba、Cu、Ag、Al、Fe、Pb 等元素的化合物。其中 Mg、Ca、Ba、Cu 对 V_2O_5 主催化剂并无突出的助催化作用，而碱金属硫酸盐的助催化作用都很明显，含碱金属硫酸盐的钒催化剂的活性比单纯的 V_2O_5 催化剂的活性要高数百倍。碱金属硫酸盐助催化效果的顺序为：

$$Cs_2SO_4 > Rb_2SO_4 > K_2SO_4 > Na_2SO_4 > Li_2SO_4$$

虽然 Cs、Rb 盐的助催化效果最好，但是由于价格昂贵，工业上并不采用它们。而常用的是 K_2SO_4。K_2SO_4 的含量以 K_2O 计，K_2O 与 V_2O_5 的摩尔比在 2～4 之间。

关于碱金属硫酸盐的助催化机理一直是探讨的课题之一。有研究表明，助催化剂 K_2SO_4 与主催化剂 V_2O_5 生成了低温共熔混合物，其熔点为 440℃，K_2SO_4 的存在把熔点为 675℃的 V_2O_5 转变为低熔点的 $K_2O \cdot 4V_2O_5$。SO_2 氧化反应温度为 440～560℃，所以当单一 V_2O_5 催化剂以 K_2SO_4 为助催化剂时，在 SO_2 氧化反应的操作条件下，催化剂表面由于低熔点 $K_2O \cdot 4V_2O$ 的形成，呈熔融状态，在载体 SiO_2 表面形成一层融体薄膜，这层液膜中存在着反应物、产物和催化剂的成分，催化作用就在这个液膜中进行。该系列催化剂因此被称为熔融催化剂，催化反应属于固体表面上的液相反应[2]。

二氧化硫氧化制硫酸催化剂的发展经历了以氮氧化合物催化作用的气-液反应（铅室法和塔室法）随后发展为将铂载在石棉、硫酸镁或硅胶上的气-固反应。由于铂催化剂具有良好的活性，在 20 世纪 30 年代前曾被普遍采用，其缺点是价格昂贵，对毒物（砷、氟）敏感，极易中毒而失活。后又开发了

Fe_2O_3 催化剂，此催化剂虽抗毒性能强，但使用温度须达 650℃，且转化率低，因此应用受到限制。最后发展为以 V_2O_5 为活性相，碱金属硫酸盐为助剂的钒催化剂，从 30 年代起逐步取代铂催化剂。钒催化剂的价格远较铂催化剂低，耐砷、氟等毒物的能力比铂催化剂强，使用寿命长。在 60 年代以前，由于钒催化剂在低温度（400～420℃）下活性不如铂催化剂，铂催化剂还有少数市场。60 年代后，随着对低温型催化剂的制备方法的掌握和完善，钒催化剂完全占据了硫酸工业的催化剂领地。目前全世界硫酸生产都使用钒催化剂。钒催化剂的主要化学组分是 V_2O_5（主催化剂）、K_2SO_4（或部分 Na_2SO_4，助催化剂）、SiO_2（载体，通常用硅藻土，或加入少量的铝、钙、镁的氧化物），通常称为钒-钾（钠）-硅体系催化剂[3]。

单一氧化钒催化剂，可以用于二氧化硫氧化，也可以用于有机化合物的氧化，如萘、邻二甲苯、丁烯的氧化和芳香族化合物的氨氧化。为了使氧化钒催化剂具有稳定的活性，必须进行预处理，用于二氧化硫氧化时，要在高温下经过几小时，或在低温下经过几小时预处理。用于有机化合物氧化时，用还原气体在高温下预处理进行活化，如将 V_2O_5 催化剂用一氧化碳或二氧化硫处理时，会使 V^{4+} 的量增加，V =O 活性中心增加，所以活性增加。

有机化合物的氧化与无机二氧化硫氧化有所不同，因为其产物有多种。以萘的氧化为例，萘氧化后可以得到的产物及其放热量如表 9.2 所示。其中，邻苯二甲酸酐是合成纤维、塑料、有机染料等工业产品的重要原料，是所需的主要产品。萘氧化反应有两个特点：第一，萘氧化反应是复杂的，多途径的，包含着平行反应和连串反应，从热力学分析生成 CO 和 CO_2 最有利。第二，反应放出大量的热，而且氧化深度越大，放出的热量也越大。由于反应热很大，容易引起催化剂的局部过热和烧结，也可能伴随着爆炸事故的发生。可见，提高催化剂的选择性，选择合适的反应条件和反应装置非常重要。一般采用以下几种措施：选择适当的主催化剂、助催化剂和载体，抑制深度氧化；选用传热性能良好的载体，防止局部过热；采用流化床反应器，改善床层的传热状态。目前广泛采用的是流化床反应器，所以不必赘述。关于萘及其他有机物的氧化反应主催化剂、助催化剂、载体的选择分别叙述如下。

表 9.2　萘氧化可以得到的产物及其放热量

反应	放出热量 $Q/kcal \cdot mol^{-1}$
萘→萘醌	121

续表

反应	放出热量 Q/kcal・mol^{-1}
萘→邻苯二甲酸酐	428
萘→顺丁烯二酸酐	874
萘→二氧化碳	1232

注：1cal=4.18J。

① 主催化剂　对于无机化合物的氧化，如 SO_2 的氧化，由于氧化生成物的种类是有限的，所以催化性能的好坏主要取决于活性和稳定性（寿命）。但是，有机化合物的氧化，热力学上可能生成的种类很多，例如，萘的氧化就可能生成萘醌、苯酐、顺酐、CO、CO_2 等，而且热力学上最有利的途径是完全氧化成 CO_2。因此，对于有机化合物的氧化反应催化剂的选择性很重要。研究发现，Fe、Co、Ni、Cr、Mn、Ti、Zn、Zr、Cd、Sn、Pb、Ce、Th 等氧化物，会引起有机物的完全氧化，生成 CO_2 和 H_2O。Al、Si、碱金属、碱土金属等氧化物对氧的活化能力太小，不能作为催化剂。能够成为部分氧化主催化剂的氧化物是 V_2O_5、MoO_3、WO_3、SbO_3、Bi_2O_3、As_2O_3、SeO_2 等，其中 V_2O_5 和 MoO_3 是最好的催化剂，具有选择性高、活性稍低的特征。而萘的氧化世界各地都用 V_2O_5 为主催化剂。

氧化钒的催化作用与其晶体结构有关，V_2O_5 多面体呈二维连接，其平面结构成层状晶体，如图 9.1 所示。钒离子周围的 6 个氧可分为三类，即 $O_Ⅰ$、$O_Ⅱ$ 和 $O_Ⅲ$，平面之间由 $O_Ⅰ$ 连接呈层状结构。在 V—$O_Ⅰ$—V 键长度一个是 0.154nm，相对应的另一个是 0.281nm，长的 V—$O_Ⅰ$ 键比短的容易被切断，长的 V—$O_Ⅰ$ 键被切断后，短的 V—$O_Ⅰ$ 键就具有双键性质。在结晶表面有许多带双键性质的 $O_Ⅰ$，它富于化学结合性，一般用 V═O 表示此类氧。相对于 $O_Ⅰ$，将 $O_Ⅱ$ 和 $O_Ⅲ$ 都用 V—O—V 来表示，加以区别。有研究表明，V_2O_5 催化活性主要来源于 V═O 键，V—O—V 也有贡献。

V_2O_5 的催化作用是多种协同作用的结果：一是半导体特征，V_2O_5 属于 n 型半导体，当温度升高时，电子脱离晶格，变成准自由电子，使被氧化物质以给电子形式吸附。二是复相催化氧化，复相催化氧化是催化剂通过自身发生氧化还原反应过程而使反应进行的。V_2O_5 的复相催化作用是在所谓的 $1/2O_2+2V^{4+}\longrightarrow 2V^{5+}+O^{2-}$ 的氧化还原反复循环中实现的，具体还原到哪一级低价钒氧化物，有争议，尚需进一步研究。在催化过程中，V^{5+}═O 被反应物还原成 V^{4+}═O，又被氧气氧化成 V^{5+}═O，晶格氧参与催化的反应。加入 MoO_3

及 K 等助催化剂后，减弱了 V ═O 键，提高了催化活性。

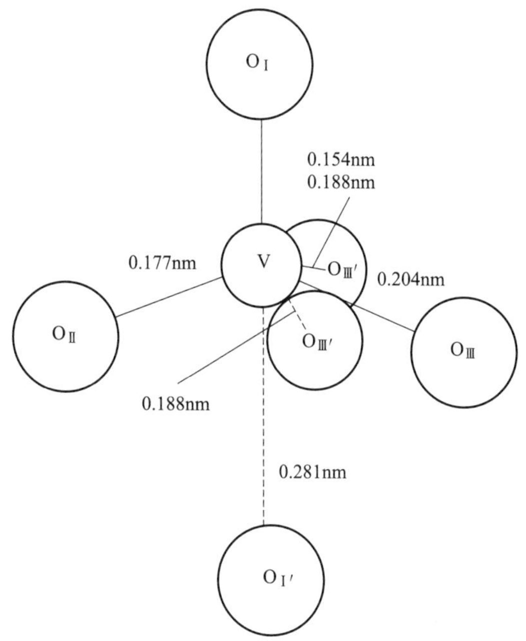

图 9.1　五氧化二钒中钒原子周围的配位状态

② 助催化剂　已经发现钾盐，如 $K_2S_2O_7$、K_2SO_4 等具有重要的助催化作用。而且 K 对氧化反应有较大的影响，例如，K/V 比增加，萘醌的含量增大，顺酐的含量减少，苯酐的含量基本不变。可以认为 K_2SO_4 对深度氧化起抑制作用。K/V 比太高，萘醌的含量高，不但顺酐减少，苯酐也开始减少，影响到苯酐的精制。因此，要权得失，选取合适的 K/V 比例。

③ 载体　由于氧化反应是在沸腾床上进行的强放热反应，有发生深度氧化的可能。因此，要求催化剂载体具有高的热稳定性、导热性和耐磨强度。为此，应当选用比表面积比较小、孔径比较大的载体。因为低比表面和大孔径的载体，细孔比较少，可以防止已经氧化好的目标产物在细孔内发生深度氧化，实验发现，粗孔硅胶的孔隙率大，苯酐产率高。

制备单一氧化钒催化剂的方法很相似，下面举例介绍几种催化剂的制备方法。

(1) 萘氧化催化剂的制备（V_2O_5-K_2SO_4 型）　将 3.08g 五氧化二钒悬浮在 64mL 浓度为 16%的硫酸中，加热到 70℃左右，再吹入二氧化硫气体而得到硫酸钒溶液。向此溶液中加 0.88g 硫酸镉（$3CdSO_4 \cdot 8H_2O$）制成混合硫酸溶液。另外，将 83g 硅胶、18g 硫酸钾充分混合，加到上述混合硫酸溶液中，必要时加一些水，在捏合机中捏合形成糊状，制成直径为 4mm，长为 4mm 的锭片，在 70℃干燥 10h，然后在 350℃焙烧 12h。

（2）邻二甲苯氧化制取邻苯二甲酸酐催化剂的制备（非 V_2O_5-K_2SO_4 型）将 100g 五氧化二钒悬浮在溶有 130g 酒石酸的 1500g 水中，将该悬浮液在水蒸气浴上加热，当五氧化二钒全部还原成酒石酸钒和钒酸氧钒时，悬浮液变成透明的蓝色溶液（用时约 1h)。将 3.31g 硝酸锆溶于 50mL 水中，0.83g 硝酸铽溶于 50mL 稀硝酸溶液中，连同 8～10 目的 α-氧化铝载体 800g 一起加到上述蓝色溶液中，在蒸汽浴上搅拌蒸发干固。然后在电炉上加热，缓慢加热 6h，将炉温升至 525℃，恒温 2h，一部分催化剂熔融覆盖在载体上。制成的催化剂钒、锆、铽的氧化物比例为 97.67%、1.52%和 0.81%，载体占催化剂比例 87.5%。

（3）丁烯氧化制取马来酸酐催化剂的制备　将重铬酸铵在加热盘上加热分解以后，在空气中 700℃焙烧，制备氧化铬；将 11.7g 偏钒酸铵悬浮在 50mL 水中并加热，再缓缓地加入 18.9g 草酸，制成氧钒溶液；再将无水磷酸稀释，配成 $1.42moL \cdot L^{-1}$ 的磷酸溶液。将 60mL 氧钒溶液和 53mL 磷酸水溶液浸入上述的 100g 氧化铬中，在捏合机中充分混捏 1h，然后干燥至适合挤条，用挤条机挤条，再干燥切断，最后在 500℃焙烧，所得的催化剂原子比为 V∶P∶Cr=1∶2.5∶22。

9.1.2 氧化钒-氧化钼系催化剂（V>Mo）

V_2O_5 是半导体，根据半导体中非本征激发理论，利用杂质元素掺入纯元素中，把电子从杂质能级激发到导带上，或把电子从价带激发到杂质能级上，从而在价带中产生空穴，原子价得到控制。在 V_2O_5 中掺入 MoO_3，6 价钼原子价高于 5 价钒属于施主型掺杂，由于掺加高价离子，原子价的控制使 4 价钒增多，氧化钒的活性增高。氧化钒活性由它的结构决定，当掺入 MoO_3 相对于 V_2O_5 的量在 25%（摩尔分数）以下时，可使置换型固溶体增加，活性增高；而 MoO_3 加入量达到 50%（摩尔分数）时，则形成新相，加入 MoO_3 使 V═O 键减弱，活性降低。

氧化钒-氧化钼系催化剂（V>Mo）可用于苯的氧化，苯氧化制取马来酸酐反应所用催化剂的制备方法举例如下。

采用浸渍法，浸渍溶液的制备如下：将质量分数为35%的$(NH_4)_6Mo_7O_{24}\cdot 4H_2O$溶解在浓盐酸中，生成浅黄色溶液，钼酸铵全部溶解后，加入NH_4VO_3，搅拌约10min，钒酸铵溶解生成金黄色溶液。在搅拌的情况下先加入$Na_3PO_4\cdot 12H_2O$的水溶液，然后再加入$Ni(NO_3)_2\cdot 6H_2O$水溶液，继续搅拌15min。注意，钼酸铵的溶解度较钒酸铵小，所以溶解顺序为先加入钼酸铵；$Na_3PO_4\cdot 12H_2O$的水溶液和$Ni(NO_3)_2\cdot 6H_2O$水溶液混合会生成$Ni_3(PO_4)_2$沉淀，故需先后加入。

浸渍操作与活化：将粒度为4～8目的陶瓷型熔融氧化铝载体与上述溶液混合，搅拌并缓慢加热，不超过80℃，蒸发干燥，得到的物料组成为，载体50%，MoO_3 2.49%，V_2O_5 5.23%，Na0.0545%，P_2O_5 0.0562%，Ni0.0732%，HCl36.3%。浸渍操作完成之后进行活化处理，将浸渍后的物料装入外热式活化装置（内径为95.3mm，长为1143mm的硬质玻璃管）中，活化装置通入空气，加热温度与气氛控制如表9.3所示，按此方法可制得高活性的深绿色催化剂。

表9.3 氧化钒催化剂活化条件示例

温度/℃	通空气量/L·h^{-1}	时间/h
0～175	60	1
175～320	0	0.5
320～400	60	0.5
400	60	5

9.1.3 氧化钒-氧化钼系催化剂（Mo>V）

从目前的理论来看V_2O_5-MoO_3催化剂，如果MoO_3含量大于V_2O_5，将不可能得到较好的催化剂。可是，实际上，这类催化剂对醛氧化生成相应酸的反应却能提供优异的催化性能。特别是在液相氧化中，由于有聚合的困难，而不能工业化的丙烯醛氧化生成丙烯酸的反应，几乎全都用属于这一领域的催化剂，其中的原理尚没有理论上的解释。

现举例说明这一系列催化剂的制备方法：取6～10目的海绵铝92.7g，置于蒸发皿内。将钼酸铵21.95g、钒酸铵2.88g溶于100mL的温水中，再加入浓度为28%的氨水2mL。将上述溶液滴加到蒸发皿里的海绵铝上，一边搅拌，一边在温水浴上蒸发干固，使之附着在海绵铝上。经过充分干燥后装到反应器内，从反应器上部以 $1L \cdot min^{-1}$ 速度通入空气，进行第一次预处理，逐渐提温到260℃，升温过程约用25.5h，然后停止通入空气，放置冷却。从反应器里取出来第一次预处理的物料，用10目的筛子将细粉筛掉，取其中的50mL第二次装入反应器中，当反应器内温度达到350℃时，导入混合原料气（丙烯醛 $5.0g \cdot h^{-1}$，氨气 $100mL \cdot min^{-1}$，空气 $250mL \cdot min^{-1}$，水蒸气 $500mL \cdot min^{-1}$），通过催化剂床层，开始第二次预处理。当反应器内温度逐渐升到400℃时，在此温度下恒温3h，则预处理全过程完毕。所得催化剂的原子比为 V∶Mo=0.11∶1。

当改变催化剂的预处理方法时，直接影响丙烯醛氧化生成丙烯酸反应的转化率和收率，例如当提高第一次空气预处理温度从300～500℃时，反应的转化率和收率均降低，如表9.4所示。保持同样的制备和预处理方法，改变催化剂的载体时，反应的温度、转化率、收率及选择性均有所变化，如表9.5所示。另外，这一系列催化剂除了上述预处理方法，还有其他活化方法，如用乙醇胺等含氮的碱进行预处理，可以制备出高收率的催化剂，但其缺点是寿命短。例如以海绵铝为载体，同样反应条件下经100h连续反应操作后，丙烯醛的转化率由93%降到40%，催化剂就必须进行再生处理了，以恢复它的活性。将活性降低了的催化剂，在高温（400℃）下与像丙烯之类的轻烃或氢气进行一定时间（16h）的接触，则活化性完全恢复。

表9.4 预处理条件对反应的影响

第一次预处理 空气处理	第二次预处理 原料气处理	转化率 （摩尔分数）/%	丙烯酸收率 （摩尔分数）/%
300℃，20h	400℃，3h	94.8	80.0
400℃，20h	400℃，3h	72.5	21.1
500℃，20h	400℃，3h	68.1	15.1

表9.5 载体对反应的影响

载体	反应温度 /℃	转化率 （摩尔分数）/%	丙烯酸收率 （摩尔分数）/%	选择性 （摩尔分数）/%
海绵铝	300℃	94.8	89.8	85.2
硅胶	330℃	81.1	58.8	72.3
电熔氧化铝	390℃	72.8	37.0	50.8
无载体	290℃	64.1	16.6	25.9

V_2O_5是化学工业上使用的催化剂，虽然市场上已有相关产品，但从催化角度看，催化剂的比表面越大，其催化效果越好。因此，开发纳米级钒氧化物催化剂仍具有一定的意义。要想使V_2O_5催化剂达到纳米尺度，需要解决粉体制备、分散性的保持、催化活性和耐久度等一系列问题。另外，开发钒氧化物在其他催化反应中的用途，也是一个值得关注的产品开发问题。

9.2 光学和电学材料

钒氧化物在光学和电学领域有广泛的应用空间。下面对最常见的钒氧化物V_2O_5、V_2O_3和VO_2的用途分别叙述。

9.2.1 五氧化二钒

五氧化二钒有80%用于提取钒铁和钒铝合金的材料，10%用于有机和无机物氧化的催化剂。除此之外，其余的五氧化二钒用在光学和电学等领域。

(1) 红外辐射测热计、热敏电阻 由于过渡金属氧化物的电阻温度系数TCR较高，因此这类氧化物是较好的热敏电阻材料。为了便于应用，氧化物的熔点越低越好，V_2O_5熔点为670℃，除了V_2O_5，很难找到其他更低熔点的过渡金属氧化物。V_2O_5是较理想的一种热敏电阻材料，它的电阻率随温度变化率较高，一般达2.5%/℃。

(2) 离子吸收基质材料 $V_2O_5 \cdot nH_2O$具有离子吸收特性，可以将其制成锂电极的阴极材料，也可制成电致变色显示材料的阴极。

(3) 抗静电涂层 $V_2O_5 \cdot nH_2O$膜的电导比非水化的V_2O_5电导高出1000倍，因此，$V_2O_5 \cdot nH_2O$适合于制作抗静电涂层。

(4) 湿敏材料 $V_2O_5 \cdot nH_2O$电阻率对湿度敏感，所以可以用于湿敏材料。

(5) 透明导电材料 V_2O_5薄膜具有既透明又导电的性质，所以V_2O_5可以用于电冰箱除霜材料、汽车玻璃和窗户玻璃的除霜材料等。

(6) 化学传感器 如V_2O_5/ZrO碳-氢气体传感器，碳-氢气体与V_2O_5相遇，将部分V_2O_5还原成VO_2，使电阻发生变化，而且电阻率随感量发生线性变化，响应时间小于2s。当碳-氢气体消失时，VO_2又被氧化成V_2O_5原状。因此V_2O_5/ZrO是较好的碳-氢气体检漏材料。再如Al_2O_3-ZnO_2-V_2O_5

对 NO_2 类气体敏感，可制成 NO_2 气敏传感器。

（7）非线性或线性电阻材料　将 V_2O_5 与其他一些材料混合，可以制成电阻材料，电阻随温度变化呈线性变化的为线性电阻材料。当 V_2O_5 与 VO_2 混合时，电阻随温度的变化由于 VO_2 相变，呈现非线性变化，可制成非线性电阻材料。

（8）高温液态二极管、滤色镜等　V_2O_5 的熔点比较低，可制成高温液态二极管。对紫外光有特征吸收，可制成滤色镜。

9.2.2　三氧化二钒

三氧化二钒具有相变特性，它不仅可以作为冶炼钒合金的原料，还可以作为加氢、脱氢的催化剂，而且在光学和电学许多方面都具有广泛的应用前景[4]。

（1）热短路限流电阻、非熔断性保护器等　V_2O_3 有两个与温度有关的相变，在约 160K 发生低温反铁磁绝缘相 AFI 到高温顺磁金属相 PM 的一级相变，电阻率变化呈负温度系数 NTC 特性，单晶电阻率突变达 7 个数量级。在 350～540K 的范围内发生低温顺磁金属相（PM）到高温顺磁金属相（PM′）的二级相变。相变时电阻率呈正温度系数 PTC 特性。一级相变温度太低，实用价值不大；二级相变是在金属相之间变化，电阻率变化不大。在 V_2O_3 中掺入少量的 Cr、A1 和稀土氧化物，在 200～450K 出现一个新的从顺磁金属相到顺磁绝缘相的相变（PM-PI），电阻率跃迁约 3 个数量级。图 9.2 显示的是，在降温过程中，纯的和掺 Cr 的电阻率和温度倒数的关系，由图可见，当掺入铬的摩尔分数约为 0.51%时，其相变点约为 100℃，这种特殊的转变显然在实际应用中具有重大价值，可以用来制作非熔断性保护器等限流元件。

（2）无触点继电器等开关器件　由于 V_2O_3 在 160K（－113℃）发生相变时，电阻率突变 7 个数量级，所以在低温技术中，可制成无触点继电器开关等器件。

（3）大功率 PTC 陶瓷热敏电阻　由于 V_2O_3 在 350～540K 发生相变，呈现 PTC 特性，所以可以作为原料制成陶瓷热敏电阻元件。

（4）滤色镜、可变反射镜和透镜　由于 V_2O_3 的相变温度范围很宽，温度变化过程对不同波长光的吸收、反射和透过都具有特性，根据其氧化物的性质，又可以作为原料，掺入玻璃中，使玻璃着色，起滤光等作用。因此，可以制成相应功能的滤光镜、反射镜和透镜。

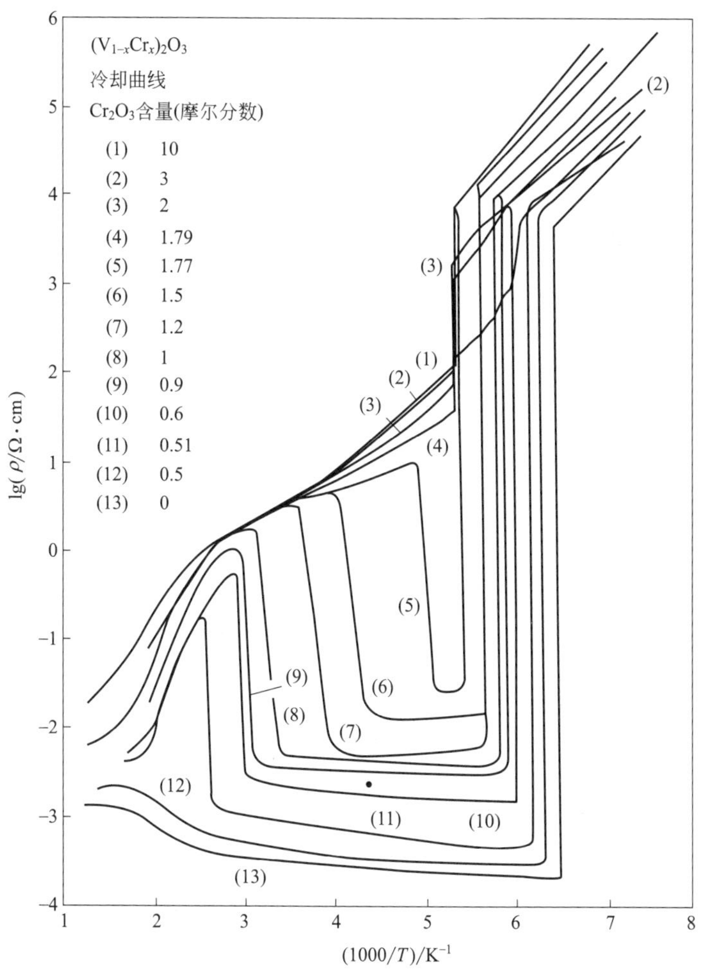

图 9.2　纯的和掺 Cr 的电阻率对数 lgρ 和温度倒数（1000/T）的关系

9.2.3 二氧化钒

二氧化钒在工业上可作为制造钒铁的原料，VO_2 独特性质主要表现在它的相变性质上，相变时间、电学性质变化尤其引人注目。它的应用前景有如下几个方面。

(1) 太阳能控制材料　自从 1987 年 Granqvist 小组[5] 首次开展 VO_2 在智能玻璃领域应用的工作以来，相关的研究便引起了人们广泛的兴趣，展开了制备 VO_2 薄膜的[6~12] 研究。发现温感 VO_2 薄膜，在高于相变温度 68℃时红外光透射率明显降低，而低于此温度条件下红外光透射率较高，说明此时红外光可以透过 VO_2 薄膜进入室内，从而提升室内温度；当温度在相变温度以上时，红外光透射率很低，说明此时红外光很难透过 VO_2 薄膜进入室内，室内温度会因此降低。这种调节可以随着升温-降温循环反复进行，做到了智能调节温度。目前的掺杂手段已经可以使得半导体-金属相变温度接近室温，大大提升了 VO_2 作为智能玻璃材料的实用性与适用性。但是，由于掺杂在降低相变温度的同时，也降低了相变性能的突变幅度，弱化了红外光开关性能。这是使 VO_2 膜应用于通用建筑智能玻璃的所面临的瓶颈问题，是今后研究中应该解决的关键问题。由于二氧化钒在 68℃发生相变时，光学透射率表现出突变性质，根据这个特性可以将这种材料制成控制室温的建筑用窗、墙、楼顶涂层，得到冬暖夏凉的效果。掺杂 Wo、Mo 等可以使相变温度降低，接近室温。

太阳辐射光谱中大约有 50%的辐射能量在可见光谱区，7%在紫外光谱区，43%在红外光谱区，在可见光和近红外波段，常温下的 VO_2 具有较高透射率，而高温下则很低。如果其相变温度接近常温，当温度超过相变温度，二氧化钒的红外线透射率减小，这样可以减少太阳能热辐射效果，从而起到降低室内温度的作用；同理，温度较低时，可以升高室温，并且室内对外热辐射波长主要处于 3～30μm，在这个波段范围内，VO_2 薄膜的透过率与相变前比较起来，处于比较低的水准，因而对外的热辐射损失比较小，根据这一特点，可以将其制成建筑用的窗、墙、顶楼的涂层，可以有效地控制温度，实现建筑物、航天器和汽车等室内温度的可控调节。太阳能控制材料是二氧化钒十分独特的一个应用。此外，如果利用一定方法使其相变温度从 68℃降低到室温，将大大提高二氧化钒在太阳能温控材料中的应用。

（2）红外辐射测热计、热敏电阻　热敏电阻器是一类对温度敏感，在温度变化情况下具有不同电阻值的仪器。由于二氧化钒的电阻温度系数（随温度变化电阻值变化率）较高，对热敏感，是良好的热敏电阻材料，且可作为红外热像仪敏感元的主要材料。

VO_2 薄膜具有很高的电阻温度系数（这与很多的过渡金属氧化物的性质相同），它是作为良好的热敏电阻材料。温度对薄膜的电阻的影响比较大，薄膜对热非常敏感，因而可以作为红外成像仪敏感元件的主要材料，非制冷红外探测器是利用 VO_2 薄膜材料接受红外辐射而引起电阻变化制成的。

测辐射热计的灵敏元在吸收入射红外辐射时因温度升高改变了电阻，并造成输出电压改变。输出电压值表征入射辐射功率的大小。测辐射热计有热敏电阻、金属、半导体、超导体等类型。热敏电阻测辐射热计是一种实现成批生产的测辐射热计。它采用的热敏电阻薄膜材料有氧化锰、氧化镍、氧化钴、氧化钒等氧化物半导体薄膜。中国的热敏电阻红外探测器已成功应用于卫星地平仪，并批量生产装备火车热轴探测系统。新型的氧化钒和非晶硅微测辐射热计需采用表面微加工技术制作，制成的非制冷焦平面阵列已商品化生产，制成的氧化钒微测辐射热计为实验室样品。

(3) 热致光电开关　早在 20 世纪 70 年代初期，Duchene 等人[13] 就利用 VO_2 电阻在温度下变化不连续的特性制备出了电子开关。之后 Stefanovich 等人[14] 证明了对 VO_2 材料施加电场或注入电子同样可以触发半导体-金属相变，这大大扩展了 VO_2 作为电子开关材料的应用范围。VO_2 薄膜在低温时是半导体相，在高温时为金属相，利用这一性质，可以制成光电开关。当温度低于相变温度时，薄膜处于半导体态，此时薄膜不导电，电路处于断开状态；而当温度高于相变温度时，薄膜发生相变，转变为金属态，电路接通，实现了电开关自动控制，可制成热敏继电器。VO_2 也可以作为传感器的探头使用，这要求响应时间很快，所以薄膜的热滞回线必须相当陡峭。VO_2 薄膜在相变前后近红外和可见光的透射率变化相当明显，可以对光路通断进行控制，而且相变的响应时间在纳秒量级，所以它是制备高速光开关比较理想的材料。

(4) 红外脉冲激光保护　由于激光具有单色性好、准直性和亮度高、相干性好的特点，因而使激光战术武器装备得到了快速的发展。激光战术武器装备包括激光测距仪、激光雷达、防空激光武器、激光致盲武器、激光制导和激光对抗武器等。激光致盲武器分为两种：使人眼致盲和使传感器致盲。当用倍频 Nd：YAG 激光脉冲照射人眼时，能破坏视网膜使眼睛失明；当用它照射敌方的望远镜等观察器件时，能够使观察器件中的传感器或观察人员的眼睛致盲。由此可见，随着激光致盲武器的迅速发展和应用，军用光学系统和军事人员所受到的威胁也越来越大。因此对激光防护材料的研究也得到了越来越多的重视。

激光波长由单波长向宽带可调谐方向发展，可以利用激光辐射可激发 VO_2 相变的特点，用 VO_2 制成红外脉冲激光保护膜，以防止红外脉冲激光致盲器对人眼、红外敏感器件的破坏，在军事上应用具有很大的意义。

二氧化钒的相变性质使得高能量束入射到二氧化钒粉体涂层或薄膜上，部分光能量会被二氧化钒吸收，造成温度升高，一旦高过相变温度后，VO_2 在红外波段和可见光的透射率会减小，这样就能有效阻断光能量通过，在军事中可以用来抵御敌方利用激光的高能量束对我方的摄像头等光学监测设备进行破坏。

VO_2 薄膜在相变前后光的反射和透射率都发生很大的变化，在收到外界的辐射的时候，由于材料的特性会立刻阻挡住辐射，使其不再射入，它的响应时间也比较快，在纳秒量级的时间内发生转换，利用这一性能，可以制成反激光致盲武器，起到了很好的防护作用。

光学系统防护激光的新领域就是利用光电开关型的薄膜来对抗激光，它在不影响光学系统工作波段的范围，满足光透射要求的情况下，排除了激光波长相关因素的干扰，可以有效地防御入射波。

(5) 光学存储材料　VO_2 的相变是可逆的，其薄膜形态的相变可以反复在金属态和非金属态之间进行，所以可以利用这个特性将 VO_2 薄膜制成光学数据存储材料，达到可读、可写、可涂擦的效果。

对于具有光学双稳态性质的材料均可被用作光学数据存储介质。VO_2 具有光学双稳态性质，并且具有可逆的两个稳态，故而 VO_2 可运用到可擦除、可写、可读的光学数据存储材料。

VO_2 薄膜是具有双态稳定性的光学材料，因而它是作为光学存储介质的可靠材料。这种薄膜可以制成随温度变化的光存储器件，而且可读写，可以进行擦除处理，还可进行长期的保存，受外界环境因素影响小。薄膜受到激光二极管照射的时候，当照射光的能量大到一定程度的时候，被照射的位置发生相变，由半导体相转变为金属相，如果此时保持温度不变，被照射的位置和没被照射的位置对光的反射率就会不一样，激光器可以检测出这种反射率的不同，这就是光学存储的原理。为了提高光学存储的灵敏度，要求相变前后光的反射率突变尽可能大，而 VO_2 薄膜可以很好地做到这一点。相关研究表明，VO_2 光学数据存储材料存储的数据长期保存，而且在长时间高湿度与紫外线照射环境下使用寿命也很长。

(6) 电子振荡器　利用 VO_2 薄膜的临界温度热敏电阻制成。电子振荡器是用来产生具有周期性模拟信号（通常是正弦波或方波）的电子电路。1975 年 Taketa 等人在 VO_2 中发现振荡现象。经过 40 多年来的研究取得了一系列成果[15～17]，如利用 VO_2 的半导体-金属相相变特性成功制备了电子振荡器，振荡器两端的电压和电流均呈现出清晰的周期性振荡，并且通过改变标准电阻的大小可以在回路中得到不同峰形的振荡周期。

(7) 热敏传感器和化学传感器　由于 VO_2 在 68℃附近电阻会发生突变，使得其可以作为一种理想的热敏传感器材料。由于在半导体-金属相相变过程中载流子浓度会发生突变，VO_2 也可以作为一种理想的化学传感器材料[18,19]。

(8) 锂电池电极材料　最典型的就是 VO_2(B) 在锂电池方面的研究。VO_2(B) 具有非常便于锂离子输运的孔道结构，同时其适用电压在水的稳定窗口区，因而被看作是水相锂离子电池电极材料的一个合适的选择。1979 年 Murphy 等人[20] 在《科学》杂志发表论文，首次论证了 VO_2(B) 作为锂离子电池电极材料的可能性，但是当时得到的实验结果并不令人满意；之后的 1994 年，Li 等人[21] 在《科学》杂志发表论文，揭示了 VO_2(B) 作为锂电池电极材料的工作原理为：$VO_2(B)+xLi^++xe^- \longleftrightarrow Li_xVO_2(B)$，并通过实验证明了这种电池良好的充放电能力。近年来该课题的研究主要呈现出两种趋势：追求高容积和追求高循环稳定性。最典型的例子就是 2013 年的两篇代表性的工作：Nethravathi 等人[22] 利用 n 型石墨烯掺杂 VO_2(B) 纳米片制备的 3DVO_2(B) 纳米花，将初始状态下的放电容量提高到 $418mA \cdot h \cdot g^{-1}$，体现出了高容积的特性，该样品在 50 次 $50mA \cdot g^{-1}$ 充放电测试后容量剩余 60%；而 Mai 等人[23] 制备出了 VO_2(B) 纳米线和纳米带混合而成的纳米卷轴缓冲结构，其在初始状态下的放电容量为 $117mA \cdot h \cdot g^{-1}$，在 1000 次 $1000mA \cdot g^{-1}$ 充放电测试后仍能保持 82%的容量。目前，VO_2 应用方面的研究主要集中在 VO_2(M)，利用其半导体-金属相变特性，制备出了一系列光学电学方面的器件。然而，绝大多数器件的研究仍然停留在实验室层面，如何实现这些高性能器件的大规模生产，使其真正投入到人们的日常生活中，将是未来 VO_2 应用方面的研究中最大的挑战。

(9) 其他方面的应用　在全息存储材料、电致变色显示材料、滤色镜、抗静电涂层、非线性和线性电阻材料、可调微波开关装置、透明导电材料等领域有应用。另外，在可变反射镜中也有应用，将 VO_2 薄膜制成的反射镜，利用相变时光学反射率也发生突变的性质，改变薄膜某一点的温度，就可以改变该点的反射率。再如在太赫兹领域也具有应用前景。

太赫兹波（THz）最早在微波领域被称作亚毫米波，频率范围处在 0.3～3THz，在电磁波频谱上位于微波与红外之间。与其他波段相比，太赫兹波区域一直以来没有受到大家的重视，所以，太赫兹波的产生、传输以及探测等技术，都缺乏有效且方便的技术手段，所以太赫兹波一直没有得到广泛应用，所以这个波段曾经被形象地称为“太赫兹空隙”，并被认为是人类的电磁波谱上最后的一块领地。

后来随着光子学和电子学的发展，可用的太赫兹发生源以及探测设备的陆续出现，特别是太赫兹时域频谱技术（Terahertz Time Domain Spectroscopy，THz-TDS）的出现，使人们对该波段的研究兴趣逐渐浓厚起来。近几年来，太赫兹科学的发展已经有了较大的进步，各类研究机构已经遍布全球，一些太赫兹技术逐渐成熟并且得到了实用化。诸如太赫兹时域频谱仪、太赫兹波成像系统、单频太赫兹发射、太赫兹波段光学器件、探测模块等商业化的产品也逐渐走入人们的视野。太赫兹技术已经能够在很多技术领域发挥，并且展现出其优越的作用。

我国在太赫兹技术方面的研究起步相对较晚，直至2005年太赫兹这个概念在我国才得到了各领域的研究人员的重视，从此，国内逐渐形成了对太赫兹研究的热潮，直至今日。为了获得对太赫兹波有效的调制，并且不会引入较大的插入损耗，科研人员利用THz-TDS技术寻找对太赫兹波调制更为有效的新材料。其中具有电导可控特性的半导体材料受到了极大的关注，因为太赫兹波可以随着电导率的变化发生相对应的变化，可以根据材料的这个特性，实现对太赫兹波的调制作用。根据以上原理，利用氧化钒薄膜在发生相变时，由低导电性的半导体相转变为具有高导电性的金属相，同时伴随着在太赫兹波段的吸收增加，利用氧化钒薄膜相变时在太赫兹波段的这种开关特性，就可实现对太赫兹波的调制作用。根据实验的结果，采用氧化钒薄膜相变材料有望获得超过90%的调制度，而且并不引入过大的太赫兹波插入损耗。另外，氧化钒薄膜还可以用来制作太赫兹光开关器件。众所周知，用光照射半导体时，若光子的能量等于或大于半导体的禁带宽度，则价带中的电子吸收光子后进入导带，产生电子-空穴对，这种类型的载流子称为光生载流子，与此同时，电子-空穴对又不停地因复合而消失。平衡时，电子与空穴的产生率等于复合率，从而使半导体中载流子的密度维持恒定。载流子间的复合使载流子逐渐消失，这种载流子平均存在的时间，称为载流子寿命。由于氧化钒薄膜具有较短光生载流子寿命和光学非线性，所以由氧化钒薄膜制作的光开关器件具有响应速度快、插入损耗低、工作带宽较大等优点。

9.3 钒氧化物的研究价值与潜在应用领域

钒氧化物中 V_2O_5 已工业化生产二十余年，可以生产出99%以上的纯度，主要应用于冶炼高钒钢，少部分用于工业催化剂。V_2O_3 已工业化生产，产品为低含量多价态钒氧化物混合物，主要应用于冶炼高钒钢，其他方面的应用研究正在进行。VO_2 是研究的焦点，在航天红外脉冲激光保护器中已有应用，高纯大批量生产还是挑战，在光学和电学许多领域有应用前景。

VO_2 在 68℃附近会发生半导体-金属相变，同时伴随光学、电学和磁学等一系列性能上的突变，这使得 VO_2 在很多领域都具有非常广阔的应用前景。而 VO_2 的相变温度可以通过离子掺杂等方式进行调节，这大大扩展了 VO_2 的应用范围。VO_2 在下述应用领域有研究价值，包括电子开关、智能玻璃、电子振荡器、热敏传感器、化学传感器、锂离子电池、红外激光保护器、红外辐射测热计、热敏电阻、可变反射镜、太赫兹光开关、光学存储和全息照相存储材料等领域。

二氧化钒（VO_2）是一种相变型金属氧化物，高于相变温度时为导体对红外线产生高的反射率，在低于相变温度时为半导体对红外线产生高的透过率。这一特性使其在许多领域具有应用前景，但是在节能窗、光学开关等方面的应用受到一定的限制，因为 VO_2 的相变温度为 68℃左右，如果将其应用于节能窗来代替部分空调，那么它的相变温度偏高；如果将其用于光学开关，不同应用条件下对温度的要求不同，68℃不一定正好合适。因此，改变 VO_2 相变温度的研究变成了焦点，研究表明，掺杂可以改变 VO_2 的相变温度，如掺杂 W^{6+}、Mo^{6+}、Nb^{5+}、F^-、Ge^{4+}、Fe^{2+}、Au^+、Cu^{2+}、Ga^{4+}、Cr^{3+}、Ti^{4+}、Sn^{2+}、Ta^{5+}、Al^{3+}、Re^{4+}、Ir^{4+}、Os^{4+}、Ru^{4+} 等离子，可以提高或降低相变温度，值得注意的是，掺杂不但改变了 VO_2 的相变温度，同时对其性能也产生了影响。

VO_2 的相变温度最接近室温，最有潜力在节能窗方面得到实际应用。为了推进其在节能窗上的应用进程，首先要解决的问题就是在保留它相变特性的同时，降低它的相变温度。离子掺杂和结构复合是目前发现的解决这个问题的主要办法，离子掺杂的基本原理是使 VO_2 的半导体相不稳定，使其金属相稳定性增强，导致其在低于 68℃下发生相变。掺杂 VO_2 的研究分为粉体和膜体两种，粉体的研究主要是通过湿化学法，制备含掺杂剂的钒盐，然后分解钒盐，得到掺杂粉体。制膜研究方法较多，通用的制膜方法基本上均可以用于掺杂 VO_2 的制备研究上。掺杂剂分为升高和降低 VO_2 相变温度两种，一般而言，化合价大于 V^{4+} 的掺杂剂降低相变温度，化合价等于 V^{4+} 的掺杂剂，离子半径大于 V^{4+} 的降低相变温度，反之亦然。研究表明，许多方法和掺杂剂

都能改变 VO_2 的相变温度，在掺杂量相同的条件下，W 掺杂对 VO_2 相变温度的降低效果最显著，目前的研究已经能够使 VO_2 的相变温度降至室温 25℃左右，但是，还存在下述问题：①掺杂 VO_2 的可见光透过率低。目前研究的焦点均在降低相变温度的能力和相变前后光学和电学性能的突变量上，较少关注可见光的透过率，许多过渡金属掺杂剂都使 VO_2 膜的可见光透过率降低，这是对应用不利的因素。②掺杂 VO_2 相变前后的光学和电学开关效应降低。原因有两种：一是掺杂本身使半导体相不稳定，可见光透过率下降，电导率升高，而对金属相影响不大，导致开关效应降低；二是因为掺杂工艺使 VO_2 中钒的价态多样化，V^{4+} 的稳定性介于 V^{5+} 和 V^{3+} 之间，目前的制备研究对工艺参数的选择均由实验来决定，实际上，可以通过热力学和动力学计算预先选择，在确保形成单一价态 V^{4+} 的条件下进行实验研究。③复合掺杂的性能与机理尚需进一步研究。复合掺杂 VO_2 的研究比较少，尚局限于 W^{6+} 和 Mo^{6+}、W^{6+} 和 F^-、W^{6+} 和 Ti^{4+} 等，通过这种方法寻求解决研究中所存在的问题是很有潜力的[24]。结构复合是指 VO_2 粉体与其它材料进行复合，制成层状结构、核壳结构复合薄膜，从而影响 VO_2 相变温度、太阳光调控能力、热滞宽度、可见光透过率等性能。通过结构复合降低 VO_2 相变温度的能力还很有限（如 60℃），尚需进一步研究。

钒氧合物材料具有多价态和相变等优异的物理化学性质，在催化领域、光学领域、电学领域、磁学领域均有广阔的应用前景。在研究 VO_2 相变机理、性质和特点的基础上，研究 VO_2 的合成方法和合成机理，研究合成条件、电学性能、相变温度和可见光的透过率的关系，同步开展应用研究，如利用 VO_2(M) 相变特性研制智能控温涂料[25]，利用钒氧化物的多价态性能研制电极材料等[26～28]，才能适应节能环保绿色发展的国家快速发展需求，推进钒氧化物材料的应用进程。

参考文献

[1] 白崎高保，藤堂尚之. 催化剂制造 [M]. 北京：石油工业出版社，1981.

[2] 韩巧凤，卑凤利. 催化材料导论 [M]. 北京：化学工业出版社，2013.

[3] 陈学梅. 我国二氧化硫氧化制硫酸的钒催化剂现状和展望 [J]. 磷酸设计与粉体工程，2004，4：12-16.

[4] 黄道鑫. 提钒炼钢 [M]. 北京：冶金工业出版社，2000.

[5] Babulanam S M, Eriksson T S, Niklasson G A, et al. Thermochromic VO_2 films for energy-efficient windows [J]. Solar Energy Materials, 1987, 16 (5): 347-363.

[6] Soltani M, Chaker M, Haddad E, et al. Effects of Ti-W codoping on the optical and electrical switching of vanadium dioxide thin films grown by a reactive pulsed laser deposition [J]. Applied Physics Letters, 2004, 85: 1958-1960.

[7] Ball P. Smart materials: Off and on reflection [J]. Nature, 1998, 391, 232-233.

[8] Lampert C M. Chromogenic smart materials [J]. Materials Today, 2004, 7: 8-35.

[9] Kangl T, Gao Y F, Luo H J, et al. Nanoporous thermochromic VO_2 films with low optical constants, enhanced luminous transmittance and thermochromic properties [J]. ACS Applied Materials and Interfaces, 2011, 3: 135-138.

[10] Kang L T, Gao Y R, Zhang Z, et al. Effects of annealing parameters on optical properties of thermochromic VO_2 films prepared in aqueous solution [J]. Journal of Physical Chemistry C, 2010, 114: 1901-1911.

[11] Manning T D, Parkin I P, Pemble M E, et al. Intelligent window coatings: Atmospheric pressure chemical vapor deposition of tungsten-doped vanadium dioxide [J]. Chemistry of Materials, 2004, 16: 744-749.

[12] Zhang Z T, GAO Y F, CHen Z, et al. Thermochromic VO_2 thin films: Solution-based processing, improved Optical Properties, and Lowered Phase Transformation Temperature [J]. Langmuir, 2010, 26 (13): 10738-10744.

[13] Duchene J, Terraill M, Pailly P, et al. Filamentary conduction in VO_2 coplanar thin-film devices [J]. Applied Physics Letters, 1971, 19: 115-117.

[14] Stefanovich G, Pergament A, Stefanovich D. Electrical switching and Mott transition in VO_2 [J]. Journal of Physics: Condensed Matter, 2000, 12: 8837-8845.

[15] Kim H T, Kim B J, Choi S, et al. Electrical oscillations induced by the metal insulator transition in VO_2 [J]. Journal of Applied Physics, 2010, 107: Art. No. 023702.

[16] Gu Q, Falk A, Wu J Q, et al. Current-driven phase oscillation and domain-wall propagation in $W_xV_{1-x}O_2$ nanobeams [J]. Nano Letters, 2007, 7: 363-366.

[17] Lee Y W, Kim B J, Lim J W, et al. Metal-insulator transition-induced electrical oscillation in vanadium dioxide thin film [J]. Applied Physical Letters, 2008, 92: Art. No. 162903.

[18] Strelcov E, Lilach Y, Kolmakov A. Gas sensor based on metal-insulator transition in VO_2 nanowire thermistor [J]. Nano Letters, 2009, 9: 2322-2326.

[19] Baik J M, Kim M H, Larson C, et al. Pd-sensitized single vanadium oxide nanowires: highly responsive hydrogen sensing based on the metal-insulator transition [J]. Nano

Letters，2009，9：3980-3984.

[20] Murphy D W，Christian P A. Solid State Electrodes for High Energy Batteries [J]. Science，1979，205：651-656.

[21] Li W，Dahn J R，Wainwright D S. Rechargeable Lithium Batteries with Aqueous Electrolytes [J] ，Science，1994，264：1115-1118.

[22] Nethravathi C，Rajamathi C R，Rajamathi M，et al. N-doped graphene-VO_2(B) nanosheet-Built 3D flower hybrid for lithium ion battery [J]. ACS Applied Materials and interfaces，2013，5：2708-2714.

[23] Mai L Q，Wei Q L，An Q Y，et al. Nanoscroll buffered hybrid nanostructural VO_2 (B) cathodes for high-rate and long-life lithium storage [J]. Advanced Materials，2013，25：2969-2973.

[24] 齐济，宁桂玲，刘风娟，等. 掺杂 VO_2 的制备方法及其对性能的影响 [J]. 材料导报，2009，23 (8)：112-116.

[25] 钟诚，赵丽，王世敏，等. 二氧化钒粉体的制备及其应用研究 [J]. 中国陶瓷，2015，51 (9)：1-4.

[26] Kwon S，Suharto Y，Kim K J. Facile preparation of an oxygen-functionalized carbon felt electrode to improve VO^{2+}/VO_2^+ redox chemistry in vanadium redox flow batteries [J]. Journal of Industrial and Engineering Chemistry，2021，98：231-236.

[27] 孙梦雷，张达奇，冯金奎. 钒基电极材料研究进展 [J]. 电化学，2019，25 (1)：45-54.

[28] AlNahyan M，Mustaf I，Alghaferi A，et al. Porous 3D graphene/multi-walled carbon nanotubes electrodes with improved mass transport and kinetics towards VO^{2+}/VO_2^+ redox couple [J]. Electrochimica Acta，2021，385：138449.

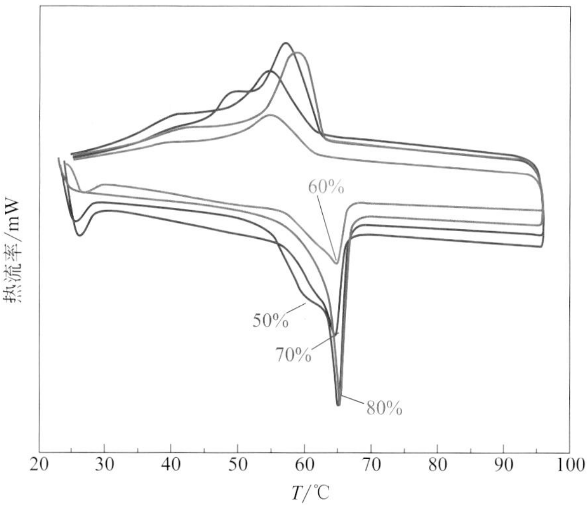

图 6.8　不同填充率下合成产物的 DSC 曲线

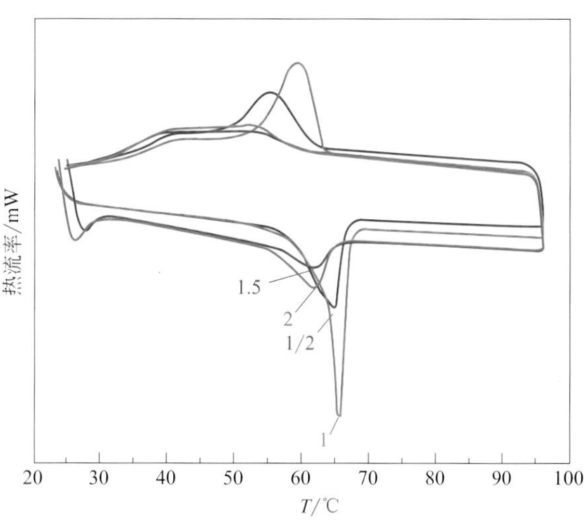

图 6.12　不同中间产物浓度下制得终产物 DSC 曲线

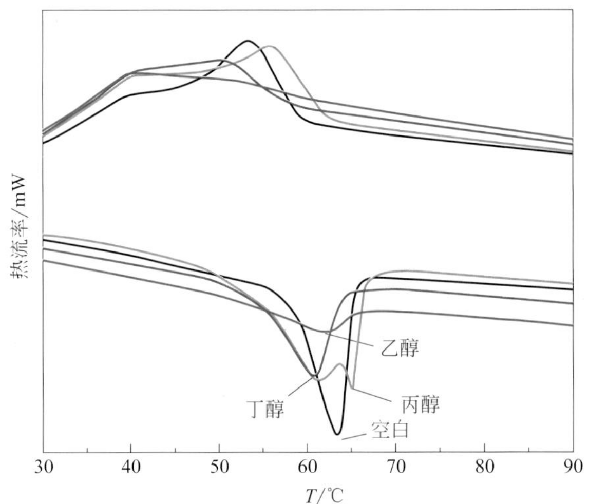

图 6.15　不同有机醇类作用下合成产物的 DSC 曲线

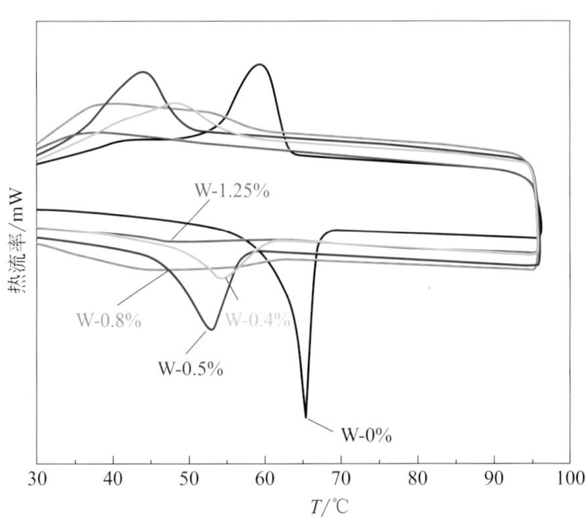

图 6.23　不同 W 掺杂量作用下合成产物的 DSC 曲线

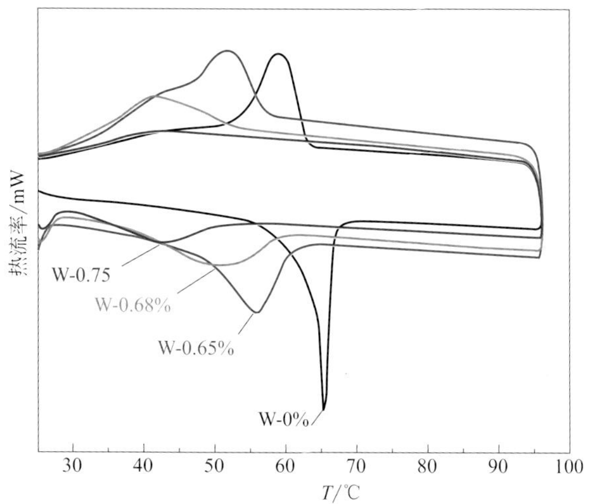

图 6.27 不同量 Mo 掺杂作用下合成产物的 DSC 曲线

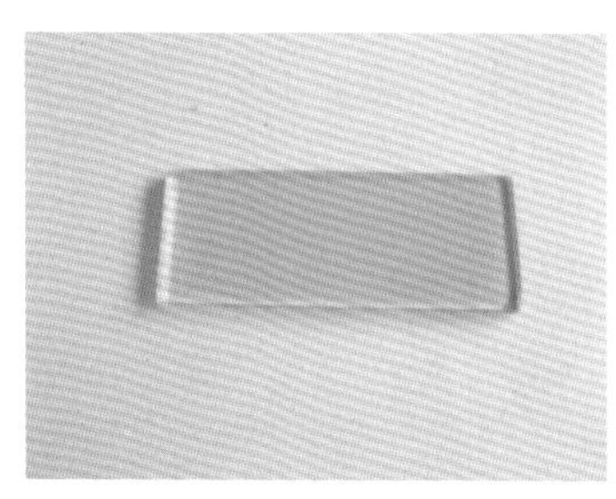

(a) 低温制胶法

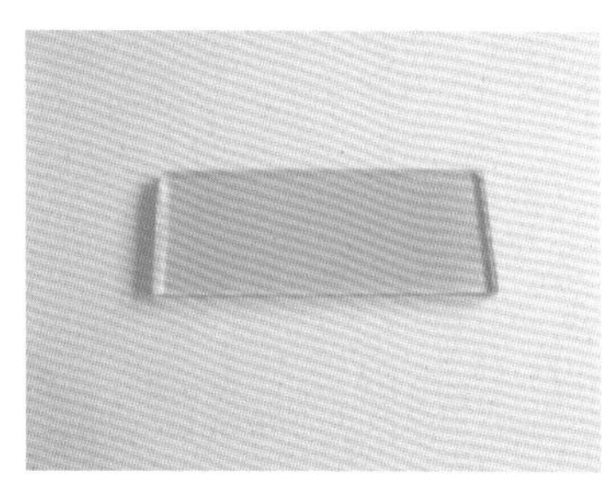

(b) 高温制胶法

图 7.4 玻璃表面 V_2O_5 溶胶-凝胶膜照片

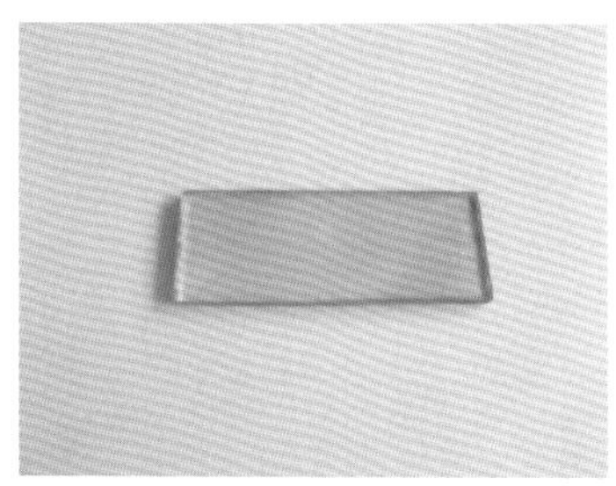

(a) 低温制胶法

(b) 高温制胶法

图 7.5 玻璃表面 VO_2 膜的照片

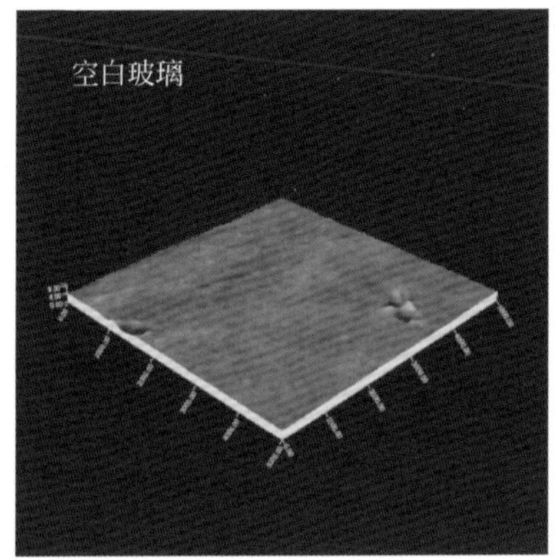

图 7.8　空白玻璃表面 AFM 照片

图 7.9　玻璃表面 VO_2 膜的 AFM 照片

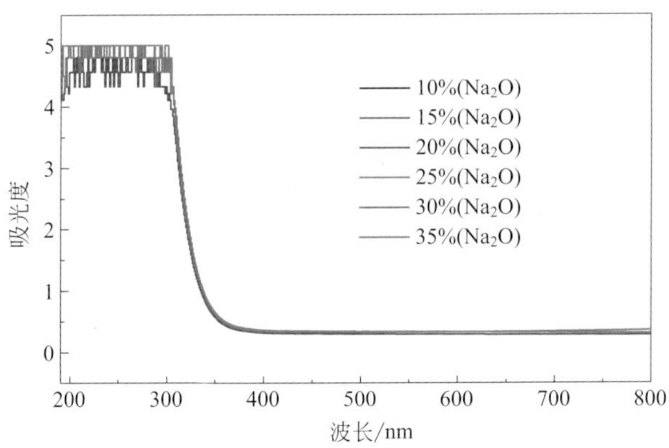

图 8.1　二元 Na_2O-B_2O_3 玻璃的紫外吸收谱图

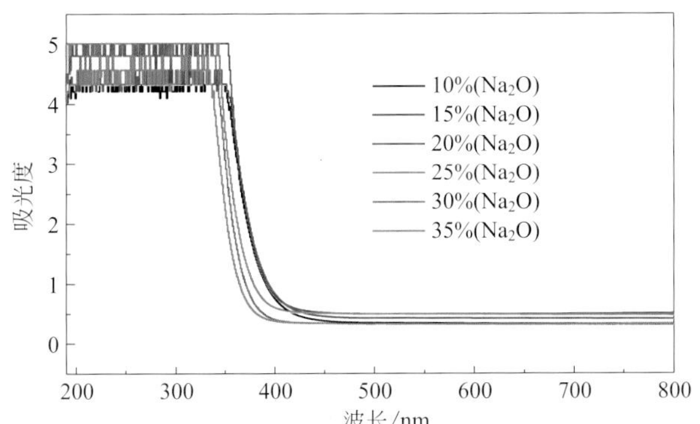

图 8.2　引入 V_2O_5 的二元 Na_2O-B_2O_3 玻璃的紫外吸收谱图

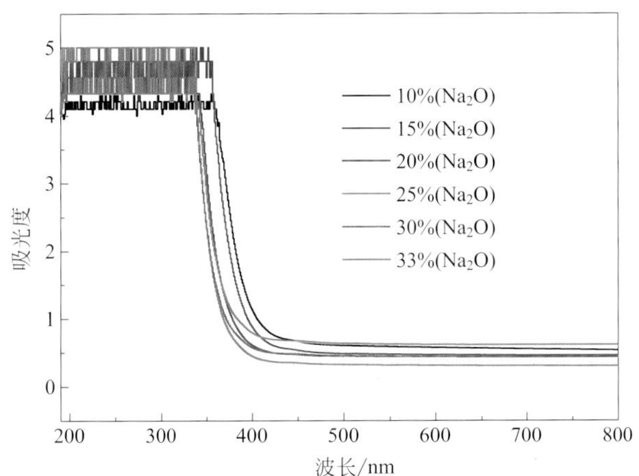

图 8.3　引入 Fe_2O_3 的二元 Na_2O-B_2O_3 玻璃的紫外吸收谱图

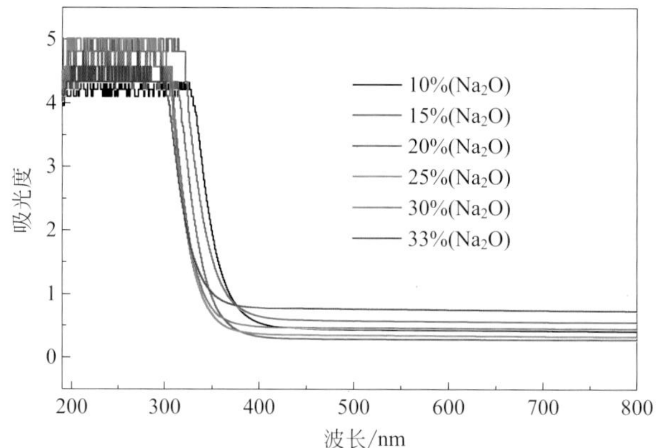

图 8.4　引入 Bi_2O_3 的二元 Na_2O-B_2O_3 玻璃的紫外吸收谱图

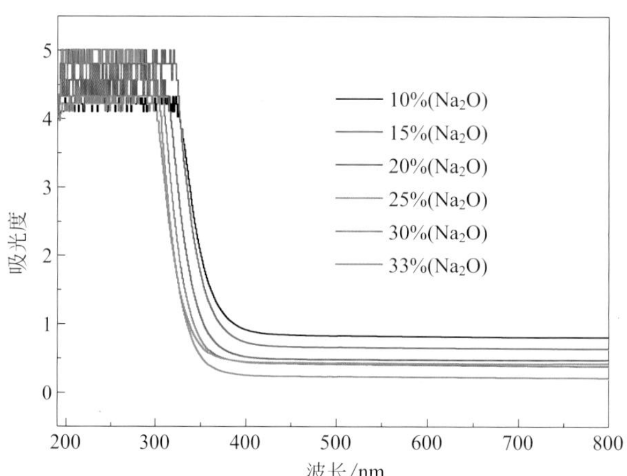

图 8.5　引入 PbO 的二元 Na_2O-B_2O_3 玻璃的紫外吸收谱图

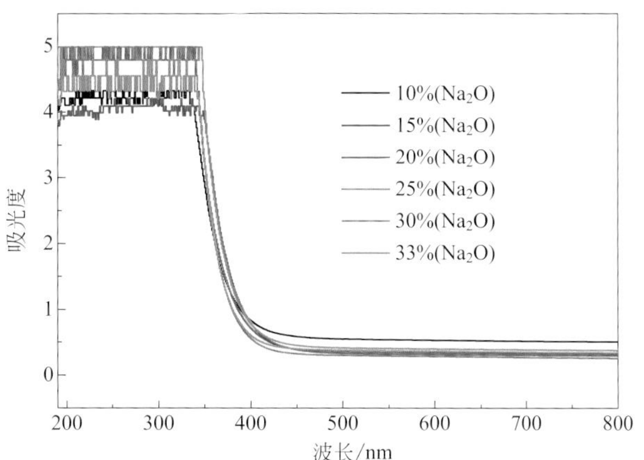

图 8.6　引入 CeO_2 的二元 Na_2O-B_2O_3 玻璃的紫外吸收谱图

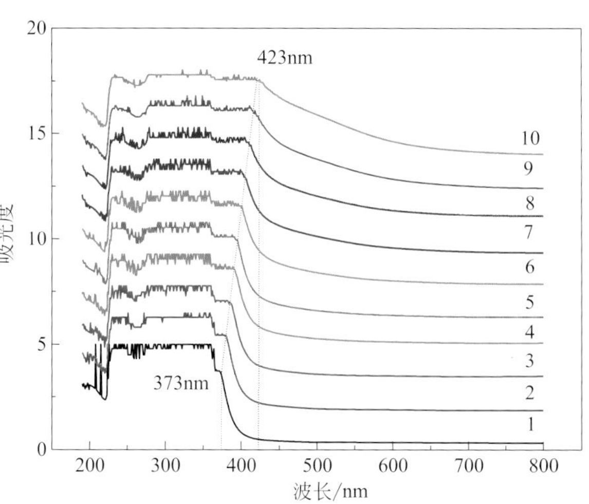

图 8.7　$(70-x)$ B_2O_3-$30Na_2O$-xV_2O_5 玻璃的紫外-可见光吸收光谱